计算机类技能型理实一体化新形态系

U0645332

C语言程序设计

新编教程

（第4版）（微课版）

主　编　刘明哲　张寒冰
　　　　杨昊龙
副主编　连　丹　郑定超
　　　　麻少秋

清华大学出版社
北　京

内 容 简 介

C语言是一门十分优秀、基础的程序设计语言，是计算机从业人员必须掌握的基本知识和技能，是计算机相关专业的学生必修的专业基础课程。

本书共分为9章，第1章主要介绍简单的C语言程序及程序编辑环境的应用，第2章主要讲解C语言的数据类型和表达式，第3章主要讲解简单程序的设计方法，第4章主要讲解结构化程序设计，第5章主要讲解数组，第6章主要讲解函数，第7章主要讲解指针，第8章主要讲解结构体和共用体，第9章主要讲解C语言中的文件。

本书可作为高校计算机相关专业C语言程序设计课程的教材和参考书。

图书在版编目(CIP)数据

C语言程序设计新编教程：微课版 / 刘明哲，张寒冰，杨昊龙主编. -- 4版.
北京：清华大学出版社，2025.8. --（计算机类技能型理实一体化新形态系列）.
ISBN 978-7-302-69786-2

Ⅰ. TP312.8
中国国家版本馆 CIP 数据核字第 2025RQ2862 号

责任编辑：张龙卿
封面设计：刘代书　陈昊靓
责任校对：袁　芳
责任印制：刘　菲

出版发行：清华大学出版社
　　　　网　　　址：https://www.tup.com.cn，https://www.wqxuetang.com
　　　　地　　　址：北京清华大学学研大厦 A 座　　　　　　邮　　编：100084
　　　　社 总 机：010-83470000　　　　　　　　　　　　邮　　购：010-62786544
　　　　投稿与读者服务：010-62776969，c-service@tup.tsinghua.edu.cn
　　　　质量反馈：010-62772015，zhiliang@tup.tsinghua.edu.cn
　　　　课件下载：https://www.tup.com.cn，010-83470410
印 装 者：三河市人民印务有限公司
经　　销：全国新华书店
开　　本：185mm×260mm　　　　印　　张：18　　　　字　　数：435 千字
版　　次：2018 年 8 月第 1 版　　2025 年 8 月第 4 版　　印　　次：2025 年 8 月第 1 次印刷
定　　价：59.00 元

产品编号：111921-01

第 4 版前言

习近平总书记在党的二十大报告中指出"科技是第一生产力、人才是第一资源、创新是第一动力"。大国工匠和高技能人才作为人才强国战略的重要组成部分,在现代化国家建设中起着重要的作用。

一、关于本书

本书从 C 语言的语法规定到基本的数据类型,再到 C 语言的基本语句及三大结构的实现等,对各方面进行了详细的讲解和任务的设置。教学任务由简到难进行设计,易于学习与掌握。每个任务与例题均给出程序代码、输出结果及程序说明。本书作为新版,优化了部分案例,扩充了拓展阅读内容。学生通过例题掌握知识点,可以真切体会从问题求解到程序设计的转换方法,深刻理解程序设计中分析问题及解决问题的过程。

二、本书特点

(1)打造"教、学、做、导、考"一体化教材,提供一站式"课程整体解决方案",同时融入素质目标,体现高等教育和"三教"改革精神。

① 电子活页、教材、微课和实训项目视频为教和学提供最大便利。

② 授课计划、实训指导书、电子教案、电子课件、课程标准、试卷、题库、视频、源代码等完整资料为教师备课、学生预习、教师授课、学生实训、课程考核提供了一站式"课程整体解决方案"。

③ 通过 QQ 群实现 24 小时在线答疑,分享教学资源和教学心得。

④ 增加课程素质目标,融入程序员的工匠精神、计算机从业者的职业道德规范、中国科技的力量、祖冲之与历法等,引导学生树立正确的三观,努力学习,为社会主义建设添砖加瓦。

PPT 教案、习题解答等必备资料可到清华大学出版社网站(http://www.tup.com.cn)免费下载使用。订购图书的读者可与作者联系得到全套学习视频、备课、授课等教学资源包。

(2)本书是一本工学结合、校企"双元"开发的理实一体化教材。

① 本书内容对接职业标准和岗位需求,将教学内容与资格认证相融合。行业专家、微软公司金牌讲师、教学名师、专业负责人等跨地区、跨学校联合编写本书。本书编者既有教学名师,又有行业企业的工程师、金牌讲师。

② 本书的培养目标明确,应用案例丰富,实用性强。本书根据计算机专业对学生设定的培养目标,侧重于学生程序设计思维能力的培养,使学生学会如何分析问题,如何通过程序语句的使用解决问题,引导学生快速入门,为其他程序设计语言的学习奠定良好的基础。

（3）微课版给"教"和"学"提供了便利,本书是翻转课堂、混合课堂改革的理想教材。

本书利用互联网新技术,以嵌入二维码的纸质教材为载体,嵌入各种数字资源,将教材、课堂、教学资源、教法四者融合,实现了线上、线下的有机结合。

理论和实践紧密结合。每个重要知识点都有案例详细分析、讲解,并配有包含了知识和技能的综合实践练习,有利于学生思考和教师督促学生学习,有利于学生更快、更好地掌握所学知识点。

三、其他

本书由刘明哲、张寒冰、杨昊龙担任主编,连丹、郑定超、麻少秋担任副主编。另外,石铁大、谢兆鑫也编写了部分内容。感谢浪潮集团给予的大力支持和帮助。

由于编者水平所限,书中难免存在不足,敬请读者批评与指正。

编 者

2025 年 6 月

目　录

第1章　初识C语言

【内容概述】

C语言是目前十分优秀的程序设计语言之一，它集高级语言和低级语言的功能于一体，既可用于系统软件的开发，也可用于应用软件的开发，同时它还具有高效、可移植性好等特点。本章主要介绍C语言的结构特点、程序组成、书写规则、上机运行过程和调试应用程序的方法。

【学习目标】

通过本章的学习，理解C语言程序的构成、C语言的词法规定和书写规范，掌握C语言程序的上机步骤和C语言程序的运行环境。

1.1　程序设计语言

我们目前使用的计算机应用系统，如网上购物系统、办公系统、排版系统等，都是由计算机程序设计语言编写而成的。计算机程序设计语言通常简称为编程语言，是一组用来定义计算机程序的语法规则。一种计算机语言让程序员能够准确地定义计算机所需要使用的数据，并精确地定义在不同情况下应当采取的行动。

程序设计语言

1. 程序设计语言的构成

语言的基础是一组记号和一组规则。根据规则由记号构成的记号串的总体就是语言。在程序设计语言中，这些记号串就是程序。程序设计语言有三方面的因素，即语法、语义和语用。语法表示程序的结构或形式，即表示构成语言的各个记号之间的组合规律，但不涉及这些记号的特定含义，也不涉及使用者；语义表示程序的含义，即表示按照各种方法所表示的各个记号的特定含义，但不涉及使用者；语用表示程序与使用者的关系。

2. 程序设计语言的发展

（1）机器语言。最初程序员使用的程序设计语言是一种用二进制代码"0"和"1"形式表示的、能被计算机直接识别和执行的语言，称为机器语言。它是一种低级语言，用机器语言编写的程序不便于记忆、阅读和书写。通常不用机器语言直接编写程序。

（2）汇编语言。在机器语言的基础上设计出了汇编语言，它可以将机器语言用便于人们记忆和阅读的助记符表示，如 ADD、SUB、MOV 等。计算机运行汇编语言程序时，首先将用助记符写成的源程序转换成机器语言程序才能运行。汇编语言适用于编写直接控制机器操作的底层程序,它与机器密切相关。汇编语言和机器语言都是面向机器的程序设计语言,称为低级语言。

(3) 高级语言。随着计算机应用的发展,出现了高级程序设计语言,即高级语言。它是一种与硬件结构及指令系统无关,并且表达方式比较接近自然和数学表达式的计算机程序设计语言。

C语言是一种具有很高灵活性的高级程序设计语言。1972—1973 年,贝尔实验室的D.M.Ritchie 在 B 语言的基础上设计出了 C 语言,后来 C 语言又做了多次改进。早期的C 语言主要用于 UNIX 系统。由于 C 语言的强大功能和各方面的优点逐渐被人们认识,到了 20 世纪 80 年代,C 语言开始进入其他操作系统,并很快在各类大、中、小和微型计算机中得到了广泛应用,成为当代最优秀的程序设计语言之一。

3. C 语言的特点

(1) C 语言简洁、紧凑,使用方便、灵活,只有 32 个关键字、9 种控制语句,程序主要用小写字母表示。

(2) 运算符丰富,共有 34 种。C 语言把括号、赋值、逗号等都作为运算符处理,从而使C 语言的运算类型极为丰富,可以实现其他高级语言难以实现的运算。

(3) 数据结构类型丰富。

(4) 具有结构化的控制语句。

(5) 语法限制不太严格,程序设计自由度大。

(6) C 语言允许直接访问物理地址,能进行位(bit)操作,能实现汇编语言的大部分功能。

(7) 生成目标代码的质量高,程序执行效率高。

(8) 与汇编语言相比,用 C 语言写的程序可移植性好。

但是,C 语言对程序员要求也高,程序员用 C 语言写程序会感到限制少、灵活性大、功能强,但较其他高级语言在学习上要困难一些。

1.2　简单的 C 语言程序介绍

1.2.1　简单的 C 语言程序实例

用 C 语言语句编写的程序称为 C 语言程序或 C 语言源程序。下面先介绍两个简单的C 语言程序,从中分析 C 语言程序的特性。

【例 1.1】　用 C 语言编写一个程序,输出"你好,我的朋友!"。
程序代码:

```
/*ex1_1.c:输出欢迎词*/
#include <stdio.h>
int main()                          /*定义主函数*/
```

```
{
    printf("你好,我的朋友!\n");                    /*输出"你好,我的朋友!"*/
}
```

程序运行结果如图 1.1 所示。

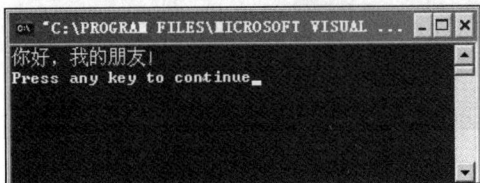

图 1.1　例 1.1 的程序运行结果　　　　　简单的 C 语言程序介绍

程序说明如下。

(1) 程序中的 main()代表一个函数,其中 main 是函数名,int 表示该函数的返回值类型。main()是一个 C 语言程序中的主函数,程序从主函数开始执行。一个 C 语言程序有且只有一个主函数。一个 C 语言的程序可以包含多个文件,每个文件又可以包含多个函数。函数之间是相互平行、相互独立的。执行程序时,系统先从主函数开始运行,其他函数只能被主函数调用或被主函数调用的函数所调用。

(2) 函数体用{}括起来。main()函数中的所有操作语句都在这一对{}中间。即 main()函数中的所有操作都在 main()函数的函数体中。

(3) #include <stdio.h>是一条编译预处理命令,声明该程序要使用 stdio.h 文件中的内容。stdio.h 文件中包含了输入函数 scanf()和输出函数 printf()的定义。编译时系统将头文件 stdio.h 中的内容嵌入程序中该命令位置。C 语言中编译预处理命令都以"#"开头。

C 语言提供了三类编译预处理命令:宏定义命令、文件包含命令和条件编译命令。例 1.1 中出现的 #include <stdio.h>是文件包含命令,其中尖括号内是被包含的文件名。

(4) printf()函数是一个由系统定义的标准函数,可在程序中直接调用。printf()函数的功能是将要输出的内容输出到显示器上,双引号中的内容要原样输出。"\n"是换行符,即在输出完"你好,我的朋友!"后回车换行。

(5) 每条语句用";"号结束。

(6) /*……*/括起来的部分是一段注释。"/*"是注释的开始符号,"*/"是注释的结束符号,它们必须成对使用。

【例 1.2】　输入两个正整数,计算并输出两数的和。

程序代码:

```
/*ex1_2.c:求两个正整数的和*/
#include <stdio.h>
int main()                              //主函数
{
    int a,b,num;                        //定义三个整型变量
    printf("请输入两个正整数!\n");
    scanf("%d",&a);                     //输入数据给变量 a
    scanf("%d",&b);                     //输入数据给变量 b
    num= a+b;                           //变量 a 和变量 b 的值相加,然后将结果赋给变量 num
```

```
        printf("相加结果是%d\n",num);    //输出变量 num 的值
}
```

程序运行结果如图 1.2 所示。

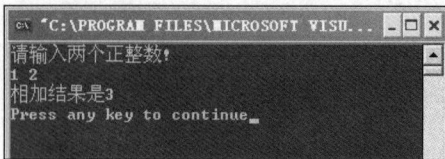

图 1.2　例 1.2 的程序运行结果

程序说明如下。

(1)"int a,b,num;"是变量声明。声明了三个整型变量 a、b、num。C 语言的变量必须先声明后使用。

(2)程序中的 scanf 是输入函数的名字。程序中 scanf()函数的作用是输入 a、b 的值,&a 和 &b 中的 & 的含义是取地址。此 scanf()函数的作用是将两个数据分别输入变量 a 和 b 的地址所标识的单元中,也就是输入给变量 a 和 b。

(3)"num=a+b;"是将 a、b 两变量的值相加,然后将结果赋值给整型变量 num。

(4)"printf("相加结果是%d \n",num);"是调用库函数 printf()输出 num 的结果。"%d"为格式控制,表示 num 的值以十进制整数的形式输出。

(5)"//"之后的内容是注释语句,作用与"/ * …… * /"相同。两种注释语句的区别是:"//"后面的注释语句只能在一行中,不能跨行;若注释语句太长,需要占多行,则每行注释之前均需使用"//"符号。"/ * …… * /"中的注释语句内容可跨行,无须每行均加"/ * …… * /"。

1.2.2　C语言程序的构成和书写规则

1. C 语言程序的构成

(1)C 语言程序是由函数构成的,函数是 C 语言程序的基本单位。一个源程序至少包含一个 main()函数,即主函数,但可以包含若干个其他函数。被调用的函数可以是系统提供的库函数,也可以是用户根据需要自己编写的函数。

(2)main()函数是每个程序执行的起始点,一个 C 语言程序不管有多少个文件,有且只能有一个 main()函数。一个 C 语言程序总是从 main()函数开始执行,而不管 main()函数在程序中处于什么位置。可以将 main()函数放在整个程序的最前面,也可以放在整个程序的最后面,或者放在其他函数之间。

(3)源程序可以有预处理命令(include 是其中一种),预处理命令通常放在源文件或源程序的最前面。

(4)每个语句都必须以分号结尾,但预处理命令、函数头和大括号"}"之后不加分号。

(5)标识符和关键字之间至少加一个空格以示间隔,空格的数目不限。

(6)源程序中需要解释和说明的部分可用"/ * …… * /"或"//"加以注释。注释是给程

序阅读者看的,机器在编译和执行程序时将忽略注释内容。

2. C 语言程序的书写规则

(1) 在 C 语言中,虽然一行可写多个语句,一个语句也可占多行,但是为了便于阅读,建议一行只写一个语句。

(2) 应该采用缩进格式书写程序,以便增强层次感、可读性和清晰性。低一层次的语句或说明可比高一层次的语句或说明缩进若干格后书写。

(3) 用{}括起来的部分通常表示程序的某一层次结构。

(4) 为便于程序的阅读和理解,在程序代码中应加上必要的注释。

1.3　C 语言的字符集和词汇

1.3.1　C 语言的字符集

程序是由命令、变量、表达式等构成的语句集合,而命令、变量等是由字符组成的,字符是组成语言的最基本的元素。任何一种语言都有其特定意义的字符集,C 语言字符集由字母、数字、空白符、标点和特殊字符组成。在字符常量、字符串常量和注释中还可以使用汉字或其他可表示的图形符号。

1. 字母

小写字母为 a～z,大写字母为 A～Z,均为 26 个。

2. 数字

数字为 0～9,共 10 个。

C 语言的字符
集和词汇

3. 空白符

空格符、制表符、换行符等统称为空白符。空白符只在字符常量和字符串常量中起作用;在其他地方出现时,空白符只起间隔作用,编译程序对它们忽略不计。因此,在程序中是否使用空白符对程序的编译不产生影响,但在程序中适当的地方使用空白符将增加程序的清晰性和可读性。

4. 标点和特殊字符

标点和特殊字符既包括＋、－、＊、/等运算符,又包括_、&、#、! 等特殊字符,还包括逗号、圆点、大括号等常用标点符号和括号。

1.3.2　C 语言的词汇

在字符集的基础上,C 语言允许使用相关的词汇,以实现程序中的不同职能。在 C 语言中常使用的词汇包括标识符、关键字、运算符、分隔符、常量。

1. 标识符

在程序中使用的变量名、函数名、标号等统称为标识符。除库函数的函数名由系统定义外,其余都由用户自定义。C语言规定,标识符只能是字母(A~Z、a~z)、数字(0~9)、下画线(_)组成的字符串,并且其第一个字符必须是字母或下画线。

以下是合法标识符。

a,b,aa1,b2,a_b,a_1,HE,HE_1

以下是非法标识符。

- 1a:以数字开头。
- H$E:出现非法字符$。
- —1a:以减号开头。
- a—b:出现非法字符—(减号)。

提示:在使用标识符时还必须注意以下三点。

(1) 标准C语言不限制标识符的长度,但它受各种版本的C语言编译系统限制,同时也受到具体机器的限制。例如,在某版本C语言中规定标识符前八位有效,当两个标识符前八位相同时,则被认为是同一个标识符。

(2) 在标识符中,大小写是有区别的。例如,aa和AA是两个不同的标识符。

(3) 标识符虽然可由程序员随意定义,但标识符是用于标识某个量的符号。因此,命名应尽量有相应的意义,以便阅读理解,应做到"见名知意"。

2. 关键字

关键字是由C语言规定的具有特定意义的字符串,通常也称为保留字。用户定义的标识符不应与关键字相同。C语言的关键字分为以下几类。

(1) 类型说明符。用于定义、说明变量、函数或其他数据结构的类型,如前面例题中用到的int、double等。

(2) 语句定义符。用于表示一个语句的功能,如以后要经常用到的if-else就是条件语句的语句定义符。

(3) 预处理命令字。用于表示一个预处理命令,如前面示例中用到的include。

3. 运算符

C语言中含有相当丰富的运算符。运算符与变量、函数一起组成表达式,表示各种运算功能。运算符由一个或多个字符组成。

4. 分隔符

在C语言中采用的分隔符有逗号和空格两种。逗号主要用在类型说明和函数参数表中,分隔各个变量。空格多用于语句各单词之间,用作间隔符。在关键字、标识符之间必须要有一个以上的空格符作间隔,否则将会出现语法错误。例如,把"int a;"写成"inta;",C语言编译器会把inta当成一个标识符处理,其结果必然出错。

5. 常量

C 语言中使用的常量可分为数字常量、字符常量、字符串常量、符号常量、转义字符等多种，在后面章节中将专门介绍。

1.4　C 语言的运行环境

1.4.1　C 语言程序的实现过程

本章所列举的两个实例是已经编写完成的、符合 C 语言语法要求的程序，叫作源程序。一个 C 语言源程序从编写到最终实现结果，需要经过编辑、编译、链接和运行四个过程，如图 1.3 所示。

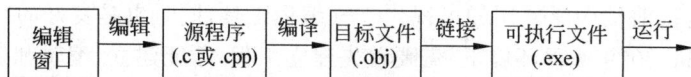

图 1.3　C 语言程序的实现过程

C 语言的运行环境

1. 编辑

对于一种计算机编程语言来说，编辑是在一定的编程工具环境下进行程序的输入和修改的过程。在编程工具提供的环境下，经过用某种计算机程序设计语言编写的程序，保存后生成源程序文件。C 语言源程序也可以使用计算机所提供的各种编辑器进行编辑，比如作为通用编辑工具的记事本、专业编辑工具 Turbo C 和 Visual C++ 等。C 语言源程序在 Visual C++ 环境下默认的文件扩展名为".cpp"，在 Turbo C 2.0 环境下默认的文件扩展名为".c"。本书使用的实例都是在 VC++ 环境下编辑和实现的。

2. 编译

编辑好的源程序不能直接被计算机所理解，源程序必须经过编译，生成计算机能够识别的机器代码。通过编译器将 C 语言源程序转换成二进制机器代码的过程称为编译，这些二进制机器代码称为目标程序，其扩展名为".obj"。

编译阶段要进行词法分析和语法分析，又称源程序分析。这一阶段主要是分析程序的语法结构，检查 C 语言源程序的语法错误。如果分析过程中发现有不符合要求的语法，就会及时报告给用户，将错误类型显示在屏幕上。

3. 链接

编译后生成的目标代码还不能直接在计算机上运行，其主要原因是编译器对每个源程序文件分别进行编译。如果一个程序有多个源程序文件，编译后这些源程序文件还分布在不同的地方，因此，需要把它们链接在一起，生成可以在计算机上运行的可执行文件。在源程序中，输入/输出等标准函数不是用户自己编写的，而是直接调用系统中的库函数，因此，必须把目标程序与库函数进行链接。

链接工作一般由编译系统中的链接程序来完成,链接程序将由编译器生成的目标代码文件和库中的某些文件链接在一起,生成一个可执行文件。可执行文件的默认扩展名为".exe"。

4. 运行

一个C语言源程序经过编译和链接后生成了可执行文件,可以在Windows环境下直接双击该文件运行程序,也可以在Visual C++的集成开发环境下运行。

程序运行后,将在屏幕上显示运行结果或提示用户输入数据的信息,用户可以根据运行结果来判断程序是否有算法错误。在生成可执行文件之前,一定要保证编译和链接不出现错误和警告,这样才能正常运行。因为程序中有些警告虽然不影响生成可执行文件,但有可能导致错误结果。

1.4.2　熟悉Visual Studio 2019编程工具

Visual Studio 2019是目前被广泛使用的可视化C++编程工具,同时也是良好的C语言编程工具。在Visual Studio 2019编程环境下,需要首先建立工程,才能建立、编辑和执行程序,存储的C语言源代码文件的扩展名是.cpp。如果在创建文件前没有创建相关工程,系统在编译时会提示是否要创建活动工程。本小节将主要介绍利用编程工具编辑和执行C语言程序的基本方法和步骤。

1. C语言程序的建立

在Visual Studio 2019编程环境中,要想建立和执行C语言程序文件,首先启动编程工具,建立一个工程,之后才能建立C语言文件,具体步骤如下。

(1) 启动Visual Studio 2019编程工具,选择"开始"→"所有程序"→Microsoft Visual Studio 2019命令,可启动Microsoft Visual Studio 2019集成开发环境,如图1.4所示。

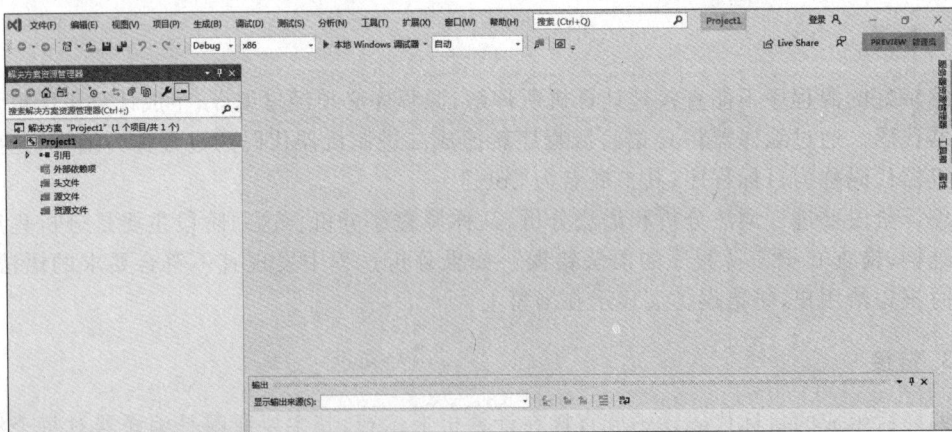

图1.4　Microsoft Visual Studio 2019集成开发环境

(2) 建立工程。建立工程是建立C语言程序的起始步骤。现在以在"C:\c_study"文件夹下建立ex1_1工程为例,介绍建立工程的方法。

在 Visual Studio 2019 集成开发环境下选择"文件"→"新建项目"命令,打开"新建"对话框,选择"空项目",单击"下一步"按钮,在"配置新项目"对话框中将项目设置为 ex1_1,指定新建工程的路径为"C:\c_study\",新建工程后的效果如图 1.5 所示。

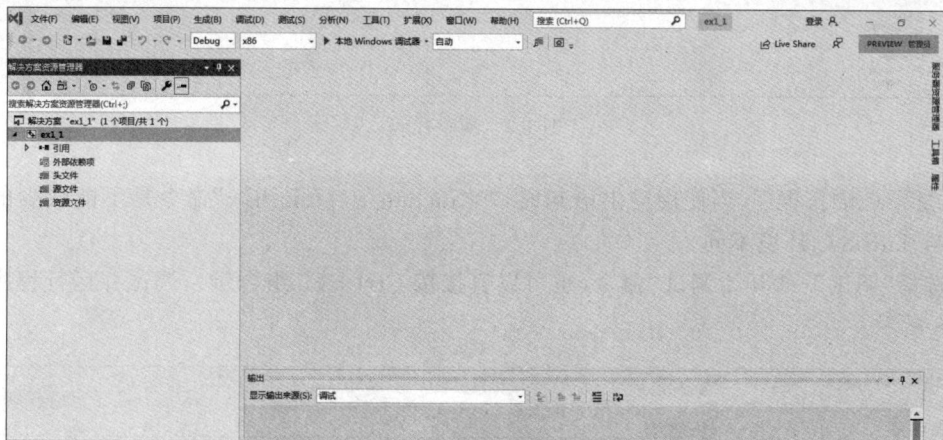

图 1.5　新建工程后的效果

(3) 建立 C 语言程序。新建完工程之后,就可以在此工程下建立 C 语言程序,具体步骤如下。

① 选择"添加"→"新建项"命令,会弹出"添加新项-ex1_1"对话框,如图 1.6 所示。在该对话框中选择"C++ 文件(.cpp)",然后在"名称"文本框中输入 test.cpp。

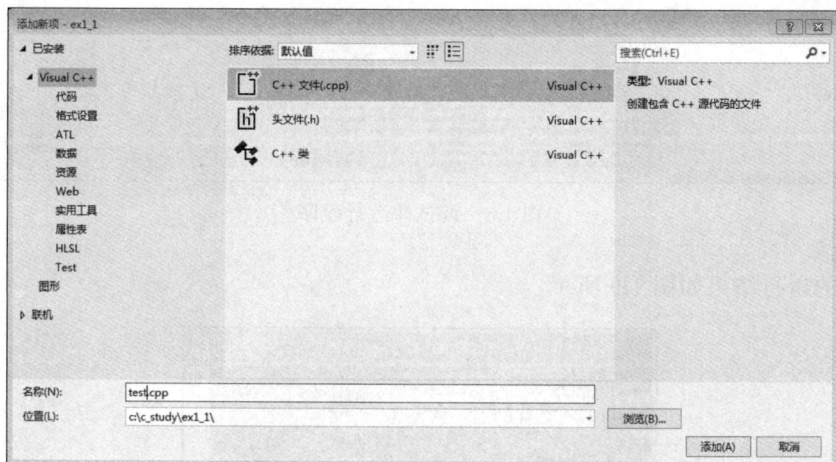

图 1.6　"添加新项-ex1_1"对话框

② 单击"添加"按钮,会显示程序编辑界面,输入 C 语言程序代码,如图 1.7 所示。

③ 选择"文件"→"保存"命令,将文件保存。

2. C 语言程序的运行

编辑好程序之后,接下来要编译和执行程序。在编译之前,应该检查并避免程序代码的错误(当然,在编译时系统也会检查出程序中的错误)。值得注意的是,用 Visual Studio

9

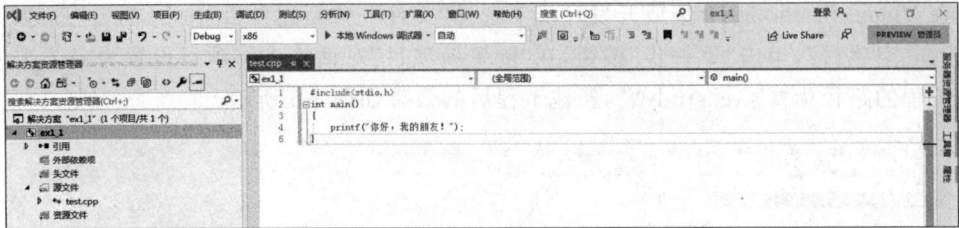

图 1.7　编辑代码

2019 编写 C 语言程序，当使用输出语句时，"＃include ＜stdio.h＞"命令是不能缺少的，这一点与 Turbo C 环境不同。

选择"调试"→"开始调试"命令（也可以直接按 Ctrl＋F5 组合键），调试并运行程序，如图 1.8 所示。

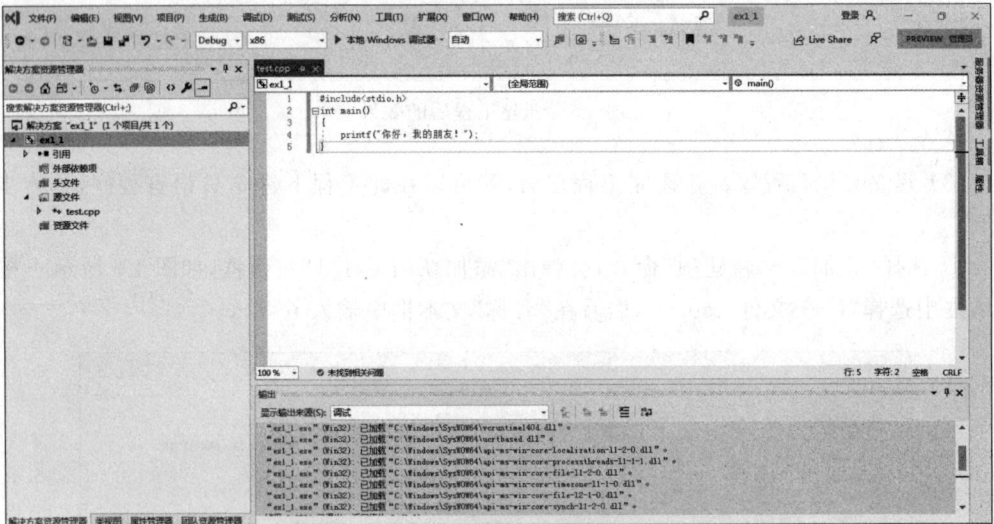

图 1.8　调试并运行程序

程序的运行结果如图 1.9 所示。

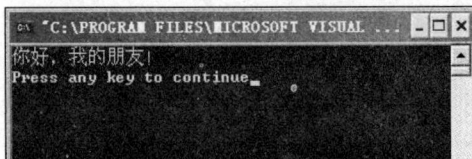

图 1.9　程序的运行结果

3. 程序错误的处理

在编写程序的时候，程序可能会出现一些错误，这些错误分为语法错误和逻辑错误。对于语法错误，在对程序编译的时候，系统会给出错误的描述、错误的位置和错误的个数，如图 1.10 所示。

```
1>------ 已启动生成: 项目: ex1_1, 配置: Debug Win32 ------
1>test.cpp
1>D:\Program Files (x86)\Microsoft Visual Studio\2019\Preview\VC\Auxiliary\VS\ex1_1\test.cpp(4,39): error C2146: 语法错误: 缺少";"(在标识符";"的前面)
1>D:\Program Files (x86)\Microsoft Visual Studio\2019\Preview\VC\Auxiliary\VS\ex1_1\test.cpp(4,39): error C2065: ";": 未声明的标识符
1>D:\Program Files (x86)\Microsoft Visual Studio\2019\Preview\VC\Auxiliary\VS\ex1_1\test.cpp(5,1): error C2143: 语法错误: 缺少";"(在"}"的前面)
1>已完成生成项目"ex1_1.vcxproj"的操作 - 失败。
========== 生成: 成功 0 个, 失败 1 个, 最新 0 个, 跳过 0 个 ==========
```

图 1.10　显示程序的错误

在调试窗格中会显示 error(错误)和 warning(警告)。对于 error 型的错误,程序必须修改正确后才能进行编译;对于 warning 型的错误,也可以不用修改,继续进行正常的编译。

对于逻辑错误,一般是程序设计者的思路方面的原因,需要认真思考和分析,找出错误并予以纠正。

1.5　课 堂 案 例

1.5.1　案例 1.1:Visual Studio 2019 编程环境的使用

1. 案例描述

利用 Visual Studio 2019 编程工具建立一个工程,输入下面的程序并编译、链接和执行。程序如下:

```c
#include <stdio.h>
int main()
{
    printf("   *   \n");
    printf("  * *  \n");
    printf(" * * * \n");
}
```

2. 操作步骤

根据 1.4 节学习的内容,确定该案例的操作步骤如下。

(1) 启动 Visual Studio 2019。依次选择"开始"→"程序"→Microsoft Visual Studio 2019 命令,打开 Visual Studio 2019 的集成开发环境。

(2) 新建工程。在 Visual Studio 2019 工作界面中依次选择"文件"→"新建项目"命令,打开"新建"对话框,选择"空项目",单击"下一步"按钮。在"配置新项目"对话框中设定项目名称并指定新建工程的路径。最后在"工程名称"文本框中输入新建工程的名称(名称自定)。

(3) 建立源程序文件。在 Visual Studio 2019 主窗口中选择"添加"→"新建项"命令,会弹出"添加新项-ex1_1"对话框,在该对话框中选择"C++ 文件(.cpp)",然后在"名称"文本框中填写要建立的文件名称(名称自定)。

(4) 输入代码。单击"添加"按钮,返回主界面,在代码编辑框中输入代码。

(5) 运行程序。编译、链接和运行程序,程序运行结果如图 1.11 所示。

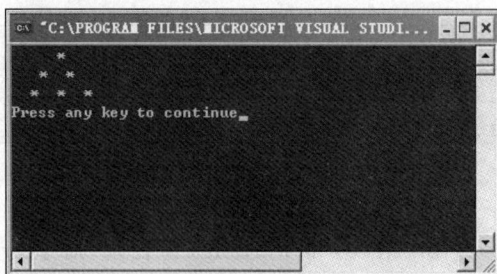

图1.11　案例1.1的程序运行结果

1.5.2　案例1.2：错误程序的调试及处理

1. 案例描述

对下面这个错误的C语言程序进行调试,程序如下:

```
#include <stdio.h>
int main()
{
    printf("***************\n")
    printf(" * 你好,我的朋友 * \n");
    printf("**************\n");
```

2. 调试及处理方法

(1) 具体操作步骤如下。

① 新建工程。先新建一个工程项目。

② 新建源程序。在新建的工程中新建一个"C++ 文件(.cpp)"的源程序,再输入本案例的代码。

③ 编译程序。按 Ctrl+F5 组合键开始执行程序,此时程序将进行编译、链接和执行。由于程序存在语法错误,在编译环节执行的程序将停止,在调试窗口会显示错误的位置、原因和错误个数,如图1.12所示。

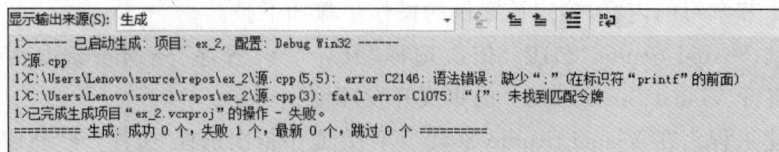

图1.12　程序调试界面

(2) 错误分析及处理。查看调试窗口可以知道,当前程序有两处错误,分别处于程序的第5~7行,具体的错误原因介绍如下。

① "C:\Users\Lenovo\source\repos\ex_2\源.cpp(5,5)：error C2146：语法错误：缺少';'(在标识符'printf'的前面)"：说明错误位置在第5行,错误描述是语法错误,在标识符 printf 前缺少分号。在第4行的末尾添加";"即可解决本错误。

② "C:\Users\Lenovo\source\repos\ex_2\源.cpp(3)：fatal error C1075：'{'：未找到

匹配令牌"：说明错误位置在第 7 行，错误描述是严重错误，程序没有结束。通过观察可知，在程序的末尾缺少"}"，添加一个大括号即可解决该错误。

在修正错误的时候，在下方的编译窗口中双击错误信息，在程序中定位，然后进行修改。这种修改方法在语句较多的程序中进行调试错误处理时非常有用。

（3）运行程序。按照上述方法改正错误后，按 Ctrl＋F5 组合键执行程序，编译之后的调试结果如图 1.13 所示，程序的运行结果如图 1.14 所示。

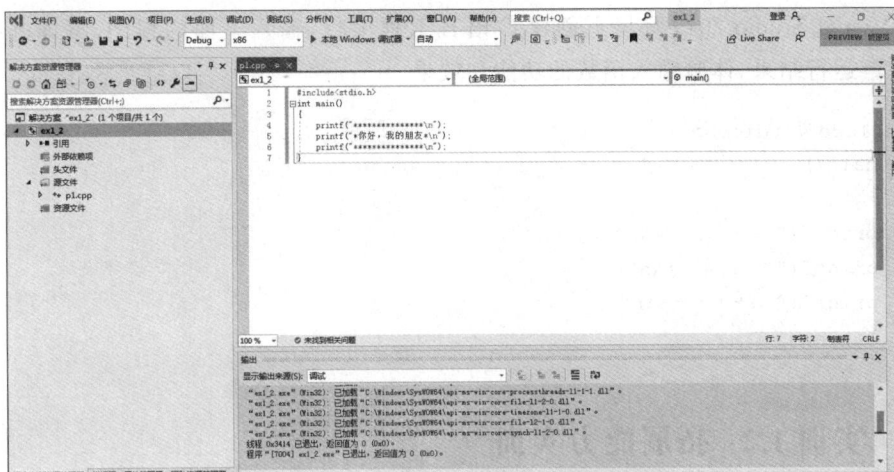

图 1.13　修正错误之后的编译界面

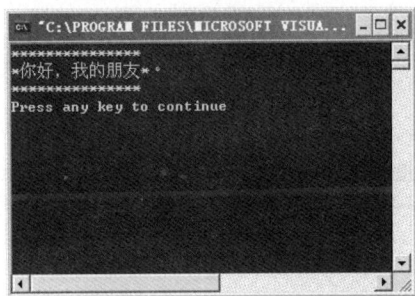

图 1.14　程序的运行结果

1.6　项　目　实　训

1.6.1　实训 1.1：基本能力实训

1. 实训题目

（1）Visual Studio 2019 编程工具的使用。

（2）简单 C 语言程序的创建、编辑、编译和执行。

项目实训

2. 实训目的

（1）熟悉 C 语言编程环境的使用。

（2）学会 C 语言程序的建立、执行和简单调试方法。

3. 实训内容

在 Visual Studio 2019 环境下创建 C 语言工程项目，输入下面的程序，编译并执行程序，再观察运行结果，体验输入函数的功能和效果。

```
#include <stdio.h>
int main()
{
    printf("        * \n");
    printf("     * * *\n");
    printf("   * * * * *\n");
}
```

1.6.2 实训 1.2：拓展能力实训

程序代码如下：

```
#include <stdio.h>
int main(void)
{
    printf("***********************\n");
    printf("*    你好,世界!       \n*");
    printf("***********************\n");
    return 0;
}
```

1. 实训题目

简单 C 语言输出程序的编写。

2. 实训目的

通过实训，学会简单 C 语言输出程序的编写方法。

3. 实训内容

在 Visual Studio 2019 环境下编写程序，输出下面的信息。

```
***********************
*     你好,世界!     *
***********************
```

1.7　拓展阅读　中国计算机发展史

　　1956 年,周总理亲自主持制定的《十二年科学技术发展规划》中,就把计算机列为发展科学技术的重点之一,并在 1957 年筹建中国第一个计算机技术研究所。中国计算机事业的起步比美国晚了 13 年,但是经过老一辈科学家的不懈努力,中国与美国的差距不是某些人所歪曲的"被拉大了",而是在不断缩小。2002 年 8 月 10 日,我国成功制造出首枚高性能通用 CPU——龙芯一号。此后龙芯二号、龙芯三号相继问世。龙芯的诞生,打破了国外的长期技术垄断,结束了中国几十年无"芯"的历史。

本 章 小 结

　　本章主要介绍了 C 语言的基本程序结构,C 语言的字符集、标识符和关键字等,以及 C 语言程序编程工具 Visual Studio 2019 的使用方法和 C 语言程序的实现过程等内容。

　　每一个 C 语言程序都是由一个或若干个函数组成的,程序的执行总是从主函数 main() 开始。一个 C 语言程序中有且仅有一个名为 main 的主函数,它可以放在整个程序的任意位置。C 语言中的函数都由函数头和函数体两部分组成,函数头包含函数返回类型、函数名、函数参数及其类型说明表等。在函数头下方,用"{}"括起来的是函数体部分。

　　在 C 语言中有允许使用的字符集。标识符由字符集中的字符组成,必须符合 C 语言规定的命名规则。关键字是 C 语言系统保留的,用户命名的标识符不能与关键字同名。

　　Visual Studio 2019 是目前广泛使用的C++ 编程环境,也是编写和实现 C 语言程序的良好工具。在 Visual Studio 2019 环境下编写和实现 C 语言程序,要在建立工程的前提下进行。

　　C 语言源程序要经过编辑、编译、链接和运行四个环节才能产生输出结果。

习　　题

1. 填空题

（1）C 语言程序是由 _____ 构成的,一个 C 语言程序中至少包含 _____,因此, _____ 是 C 语言程序的基本单位。

（2）C 语言程序注释是由 _____ 和 _____ 所界定的文字信息组成的。

（3）开发一个 C 语言程序要经过编辑、编译、_____ 和运行四个步骤。

（4）在 C 语言中,包含头文件的预处理命令以 _____ 开头。

（5）在 C 语言中,头文件的扩展名是 _____。

（6）C 语言源程序文件的扩展名是 _____;经过编译后,生成文件的后缀是 _____;经过链接后,生成文件的扩展名是 _____。

2. 选择题

(1) C 语言程序由(　　)组成。

　　A. 子程序　　　　　　　　　　　　B. 主程序和子程序

　　C. 函数　　　　　　　　　　　　　D. 过程

(2) 所有 C 语言程序函数的结构都包括的三部分是(　　)。

　　A. 语句、大括号和函数体　　　　　　B. 函数名、语句和函数体

　　C. 函数名、形式参数和函数体　　　　D. 形式参数、语句和函数体

(3) 属于 C 语言标识符的是(　　)。

　　A. 2ab　　　　　B. @f　　　　　C. ?b　　　　　D. _a12

(4) C 语言中主函数的个数是(　　)个。

　　A. 2　　　　　　B. 1　　　　　　C. 任意　　　　D. 10

(5) 下列关于 C 语言注释的叙述中错误的是(　　)。

　　A. 以"/ ＊"开头并以"＊ /"结尾的字符串为 C 语言的注释内容

　　B. 注释可出现在程序中的任何位置,用来向用户提示或解释程序的意义

　　C. 程序编译时,不对注释进行任何处理

　　D. 程序编译时,需要对注释进行处理

(6) 在 Visual Studio 2019 环境下,C 源程序文件名的默认后缀是(　　)。

　　A. .cpp　　　　　B. .exe　　　　　C. .obj　　　　　D. .dsp

3. 程序设计题

(1) 编写程序,输出以下图案。

```
*
**
***
**
*
Press any key to continue.
```

(2) 试编写一个 C 语言程序,输出如下信息。

```
*******************
这是我编写的C语言程序
*******************
```

第 2 章 数据类型和表达式

【内容概述】

用 C 语言编写程序时,需要变量、常量、标识符、运算符、表达式、函数、关键字等,理解和掌握这些 C 语言的要素是学好 C 语言的前提和关键之一。本章主要介绍 C 语言的基本数据类型,变量和常量的概念、分类、定义方法,运算符的分类和运算规则,表达式及其求值规则等内容。

【学习目标】

通过本章的学习,要求掌握 C 语言的基本数据类型,理解变量和常量,掌握 C 语言的运算符和表达式。

2.1 C 语言的数据类型

一个完整的计算机程序至少应包含两方面的内容:一方面对数据进行描述,另一方面对操作进行描述。数据是程序加工的对象,是程序中所要涉及和描述的主要内容,没有加工对象,程序也没有存在的意义;而数据描述是通过数据类型来完成的。数据类型决定了数据在内存中的存放形式,占用内存空间的大小;如果是数值型的数据,又决定了其取值范围,同时决定了数据参与运算的方式。

在 C 语言程序中,每个变量、常量和表达式都有一个它所属的特定的数据类型。类型明显或隐含地规定了在程序执行期间变量或表达式所有可能取值的范围,以及在这些值上允许进行的操作。因此,数据类型是一个值的集合和定义在这个值的集合上的一组操作的总称。例如,C 语言中的整型变量,其值的集合上为某个区间上的整数,定义的操作为加、减、乘、除和取模等算术运算。

2.1.1 C 语言的数据类型介绍

C 语言不仅提供了多种数据类型,还提供了构造更加复杂的用户自定义数据结构的机制。C 语言提供的主要数据类型有基本数据类型、构造数据类型、指针类型、空类型四类,如图 2.1 所示。

1. 基本数据类型

基本数据类型是描述整数、实数、字符等常用数据的类型。基本数据类型最主要的特点是其值不可以再分解为其他类型。

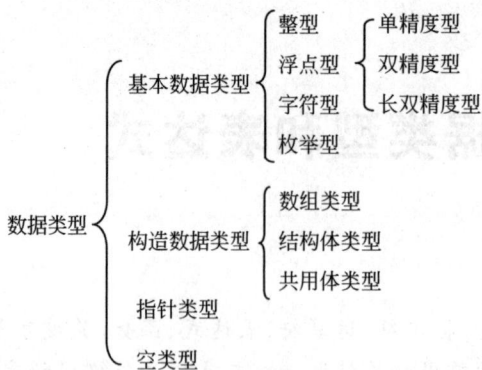

$$
数据类型
\begin{cases}
基本数据类型
\begin{cases}
整型 \\
浮点型 \begin{cases} 单精度型 \\ 双精度型 \\ 长双精度型 \end{cases} \\
字符型 \\
枚举型
\end{cases} \\
构造数据类型
\begin{cases}
数组类型 \\
结构体类型 \\
共用体类型
\end{cases} \\
指针类型 \\
空类型
\end{cases}
$$

图 2.1　C 语言的数据类型　　　　　　C 语言的基本数据类型

2. 构造数据类型

构造数据类型是根据已定义的一个或多个数据类型并用构造的方法来定义的。也就是说，一个构造数据类型的值可以分解成若干个"成员"或"元素"。每个"成员"都是一个基本数据类型或又是一个构造数据类型。在 C 语言中，构造数据类型有数组类型、结构体类型和共用体（联合）类型。

3. 指针类型

指针是一种特殊的同时又具有重要作用的数据类型，其值用来表示某个变量在内存储器中的地址。虽然指针变量的取值类似于整型量，但这是两个类型完全不同的量，因此不能混为一谈。

4. 空类型

在调用函数值时，通常应向调用者返回一个函数值。但是，也有一类函数，调用后并不需要向调用者返回函数值，这种函数可以定义为"空类型"，其类型说明符为 void。在后面函数中还要详细介绍。

本章先介绍基本数据类型中的整型、浮点型和字符型，其余类型在以后各章中陆续介绍。

2.1.2　基本数据类型及类型说明符

基本数据类型是 C 语言程序中最常用的数据类型，是构造数据类型和指针类型的基础。要想深入学习好 C 语言，理解并掌握好基本数据类型的有关知识十分必要。

1. 整型

整型用于描述现实生活中的整数，如 1、32、−55 等，基本类型符为 int。根据整数范围

18

和正负性,整型可以分为六种类型。

整型数据在内存中是以二进制形式存放的,空间的大小分配依据不同的编译系统而定,在 Turbo C 中一个整型变量占有 2 字节的内存单元,而在 Visual C++ 中占有 4 字节的内存单元。本书列举的每个数据类型都是以 Visual C++ 为准,以后不再说明。表 2.1 列举了整型数据的分类以及取值范围和所占内存单元的情况。

表 2.1 整型数据的分类以及取值范围和所占内存单元的情况

类型说明符	取 值 范 围	字节数
int(基本整型)	$-32768\sim32767$ 即 $-2^{15}\sim2^{15}-1$	4
unsigned int(无符号整型)	$0\sim65535$ 即 $0\sim2^{16}-1$	4
short(短整型)	$-32768\sim32767$ 即 $-2^{15}\sim2^{15}-1$	2
unsigned short(无符号短整型)	$0\sim65535$ 即 $0\sim2^{16}-1$	2
long(长整型)	$-2147483648\sim2147483647$ 即 $-2^{31}\sim2^{31}-1$	4
unsigned long(无符号长整型)	$0\sim4294967295$ 即 $0\sim2^{32}-1$	4

2. 浮点型

浮点型用于描述现实生活中的实数,如 1.2、123.45 等,基本类型为 float。可以根据取值的范围和数据精度的不同,将浮点数分为单精度(float)、双精度(double)和长双精度(long double)三种类型。

实型数据一般占 4 字节(32 位)内存空间,按指数形式存储。实数 3.14159 在内存中的存放形式如下。

+	.314159	1
符号	小数部分	指数

(1) 小数部分占的位数越多,有效数字越多,精度越高。

(2) 指数部分占的位数越多,则能表示的数值范围越大。

有关浮点数据的说明如表 2.2 所示。

表 2.2 浮点型数据取值范围及内存占用情况

类型说明符	比特数(字节数)	有效数字	取值范围
float	32(4)	6~7	$10^{-37}\sim10^{38}$
double	64(8)	15~16	$10^{-307}\sim10^{308}$
long double	64(8)	18~19	$10^{-4931}\sim10^{4932}$

3. 字符型

字符型用于表示单个字符,如'a'、'1'、'B'等。其类型说明符是 char。

每个字符变量被分配 1 字节的内存空间,因此只能存放 1 个字符。字符值以 ASCII 码的形式存放在变量的内存单元中。

如'x'的 ASCII 码是十进制下的 120,'y'的 ASCII 码是十进制下的 121。下面的代码对字符变量 a、b 赋以'x'和'y'值。

```
a='x'; b='y';
```

实际上是在 a、b 两个单元内存放 120 和 121 的二进制代码。

a: | 0 | 1 | 1 | 1 | 1 | 0 | 0 | 0 |

b: | 0 | 1 | 1 | 1 | 1 | 0 | 0 | 1 |

所以,也可以把它们看成整型量。C 语言允许对整型变量赋以字符值,也允许对字符变量赋以整型值。在输出时,允许把字符变量按整型量输出,也允许把整型量按字符量输出。

整型量为两字节量,字符量为单字节量。当整型量按字符型量处理时,只有低八位字节参与处理。

4. 枚举型

枚举型是 C 语言中一种用户自定义的数据类型,它允许程序员为一组整数值赋予有意义的名称,使代码更易读和维护。其特点如下:第一,枚举元素默认从 0 开始,依次递增 1。第二,可以显式为枚举元素指定整数值;第三,枚举变量实际上是整数类型。

2.2　常　量

常量是程序执行过程中数值保持不变的量,如"a＝5;"中的 5 就是常量。常量不需要事先定义,在需要的地方直接写出常量即可。C 语言中的常量可以分为整型、浮点型、字符和字符串四种。

2.2.1　整型常量

整型常量就是整常数。C 语言程序中不改变的整数数据都可以看成整型常量。在 C 语言中,使用的整常数有十进制、八进制和十六进制。

1. 整型常数的种类

(1) 十进制整型常数:十进制整型常数没有前缀,其数码取值为 0～9。

例如,123、−788、65535、1628 是合法的十进制整型常数,而 023(不能有前导 0)、23D(含有非十进制数码的内容)不是合法的十进制整型常数。

(2) 八进制整型常数:八进制整型常数必须以 0 开头,即以 0 作为八进制数的前缀。数码取值为 0～7。

例如,025(十进制为 21)、0101(十进制为 65)是合法的八进制数,而 255(无前缀 0)、03A2(包含了非八进制数码的内容)不是合法的八进制数。

（3）十六进制整型常数：十六进制整型常数的前缀为 0X 或 0x，数码取值为 0～9、A～F 或 a～f。

例如，0X2B（十进制为 43）、0XA0（十进制为 160）、0XFFFF（十进制为 65535）是合法的十六进制整型常数，而 5A（无前缀 0X）、0X3H（含有非十六进制数码的内容 H）不是合法的十六进制整常数。

2. 整型常数的后缀

在 16 位字长的机器上，基本整型的长度也为 16 位，因此表示的数的范围也是有限定的。十进制无符号整型常数的范围为 0～65535，有符号数为 −32768～+32767。八进制无符号数的表示范围为 0～0177777。十六进制无符号数的表示范围为 0X0～0XFFFF 或 0x0～0xFFFF。如果使用的数超过了上述范围，就必须用长整型数来表示。长整型数是用后缀 L 或 l 来表示的。举例如下。

十进制长整型常数：158L（十进制为 158）、358000L（十进制为 358000）。

八进制长整型常数：012L（十进制为 10）、077L（十进制为 63）、0200000L（十进制为 65536）。

十六进制长整型常数：0X15L（十进制为 21）、0XA5L（十进制为 165）。

长整型数 158L 和基本整型常数 158 在数值上并无区别。但因为 158L 是长整型量，C 语言编译系统将为它分配 4 字节存储空间；而 158 是基本整型，只分配 2 字节的存储空间。因此在运算和输出格式上要予以注意，避免出错。

无符号数也可用后缀表示，整型常数的无符号数的后缀为"U"或"u"。例如，358u、0x38Au、235Lu 均为无符号数。

前缀、后缀可同时使用以表示各种类型的数。如 0XA5Lu 表示十六进制无符号长整型数 A5，其十进制为 165。

【例 2.1】　将十进制整数 36 分别按照十进制、八进制和十六进制的形式输出。
程序代码：

```
#include <stdio.h>
int main()
{
    printf("%d\n",50);
    printf("%o\n",50);
    printf("%x\n",50);
}
```

程序运行结果如图 2.2 所示。

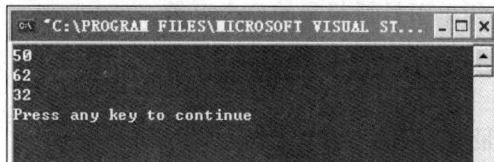

图 2.2　例 2.1 的程序运行结果

程序说明：上述程序利用 printf 函数对整数 36 分别以十进制（%d）、八进制（%o）、十六进制(%x)输出。

2.2.2 浮点型常量

浮点型又称为实型,浮点型常量也称为实数或者浮点数。在 C 语言中,实数只采用十进制,浮点型有十进制和指数形式两种形式。

(1) 十进制数形式:由数码 0~9 和小数点组成。例如,1.0、15.8、5.678、−0.13、500.、−267.8230 等均为合法的实数。

注意:浮点型必须有小数点。

(2) 指数形式:由十进制数、阶码标志"e"或"E"以及阶码(只能为整数,可以带符号)组成,其一般形式如下。

aEn(a 为十进制数,n 为十进制整数,表示阶码),其值为 $a \times 10^n$。例如,3.2E5(等于 3.2×10^5)、4.7E−2(等于 4.7×10^{-2})、0.6E7(等于 0.6×10^7)。

以下不是合法的实数:456(无小数点)、E8(阶码标志 E 之前无数字)、−5(无阶码标志)、53.−E3(负号位置不对)、2.7E(无阶码)。

标准 C 语言允许浮点数使用后缀,后缀为"f"或"F",即表示该数为浮点数,如"678f"和"678."是等价的。

【**例 2.2**】 输出实数 12345.67 的一般形式和指数形式。

程序代码:

```c
#include <stdio.h>
int main()
{
    printf("%f\n",12345.67);
    printf("%e\n",12345.67);
}
```

程序运行结果如图 2.3 所示。

程序说明:在 printf 函数中,%f 表示按浮点数的一般形式输出,%e 表示按浮点数的指数形式输出。

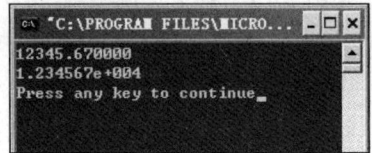

图 2.3 例 2.2 的程序运行结果

2.2.3 字符常量

字符常量是指含单个 ASCII 字符的常量,在内存中占 1 字节,存放字符的 ASCII 码值。字符常量在表现形式上是用单引号括起来的一个字符。

1. 字符常量的特点

在 C 语言中,字符常量有以下特点。

(1) 只能用单引号括起来,不能用双引号或其他括号。例如,"a"就不是字符常量,而是字符串常量。

(2) 只能是单个字符,不能是字符串。

（3）字符可以是字符集中任意字符。但数字被定义为字符型之后，就不是以数字的值参与算术运算，而是以其 ASCII 码值参与算术运算。如'6'和 6 是不同的。

2. 字符常量的种类

在 C 语言中，字符常量有以下三种。
（1）可以显示的字符，如'a'、'b'等。
（2）不能显示的字符，如回车符、换行符等。
（3）有特定意义和用途的字符，如单引号、双引号等。

3. 字符常量的表示形式

对于三种字符常量，有以下两种表示形式。
（1）单引号表示。对于可显示的字符常量，直接用单引号将字符括起来。例如，'a'、'b'、'='、'+'、'?' 都是合法字符常量。
（2）转义字符表示。对于不能显示的字符、有特定意义和用途的字符常量，只能用转义字符表示。

转义字符是一种特殊的字符常量。转义字符以反斜线"\"开头，后面跟一个或几个字符。转义字符具有特定的含义，不同于字符原有的意义，故称"转义"字符。例如，在前面各例题 printf()函数的格式串中用到的"\n"就是一个转义字符，其意义是"回车换行"。表 2.3 说明了 C 语言中常用的转义字符及其含义。

表 2.3　C 语言中常用的转义字符及其含义

转义字符	含　义	ASCII 代码
\n	回车换行	10
\t	横向跳到下一制表位置	9
\b	退格	8
\r	回车	13
\f	走纸换页	12
\\	反斜线符"\"	92
\'	单引号符	39
\"	双引号符	34
\a	鸣铃	7
\ddd	1~3 位八进制数所代表的字符	
\xhh	1~2 位十六进制数所代表的字符	

广义来讲，C 语言字符集中的任何一个字符均可用转义字符来表示。表中的\ddd 和\xhh正是为此而提出的。ddd 和 hh 分别为八进制和十六进制的 ASCII 代码。例如，\101 表示字母'A'，\102 表示字母'B'，\134 表示反斜线，\X0A 表示换行等。

【**例 2.3**】 利用转义字符进行输出。

程序代码：

```
#include <stdio.h>
int main()
{
    printf("\"Hello\tWorld\"\n");
    printf("\\\115y friends\\\n");
}
```

程序运行结果如图 2.4 所示。

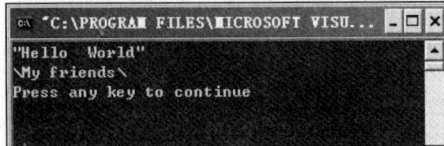

图 2.4　例 2.3 的程序运行结果

程序说明如下。

(1) 第 1 条输出语句首先根据转义符"\""输出"""字符,然后输出单词 Hello,之后又根据转义字符"\t"输出多个空格,接着根据转义符"\""再次输出"""字符,最后输出一个换行符。

(2) 第 2 条输出语句首先根据转义符"\\"输出"\"字符,然后根据转义符"\115"输出八进制数 115 的 ASCII 码对应的字符 M,之后输出 y friends,接着根据转义符"\\"再次输出"\"字符,最后输出一个换行符。

2.2.4　字符串常量

字符串常量是由一对双引号括起的零个或多个字符序列。例如,"C program"、"Hello"、"$12.5" 等都是合法的字符串常量。其中,两个双引号连写"""表示空串。

字符串常量和字符常量是不同的量。它们之间主要有以下区别。

(1) 字符常量由单引号括起来,字符串常量由双引号括起来。

(2) 字符常量只能是单个字符,字符串常量则可以含零个或多个字符。

(3) 可以把一个字符常量赋以一个字符变量,但不能把一个字符串常量赋以一个字符变量。在 C 语言中没有相应的字符串变量,但是可以用一个字符数组来存放一个字符串常量,这方面的内容将在第 6 章介绍。

(4) 字符常量占 1 字节的内存空间。字符串常量占的内存字节数等于字符串中字符数加 1。增加的 1 字节中存放字符"\0"(ASCII 码为 0)。这是字符串结束的标志。

例如,字符串 "C program" 在内存中所占的字节如下:

C		p	r	o	g	r	a	m	\0

字符常量'a'和字符串常量"a"虽然都只有 1 个字符,但在内存中的情况是不同的。

'a'在内存中占 1 字节,可表示为

a

"a"在内存中占 2 字节,可表示为

a	\0

2.2.5 符号常量

在 C 语言中,可以用一个标识符来表示一个常量,称为符号常量。从形式上看,符号常量是标识符,像变量,但实际上是常量,其值在程序运行过程中不能改变。

1. 符号常量的定义

符号常量在使用之前必须先定义,在 C 语言中有两种定义符号常量的方式。

(1)用♯define 形式定义符号常量。语法格式如下:

```
#define 常量名 常量值
```

例如:

```
#define N 50
#define PI 3.14159
```

(2)用 const 关键字来定义符号常量。语法格式如下:

```
const 数据类型 常量名=常量值;
```

例如:

```
const float pi=3.14159;
```

其中,♯define 是一条预处理命令(预处理命令都以"♯"开头),称为宏定义命令,其功能是把该标识符定义为其后的常量值。一经定义,以后在程序中所有出现的该标识符均以该常量值代替。const 是 C++中广泛采用的定义符号常量的关键字。

【例 2.4】 求已知半径的圆的周长和面积。

问题分析:根据求周长和面积的要求,要两次使用圆周率的数值,因此,可以将圆周率的数值定义为符号常量。

程序代码:

```
/ * ex2_4.c: 计算圆的周长和面积 * /
#include <stdio.h>
#define PI 3.1415
int main()
{
    float r,L,S;
    r=5;
    L=2 * PI * r;
    S=PI * r * r;
    printf("周长 L=%5.2f\n",L);
    printf("面积 S=%5.2f\n",S);
}
```

程序运行结果如图 2.5 所示。

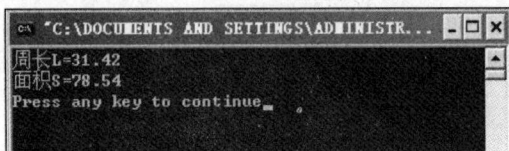

图 2.5 例 2.4 的程序运行结果

程序说明如下。

（1）程序中定义了两个变量 L 和 S，分别代表周长和面积。

（2）符号常量 PI 代表圆周率的值。

（3）"printf("周长 L＝％5.2f\n"，L)；"语句中"％5.2f"为格式符，表示按照 5 位字符宽度、保留两位小数的格式输出变量 L 的值。

（4）符号常量的定义必须以 ♯define 开头，而且行末不能加分号。

（5） ♯define 命令一般出现在函数外部，其有效范围从定义处开始到源程序文件结束。需要注意的是，每个 ♯define 只能定义一个符号常量，且只占一行。

2. 使用符号常量的原因

对于一位有经验的程序员来说，在一个程序中反复多次使用的常量，都会定义为符号常量，这主要是因为在程序中使用符号常量有以下明显的优点。

（1）清晰明了，便于记忆。用一个能够表示意义的单词或字母组合来为符号常量命名，增强了程序的可读性。

（2）避免反复书写，减少出错率。如果一个程序中多次使用一个常量，就要多次书写，而定义了符号常量，只需书写一次数值，在使用的地方用符号代替就可以了，能够有效地减少出错概率。

（3）统一修改，方便实用。当程序中多次出现同一个常量时，如果需要修改，必须逐个修改，很可能出错。而用符号常量，在需要修改时只需修改定义，就可以做到统一修改，非常方便。

2.3 变 量

变量在程序中使用频率最高，数据的输入、处理结果的保存都需要变量。可以说，一个没有变量的程序是没有实际应用价值的。

顾名思义，变量是指在程序运行过程中其值可以改变的量。一般情况下，变量用来保存程序运行过程中输入的数据、计算获得的中间结果以及程序的最终结果。

变量

2.3.1　变量的定义和初始化

1. 变量的定义

一个变量在使用之前应该有一个名字,在内存中占据一定的存储单元。变量定义必须放在变量使用之前,格式如下:

类型说明符 变量名表;

格式说明如下。

(1) 类型说明符用来指定变量的数据类型,有 char、int、float 等。

(2) 变量名表是一个或多个变量的序列。如果要定义多个同类型变量,中间要用“,”分开,且最后一个变量名之后必须以“;”结束,这是语句结束符。

(3) 类型说明符与变量名之间至少有一个空格。例如:

```
int a,b;              /* 定义两个整型变量 a 和 b */
char c;               /* 定义字符变量 c */
float d;              /* 定义浮点型变量 d */
```

以上定义都是正确的。以下的定义都是错误的。

```
int a            /* 行末缺少结束符 */
floatb,c;        /* 类型说明符与变量之间没有空格 */
```

2. 变量的初始化

一般情况下,变量在定义之后都要给定一个初值,即变量的初始化。在 C 语言中,变量的初始化一般有以下两种形式。

(1) 直接初始化。此时的初始化放在变量定义部分,例如:

```
int a=1,b,c=3;
```

(2) 间接初始化。这种形式是在先定义变量之后,通过赋值语句给定值,例如:

```
int a,b;
a=1; b=2;
```

【例 2.5】　字符变量的定义和使用。

程序代码:

```
/* ex2_5.c: 字符变量的定义和使用 */
#include <stdio.h>
int main()
{
    int c1,c2;
    c1=97;
    c2=98;
    printf("%c  %c\n",c1,c2);
```

```
        printf("%d  %d\n",c1,c2);
        c1=c1+2;   c2=c2+3;
        printf("%c  %c\n",c1,c2);
}
```

程序运行结果如图 2.6 所示。

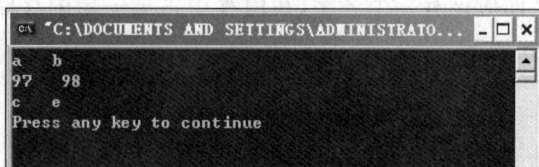

图 2.6　例 2.5 的程序运行结果

程序说明如下。

(1) 本程序的功能是按照变量 c1、c2 的整数形式和字符形式输出字符变量的内容,并对两个变量的值进行修改和输出修改后的数据。

(2) 第 1 条输出语句是按字符形式输出两个变量的值。

(3) 第 2 条输出语句是按整数形式输出两个变量的值。97 和 98 是字符'A'和'B'的 ASCII 码值。当按整数形式输出字符变量值的时候,就输出变量的 ASCII 码值。

(4) 当对字符数据进行加、减等运算时,即是对其 ASCII 码值进行运算。

(5) 通过这个实例可以看出,字符型数据和整数型数据是通用的。它们既可以按字符形式输出,也可以按整数形式输出。但是字符数据只占 1 字节,只能存放 0～255 范围内的整数;在这个范围之外,字符型数据和整数型数据是不能通用的。

2.3.2　使用变量的注意事项

变量是程序中的常用内容,而且数目众多,使用不正确就会造成错误。因此,在编写程序时,明确变量的注意事项,对提高程序的可读性及减少出错率是很有帮助的。

1. 变量的命名

变量的名称也是一种标识符名,命名时,一定要符合标识符的命名规定,即只能由字母、数字和下画线三种字符组成,且第一个字符必须是字母或下画线。

例如,下面都是合法的变量名。

a,sum,_avg,b8,a_1

下面都是不合法的变量名。

1a,s um,$_avg,b8',a_1#

变量在命名的时候还应该尽量做到"见名知义",即选含义明确的英文单词或字母缩写作为变量名,如 price、PI、total、name 等,这样可以大大增强程序的可读性。

2. 变量的定义和使用

使用变量的时候,一定要注意"先定义,后使用"。如果使用一个未定义的变量或使用一个名称错误的变量,都会出现错误。例如:

```
int number;
numer=10;
```

声明部分的变量名为 number,而在使用时错写成了 numer,就会出现错误。

3. 根据变量的用途确定变量的类型

根据操作要求的不同确定变量的类型,这一点非常重要。因为一旦用某种类型定义了一个变量,系统就会给其分配一定的内存单元;如果定义的类型精度或数据范围不符合要求,就会出现不可预知的错误。例如:

```
int n;
n=12345678;
```

因为数值 12345678 超出了变量 n 所表示的数据范围,在接收数据的时候,就会造成数据错误。而把 n 定义成长整型,就不会出现类似的错误。

2.4　常用运算符及表达式

变量在程序中主要用于存储程序输入和处理结果,而数据处理则要通过表达式运算来实现。表达式是由运算符、括号和操作对象联系起来的式子。C 语言中运算符和表达式数量之多,在高级语言中是少见的,正是丰富的运算符和表达式使 C 语言功能十分完善。本节主要介绍运算符和表达式等方面的内容。

常用运算符及表达式

2.4.1　C 语言运算符和表达式概述

1. 运算符

C 语言提供了比数学中＋、－、×、÷组成的四则混合运算更加丰富的运算符,可以进行各种不同的运算,如算术运算、逻辑运算、关系运算等。

2. 表达式

表达式是用运算符、括号将操作数连接起来所构成的式子。C 语言的操作数包括常量、变量和函数值等。特殊的情况,一个单个变量或常量也可叫作表达式。例如,$(x-y)*6/2+$ sqrt(6)就是一个表达式,它包括的运算符有＋、－、*、/,操作数包括变量 x、y,以及常量 6 和函数 sqrt(6)。

表达式按照运算规则计算得到的一个结果称为表达式的值。只有表达式的构成具有一定的意义时,才能得到期望的结果。

在表达式中,如果运算符的操作对象只有一个,就称为单目运算符,例如,取正运算符(+)、取负运算符(-)等。

如果运算符的操作对象有两个,就成为双目运算符,如加法运算符(+)、减法运算符(-)、乘法运算符(*)等。C语言中的运算符大多数是双目运算符。

如果运算符的操作对象为三个,就称为三目运算符,如 a>b?4:5 由三个操作数组成,即 a>b、4、5。

2.4.2 算术运算符

1. 算术运算符的分类

算术运算符主要是实现数学上的算术运算。用算术运算符、括号和操作数连接起来的,符合C语言语法规则的式子即为算术表达式。算术表达式的值是一个数值型数据。

C语言中的算术运算符主要有单目运算符和双目运算符两类,如表 2.4 所示。

表 2.4 算术运算符及含义

类别	运算符	含 义	举 例
双目	+	加法	1+2=3;1.2+3.8=5.0
	-	减法	18-7=11;1.8-5.6=-3.8
	*	乘法	7*8=56;3.2*1.2=3.84
	/	除法	6/5=1;6.0/5.0=1.2
	%	求模或取余(只能用于整型)	12%6=0;10%4=2
单目	++	自加1(只能用于变量)	如"int i=1;i++;",则 i 的值为2
	--	自减1(只能用于变量)	如"int i=2;i--;",则 i 的值为1
	-	取负	-(-2)=2

以下是算术表达式的例子。

x*y、(a+2)/c、(x+y)/8-(a/b)*7、i++、sin(x)+sin(y)

2. 运算符的优先级和结合性

与数学中的四则运算规则一样,C语言中的表达式运算也是具有优先级的。在表达式中,优先级较高的先于优先级较低的进行运算。而在一个运算量两侧的运算符优先级相同时,则按运算符的结合性所规定的结合方向处理。

C语言中各运算符的结合性分为两种,即左结合性(自左至右)和右结合性(自右至左)。例如,算术运算符的结合性是自左至右,即先左后右。如有表达式 a-b+c,则 b 应先与一号结合,执行 a-b 运算,然后执行+c 的运算。这种自左至右的结合方向就称为"左结合性",而自右至左的结合方向称为"右结合性"。最典型的右结合性运算符是赋值运算符。例如，x＝y＝z，由于＝的右结合性，应先执行 y＝z，再执行 x＝（y＝z）运算。

（1）算术运算符的优先级如下。

＊、/、%＞＋、－

（2）自加、自减运算先后顺序如下。

＋＋i 或者－－i 是先运算自加或自减，然后做其他运算；i＋＋或者 i－－是先进行其他运算，再计算自加或自减。

其中单目运算符的结合性是右结合性，双目运算符的结合性是左结合性。

【例 2.6】　算术运算符的使用。

程序代码：

```
/* ex2_6.c:算术运算符的使用 */
#include <stdio.h>
int main()
{
    int q1,r,n;
    float q2;
    n=10;
    q1=n/3;
    q2=n/3.0;
    r=n%3;
    printf("q1=%d,q2=%5.2f,r=%d\n",q1,q2,r);
}
```

程序运行结果如图 2.7 所示。

程序说明如下。

（1）本程序的设计目的是考查除法运算符"/"和取余运算符"%"的使用。

（2）取余运算符"%"要求参与运算的量均为整型。10%3 的结果是 1。

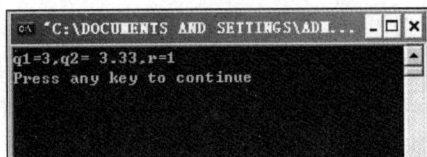

图 2.7　例 2.6 的程序运行结果

（3）对于除法运算符"/"，当参与运算的量均为整型时，结果也为整型，会舍去小数。如果运算量中有一个是实型，则结果为双精度实型。因此，变量 q1 的最终结果是 3，而变量 q2 的最终结果是 3.33。

2.4.3　关系运算符

1. 关系运算符的分类

关系运算符主要实现数据的比较运算，如大于、小于、不等于等。由关系运算符将两个表达式连接起来的式子就叫作关系表达式。关系表达式的值是一个逻辑值，即"真"或"假"，分别用 1 和 0 表示。

C 语言中的关系运算符及其含义如表 2.5 所示。

例如，a＋b＞c－d、x＞3/2、'a'＋1＜c、－i－5＊j＝＝k＋1 都是合法的关系表达式。由于表达式可以是关系表达式，因此也允许出现嵌套的情况，如 a＞（b＞c）、a！＝（c＝＝d）。

表 2.5　关系运算符及其含义

运算符	含　义	举　例
>	大于	3>2 的值为 1
>=	大于等于	2>=3 的值为 0
<	小于	2<3 的值为 1
<=	小于等于	3<=3 的值为 1
==	等于	2==1 的值为 0
!=	不等于	2!=1 的值为 1

2. 关系运算符的优先级

关系运算符都是双目运算符,其结合性均为左结合。关系运算符的优先级低于算术运算符,高于赋值运算符。在六个关系运算符中,<、<=、>、>= 的优先级相同,高于 == 和!=,而 == 和!= 的优先级相同。

2.4.4　逻辑运算符

1. 逻辑运算符的分类

逻辑运算符用来实现逻辑判断功能,一般是对两个关系表达式的结果或逻辑值进行判断,如判断 2>5 和 6<4 是否同时成立等。

C 语言中的逻辑运算符只有三个,即逻辑与(&&)、逻辑或(||)和逻辑非(!),其中逻辑与和逻辑或是双目运算符,逻辑非是单目运算符。

由逻辑运算符连接关系表达式或其他任意数值型表达式构成的式子就叫逻辑表达式。逻辑表达式的值是一个逻辑值,用 1(逻辑真)或 0(逻辑假)表示。

因为 C 语言规定任何非 0 值都被视为逻辑真,而 0 视为逻辑假,因此逻辑运算符也可以连接数值型表达式,运算结果也是 1 或 0。

逻辑运算符的分类及含义如表 2.6 所示。

表 2.6　逻辑运算符的分类及含义

类别	运算符	含　义	举　例
双目	&&	逻辑与:只有参与运算的两个量都为真时,结果才为真;否则为假	1>2 && 2>1 的值为 0 3>2 && 2>1 的值为 1 1>2 && 2>3 的值为 0 2>1 && 1>2 的值为 0
	||	逻辑或:参与运算的两个量只要有一个为真,结果就为真;两个量都为假时,结果为假	1>2 || 2>1 的值为 1 3>2 || 2>1 的值为 1 1>2 || 2>3 的值为 0 2>1 || 1>2 的值为 1
单目	!	逻辑非:参与运算量为真时,结果为假;参与运算量为假时,结果为真	!1 的值是 0 !0 的值是 1

2. 逻辑运算符的优先级和结合性

三个逻辑运算符中,逻辑非(!)的优先级最高,具有右结合性;其次是逻辑与(&&),最后是逻辑或(||),逻辑与和逻辑或都具有左结合性。它们的优先级如下:

!>&&>||

当一个复杂的表达式中既有算术运算符、关系运算符,又有逻辑运算符时,它们之间的优先级如下:

算术运算符 > 关系运算符 > 逻辑运算符

按照运算符的优先顺序可以得出:

a>b&& c>d	等价于	(a>b)&&(c>d)
!b==c||d<a	等价于	((!b)==c)||(d<a)
a+b>c&&x+y<b	等价于	((a+b)>c)&&((x+y)<b)

2.4.5　赋值运算符

1. 赋值运算符

在之前的实例中用到了大量的赋值运算符。赋值运算符的作用就是将某个数值存储到一个变量中。在 C 语言中,将符号"="称为赋值运算符,由赋值运算符组成的表达式称为赋值表达式,赋值表达式的值就是最左边变量所得到的新值。赋值表达式的格式如下:

变量=表达式;

格式说明如下。

(1) 赋值表达式的功能是计算表达式的值再赋予左边的变量,确切地说,是把数据放入以该变量为标识的存储单元中。

(2) 赋值号右边必须是符合 C 语言规定的合法表达式。

(3) 赋值运算符的左边只能是变量,而不能是表达式。如 a+b=10 是不合法的赋值表达式。

(4) 在 C 语言中,把"="定义为运算符,从而组成赋值表达式。凡是表达式可以出现的地方均可出现赋值表达式。例如,"x=(a=5)+(b=8)"是合法的赋值表达式,它的意义是把 5 赋予 a,8 赋予 b,再把 a、b 相加的和赋予 x,故 x 应等于 13。

(5) 在 C 语言中也可以组成赋值语句,按照 C 语言规定,任何表达式在其末尾加上分号就构成为语句。因此如"x=8;a=b=c=5;"都是赋值语句。

(6) 赋值运算符的优先级别只高于逗号运算符,比其他任何运算符的优先级都低。赋值运算符具有右结合性,因此"a=b=c=5"可理解为"a=(b=(c=5))"。

2. 复合赋值运算符

在 C 语言中,赋值运算符还可以和其他二目运算符组合,形成复合赋值运算符,如+=、-=、*=等。由这些复合赋值运算符组成的表达式就称为复合赋值表达式。

构成复合赋值表达式的一般形式如下:

变量 双目运算符=表达式

它等效于：

变量=变量 运算符 表达式

这里的运算符指的是二目算术运算符和以后要学到的二目位运算符。例如：

a-=2　　　　等价于　　　a=a-2

a*=b+1　　等价于　　　a=a*(b+1)

a%=b　　　　等价于　　　a=a%b

【例 2.7】　赋值运算符的使用。

程序代码：

```
/* ex2_7.c: 赋值运算符的使用 */
#include<stdio.h>
int main()
{
    char a='A';
    int b=1,c=2,d=10,e=15,f;
    a+=1; b-=2; c*=5; d/=2; e%=6;
    printf("a=%c,b=%d,c=%d,d=%d,e=%d\n",a,b,c,d,e);
    a=b=c=d=e=99;
    printf("a=%c,b=%d,c=%d,d=%d,e=%d\n",a,b,c,d,e);
    f=(c=2)*(d=e+8);
    printf("f=%d",f);
}
```

程序运行结果如图 2.8 所示。

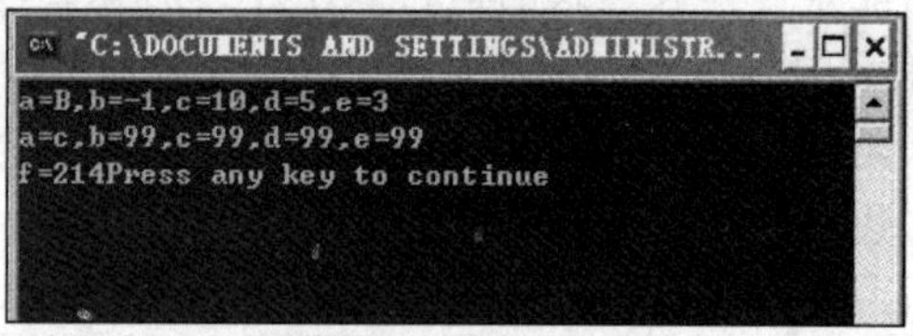

图 2.8　例 2.7 的程序运行结果

程序说明如下。

(1) 复合赋值表达式"a+=1;"是将变量 a 的 ASCII 码值加 1,然后赋值给 a,此时,a 的数值正好是字符'B'的 ASCII 码,因此输出的是字符'B'。

(2) 复合赋值表达式"b-=2;c*=5;d/=2;e%=6;"分别是将变量 b 的值减 2 之后的值赋值给 b;变量 c 的值乘以 5 之后的值赋值给 c;变量 d 的值除以 2 之后的值赋值给 d;变量 e 的值用取模运算除以 6 之后的余数赋值给 e。

(3) 对于"a=b=c=d=e=99;"语句,根据赋值运算符的右结合性,先将 99 赋值给变量 e,然后将表达式"e=99"的值赋值给变量 d(即变量 e 的新值 99)。以此类推,最后将表达式"b=c=d=e=99"的值赋值给变量 a。因为 99 正好是字符'c'的 ASCII 码值,所以在按字符格式输出的时候,输出的是字符'c'。

（4）对于"f=(c=2)*(d=e+8);"语句,根据赋值运算符的优先级,先将 2 赋值给变量 c,然后将"e+8"的值赋值给变量 d。再将变量 c 和 d 值相乘,得到的结果 214 赋值给变量 f。

3. 赋值运算中的类型转换

在赋值运算中,只有在赋值号右侧表达式的类型与左侧变量类型完全一致时,赋值操作才能进行。如果赋值运算符两边的数据类型不相同,系统将自动进行类型转换,即把赋值号右边的类型转换成左边的类型。这种转换仅限于数值数据之间,通常称为"赋值兼容",如整数和浮点数、整数和字符。具体规定如下。

（1）实型赋值给整型,舍去小数部分。

（2）整型赋值给实型,数值不变,但将以浮点形式存放,即增加小数部分(小数部分的值为 0)。

（3）字符型赋值给整型,由于字符型为 1 字节,而整型为 2 字节,故将字符的 ASCII 码值放到整型量的低八位中,高八位为 0。整型赋值给字符型,只把低八位赋值给字符量。

【例 2.8】　赋值运算类型转换的使用。

程序代码:

```
/* ex2_8.c: 赋值运算中的类型转换 */
#include<stdio.h>
int main()
{
    int a,b=322;
    float x,y=8.88;
    char c1='k',c2;
    a=y; x=b; a=c1; c2=b;
    printf("%d,%f,%d,%c\n",a,x,a,c2);
}
```

程序运行结果如图 2.9 所示。

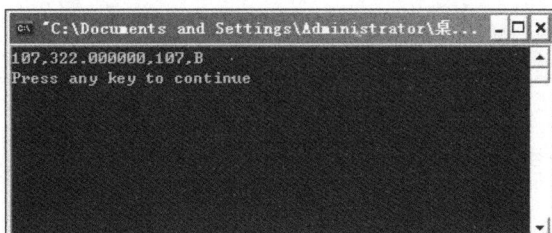

图 2.9　例 2.8 的程序运行结果

程序说明如下。

（1）本例表明了上述赋值运算中类型转换的规则。

（2）a 为整型,赋值给实型量 y 并得到值 8.88 后,只取整数 8。

（3）x 为实型,赋值给整型量 b 并得到值 322,后增加了小数部分。

（4）字符型量 c1 赋值给 a 变为整型,整型量 b 赋值给 c2 后取其低八位成为字符型(整型量 b 的低八位为 01000010,即十进制 66,它的 ASCII 码值对应于字符'B')。

2.4.6 自加、自减运算符

自加(++)和自减(−−)运算符是C语言中经常使用的两个单目算术运算符,其功能是变量的值自增1和自减1。

自加和自减运算符的运算对象可以是整型变量和实型变量,但不能是常量和表达式,因为不能给常量或表达式赋值,如++3、(a+b)−−都是错误的。

根据自加和自减运算符在变量前后的位置不同,可有以下几种形式。

- ++i:i自增1后再参与其他运算。
- −−i:i自减1后再参与其他运算。
- i++:i参与运算后,i的值再自增1。
- i−−:i参与运算后,i的值再自减1。

一定要注意自加和自减运算符的位置给运算结果带来的不同。例如,假设整型变量i的值为1,则"a=i++;"语句使a的值为1,"a=++i;"语句使a的值为2。

自加和自减运算符的优先级和取正运算符(+)和取负运算符(−)的级别相同,但高于加、减、乘、除和取余等二目算术运算符。

【例2.9】 自加、自减运算符的使用。

程序代码:

```
/* ex2_9.c: 自加、自减运算符的使用 */
#include<stdio.h>
int main()
{
    int a,b,c,d,e,f,g,h;
    a=b=c=d=e=f=g=h=8;
    printf("++a=%d\n",++a);
    printf("--b=%d\n",--b);
    printf("c++=%d\n",c++);
    printf("d--=%d\n",d--);
    printf("-e++=%d\n",-e++);
    printf("-f--=%d\n",-f--);
    printf("g++ * 9=%d\n",g++ * 9);
    printf("++h * 9=%d\n",++h * 9);
}
```

程序运行结果如图2.10所示。

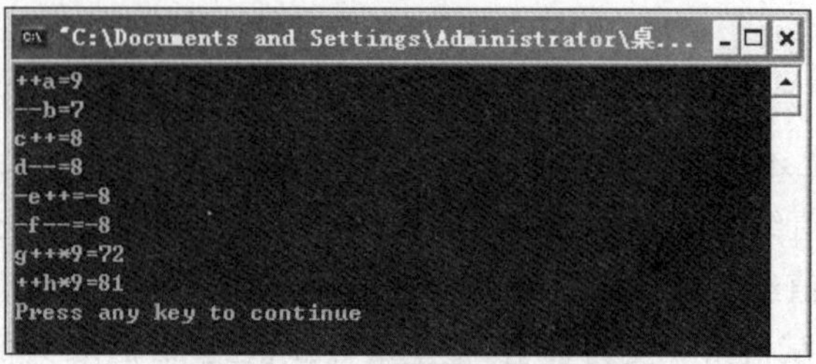

图2.10 例2.9的程序运行结果

程序说明如下。

（1）"a＝b＝c＝d＝e＝f＝g＝h＝8;"赋值语句是将数值 8 依次赋值给 a、b、c、d、e、f、g、h 这 8 个整型变量。

（2）因为＋＋a、－－b 的运算符在前,所以输出的时候,都是先将两个变量进行加 1 和减 1 之后再输出,因此输出 9 和 7。

（3）因为 c＋＋、d－－ 的运算符在后,所以是先输出,再对两个变量进行加 1 和减 1 操作,因此输出 8 和 8。

（4）因为"－"和自加、自减运算符的优先级相同,结合性都是右结合性,即从右向左运算,所以,"－e＋＋"等价于"－(e＋＋)";"－f－－"等价于"－(f－－)",因此输出 8 和 8。

（5）因为"g＋＋＊9"的自加运算符在后,先将变量 g 的值乘 9,然后将 g 自增 1,所以输出的结果是 72。而"＋＋h＊9"的自加运算符在前,先将变量 g 自增 1,再将增 1 后的结果乘 9,所以输出的结果是 81。

2.4.7　条件运算符

条件运算符由"?："两个运算符组成,是 C 语言中唯一的三目运算符,要求有三个运算对象。由条件运算符组成的表达式称为条件表达式,其格式如下:

表达式 1?表达式 2：表达式 3

格式说明如下。

（1）条件表达式的求值规则:如果表达式 1 的值为真,则以表达式 2 的值作为条件表达式的值,否则以表达式 3 的值作为整个条件表达式的值。

（2）条件运算符的运算优先级低于关系运算符和算术运算符,但高于赋值运算符,因此条件表达式通常用于赋值语句之中。例如,"y＝x＞10?100：200"语句的执行结果是:如 x＞10 为真,则把 100 赋值给 y,否则把 200 赋值给 y。

（3）条件运算符"?"和"："是一对运算符,不能分开单独使用。

（4）条件运算符的结合方向是自右至左。例如,"a＞b?a：c＞d?c：d"应理解为"a＞b?a：(c＞d?c：d)",这也就是条件表达式嵌套的情形,即其中的表达式 3 又是一个条件表达式。

【例 2.10】　判断一个变量的值,如果其值大于 0,则把它扩大 10 倍,否则将其值改为－1。

问题分析:根据示例描述,设变量为 X,则可把问题概括为以下式子。

$$X = \begin{cases} X \times 10 & (X > 0) \\ -1 & (X \leqslant 0) \end{cases}$$

该式子正好符合条件表达式的计算规则。

程序代码:

```
/＊ex2_10.c:条件运算符的使用＊/
#include<stdio.h>
int main()
```

```
{
    int X;
    X=5;
    printf("X=%d\n",X);
    X=X>0?X*10:-1;
    printf("X=%d\n",X);
}
```

程序运行结果如图 2.11 所示。

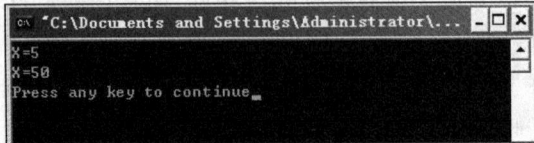

图 2.11　例 2.10 的程序运行结果

程序说明如下。

(1) 第 1 条输出语句输出原来 X 的值。

(2) 因为 X>0,根据条件表达式的运算结果;第 2 条输出语句输出 X 的值为原来值的 10 倍,即 50。

2.4.8　位运算符

C 语言提供了位运算符,可以对一个变量的每一个二进制位进行操作。在编写系统软件,特别是驱动程序的时候,这些位运算符非常有用。

位运算符的操作对象只能是整型或字符型数据,不能是其他类型数据。

1. 整数在内存中的存放

我们知道,数据在计算机中都是以二进制的形式存储的,最基本的单位是二进制位 (bit,即比特),8 个二进制位是 1 字节(1 byte,即 1 拜特)。

例如,一个整型变量在内存中占 2 字节,即 16 位。以 10 为例,它的存放示意图如下:

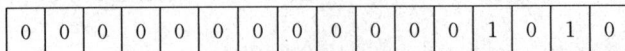

实际上,整数数据在内存中是以补码表示的。

(1) 正数的补码和原码相同。

(2) 负数的补码是将该数的绝对值的二进制形式按位取反再加 1。

例如,求 −10 的补码。

10 的原码:

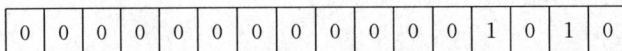

取反：

1	1	1	1	1	1	1	1	1	1	1	1	0	1	0	1

再加 1，得 -10 的补码：

1	1	1	1	1	1	1	1	1	1	1	1	0	1	1	0

由此可知，左面的第一位是表示符号的。

2. 位运算符的分类

根据位操作的需要，C 语言提供了 6 种位运算符，如表 2.7 所示。

表 2.7　位运算符及含义

类　别	运算符	含　义	举　例
单目运算符	~	按位取反	~a 表示对变量 a 按位取反
双目运算符	<<	左移	a<<2 表示将变量 a 左移 2 位
	>>	右移	a>>2 表示将变量 a 右移 2 位
	&	按位与	a&b 表示将变量 a 与 b 按位做与运算
	^	按位异或	a^b 表示将变量 a 与 b 按位做异或运算
	|	按位或	a|b 表示将变量 a 与 b 按位做或运算

位运算符的双目运算符具有左结合性，单目运算符具有右结合性，其中的优先级如下：
~、>、<<或>>>&>^>|

3. 二进制位的逻辑运算

位运算符中，按位取反运算符（~）、按位与运算符（&）、按位异或运算符（^）、按位或运算符（|）都是对二进制位做逻辑运算，可以称为位逻辑运算符。

（1）按位取反运算符。按位取反运算符（~）是单目运算符，具有右结合性。其功能是对参与运算的数的各二进位按位求反。其运算规则如表 2.8 所示（这里设 a 为二进制的 1 位）。

表 2.8　按位取反运算符的运算规则

a 的值	~a 的值	举　例
1	0	假设变量 a=9，则 ~a 的运算如下：
0	1	~0000000000001001=1111111111110110

（2）按位与运算符。按位与运算符（&）是双目运算符，其功能是参与运算的两操作数各对应的二进制位相与。只有对应的两个二进制位均为 1 时，结果位才为 1，否则为 0。其运算规则如表 2.9 所示（这里设 a、b 分别是二进制的 1 位）。

表 2.9　按位与运算符的运算规则

a 的值	b 的值	a&b 的值	举　例
1	0	0	假设变量 a=9,b=5,则 a&b 的运算如下: 　　　　a　　　　0000000000001001 　　　&b　　　　0000000000000101
0	1	0	
0	0	0	结果为 1:　　　0000000000000001
1	1	1	

(3) 按位异或运算符。按位异或运算符(^)是双目运算符,其功能是参与运算的两操作数各对应的二进制位相异或,当 2 对应的二进制位相异时,结果为 1。运算规则如表 2.10 所示(这里设 a、b 分别是二进制的 1 位)。

表 2.10　按位异或运算符的运算规则

a 的值	b 的值	a^b 的值	举　例
1	0	1	假设变量 a=9,b=5,则 a^b 的运算如下: 　　　　a　　　　0000000000001001 　　　^ b　　　　0000000000000101
0	1	1	
0	0	0	结果为 12:　　　0000000000001100
1	1	0	

(4) 按位或运算符。按位或运算符(|)是双目运算符,其功能是参与运算的两操作数各对应的二进制位相或。只要对应的两个二进制位有一个为 1 时,结果位就为 1。运算规则如表 2.11 所示(这里设 a、b 分别是二进制的 1 位)。

表 2.11　按位或运算符的运算规则

a 的值	b 的值	a|b 的值	举　例
1	0	1	假设变量 a=9,b=5,则 a|b 的运算如下: 　　　　a　　　　0000000000001001 	b　　　　0000000000000101
0	1	1	
0	0	0	结果为 13:　　　0000000000001101
1	1	0	

4. 移位运算符

移位运算符用于实现二进制位的顺序向左或向右移位。

(1) 左移位运算符。左移位运算符($<<$)是双目运算符,其功能是把$<<$左边的操作数的各二进制位全部左移若干位,由$<<$右边的数指定移动的位数,高位丢弃,低位补 0。

左移位运算符的格式如下:

a<<n;

格式说明如下。

① a 表示被移动的数据,可以是一个 char 型或整型的变量。

② n 表示移动的位数,可以是一个整数型的常量、变量或表达式。

例如,"a<<5;"的功能是把 a 的各二进位顺次向左移动 5 位。如 a=00000011(十进制数 3),左移 5 位后为 01100000(十进制数 96,即扩大 32 倍)。

(2) 右移位运算符。右移位运算符(>>)是双目运算符,其功能是把>>左边的操作数的各二进制位全部右移若干位,由>>右边的数指定移动的位数。

对于有符号数在右移时,符号位将随同移动。当为正数时,最高位补 0;当为负数时,符号位为 1,最高位是补 0 或是补 1 取决于编译系统的规定,Turbo C 和很多系统规定为补 1。

右移位运算符的格式如下:

a>>n;

格式说明如下。

① a 表示被移动的数据,可以是一个 char 型或整型的变量。

② n 表示移动的位数,可以是一个整数型的常量、变量或表达式。

例如,"a>>3;"的功能是把 a 的各二进位顺次向右移动 3 位。如 a=01100000(十进制数 96),右移 3 位后为 00001100(十进制数 12,即缩小 8 倍)。

2.4.9　逗号运算符

","是 C 语言提供的一种特殊运算符,用逗号将表达式连接起来的式子称为逗号表达式。逗号表达式的一般格式如下:

表达式 1,表达式 2,…,表达式 n;

格式说明如下。

(1) 逗号运算符的结合性为左结合性,因此逗号表达式将从左到右进行运算,即先计算表达式 1,最后计算表达式 n。最后一个表达式的值就是此逗号表达式的值。如逗号表达式"i=3,i++,++I,i+5"的值是 10,变量 i 的值为 5。

(2) 在所有运算符中,逗号运算符的优先级别最低。

【例 2.11】　逗号表达式的使用。

程序代码:

```
/* ex2_11.c: 逗号运算符的使用 */
#include <stdio.h>
int main()
{
    int a=2,b=4,c=6,y,z;
    y=a+b,b+c;
    z=(a+b,b+c);
    printf("y=%d,z=%d\n",y,z);
}
```

程序运行结果如图 2.12 所示。

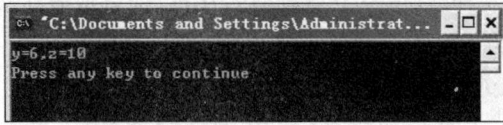

图 2.12　例 2.11 的程序运行结果

程序说明如下。

(1) 由于逗号运算符的优先级最低,而且具有左结合性,因此"y＝a＋b,b＋c;"表达式的值是第二个表达式的值(10),而 y 的值是 6。

(2) "z＝(a＋b,b＋c);"语句将逗号表达式包含在括号内,因此,z 的值就是逗号表达式的值 10。

2.5　表达式中的类型转换

在数学运算时,我们经常会遇到整数、小数一起运算的情况。我们知道,在 C 语言中,整型和浮点型是不属于同一种数据类型的,那么不同类型的数据如何在一起进行运算呢?有效的解决办法就是进行类型的转换。C 语言提供的类型转换方法有两种:一种是自动转换,另一种是强制类型转换。

2.5.1　自动转换

通过以前的知识我们知道,在某种范围内整型数据可以和字符型数据通用,而整型是浮点型的一种特殊形式,因此,整型、浮点型和字符型数据之间可以混合运算。例如,"3.45＋10＋'a'－2.5＊'c'"是合法的。在混合运算时,编译系统首先会将不同的数据类型数据自动转换成同一类型再进行运算。

自动转换遵循以下规则。

(1) 若参与运算量的类型不同,则先转换成同一类型,然后进行运算。

(2) 转换按数据长度增加的方向进行,以保证精度不降低。如 int 型和 long 型运算时,先把 int 型转成 long 型后再进行运算。

(3) 所有的浮点运算都是以双精度进行的,即使仅含 float 单精度量运算的表达式,也要先转换成 double 型再进行运算。

(4) char 型和 short 型参与运算时,必须先转换成 int 型。

(5) 在赋值运算中,赋值号两边量的数据类型不同时,赋值号右边量的类型将转换为左边量的类型。如果右边量的数据类型长度比左边长时,将丢失一部分数据,这样会降低精度,丢失的部分按四舍五入向前舍入。

C 语言自动类型转换原则如图 2.13 所示。

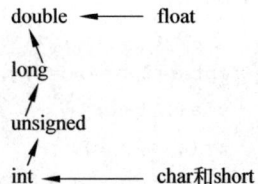

图 2.13　C 语言自动类型转换原则

【例 2.12】　自动类型转换示例。

程序代码：

```
/* ex2_12.c: 自动类型转换示例 */
#include <stdio.h>
int main()
{
    int a;
    float b;
    a=3.45+10+'a'-2.5*'c';
    b=3.45+10+'a'-2.5*'c';
    printf("a=%d,b=%f\n",a,b);
}
```

表达式中的类型转换

程序运行结果如图 2.14 所示。

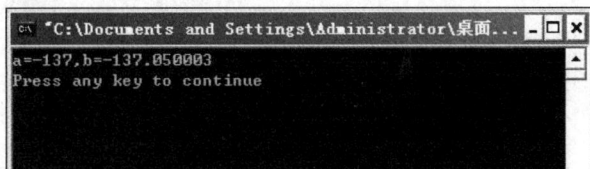

图 2.14　例 2.12 的程序运行结果

程序说明如下。

(1) 根据数据类型的自动转换原则，"3.45＋10＋'a'－2.5*'c';"表达式的值为浮点型，字符'a'和字符'c'分别使用其 ASCII 码值参与运算。但是，变量 a 的数据类型为整型，因此，根据自动转换规则第(5)条，小数部分将被截去，a 的最后结果为－137。

(2) 因为变量 b 的数据类型为浮点型，因此，b 的值保留了小数部分，并按照规定的格式输出。

2.5.2　强制类型转换

除了自动类型转换外，程序设计人员还可以根据运算的要求在程序中强行将数据的类型进行转换，称为强制类型转换。强制类型转换是通过类型转换运算来实现的，其一般格式如下：

(类型说明符)　(表达式)

下面进行格式说明。

(1) 强制类型转换符的功能是把表达式的运算结果强制转换成类型说明符所表示的类型。

(2) 类型说明符和表达式都必须加括号(单个变量可以不加括号)，如把(int)(x＋y)写成(int)x＋y，则变成把 x 转换成 int 型之后再与 y 相加。

(3) 无论是强制类型转换还是自动转换，都只是为了本次运算的需要对变量的数据长度进行的临时性转换，而不改变数据说明时对该变量定义的类型。

【**例 2.13**】 强制类型转换示例。

程序代码：

```
/* ex2_13.c: 强制类型转换示例 */
#include <stdio.h>
int main()
{
    int a;
    float b,f=6.78, x=7.8,y=12.7;
    a=(int)(x+y);
    b=(int)x+y;
    printf("(int)f=%d,f=%f\n",(int)f,f);
    printf("a=%d\n",a);
    printf("b=%5.2f\n",b);
}
```

程序运行结果如图 2.15 所示。

图 2.15 例 2.13 的程序运行结果

程序说明如下。

（1）"(int)f"是强制将浮点型变量 f 转换为整型后再参与运算，并舍去小数部分输出。虽然 f 强制转换成为 int 型，但只在运算中起作用，是临时的，而 f 本身的类型并不改变。因此，(int)f 的值为 6（删去了小数），而 f 的值仍为 6.78。

（2）"a＝(int)(x+y);"是把 x+y 的值转换成整型，然后赋值给变量 a，所以 a 的值为 20。

（3）"b＝(int)x＋y;"是把 x 的值强制转换成整型（舍去小数部分），然后与 y 相加，再把结果复制给变量 b，所以 b 的值为 19.7。

2.6 课 堂 案 例

2.6.1 案例 2.1：交换两个变量值的问题

1. 案例描述

设有两个变量，要求交换两个变量的值。

2. 案例分析

（1）功能分析。根据案例描述，就是给定两个变量的值，编写程序实现将这两个变量的值交换。

实训举例及项目

（2）数据分析。根据功能要求，需要两个存储数据的变量。要交换变量的值，还需要定义一个临时变量，用于交换中间数据。为简单起见，设这三个变量的类型为整型。

3. 设计思想

（1）定义变量。两个变量起名为 a、b，临时变量命名为 tmp。
（2）输出交换前的数据。
（3）a 的值赋值给 tmp，b 的值赋值给 a，tmp 的值赋值给 b。
（4）输出交换后 a、b 的值。

4. 程序实现

```
/ * 交换两个变量的值 * /
#include <stdio.h>
int main()
{
    int a=8,b=12,tmp;
    printf("交换前\n");                    / * 输出交换之前的数据 * /
    printf("a=%d,b=%d\n",a,b);
    tmp=a;                                / * 交换 * /
    a=b;
    b=tmp;
    printf("交换后\n");                    / * 输出交换后的数据 * /
    printf("a=%d,b=%d\n",a,b);
}
```

5. 运行程序

程序运行结果如图 2.16 所示。

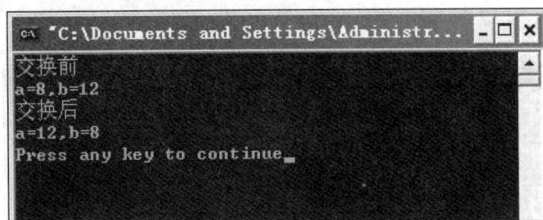

图 2.16　案例 2.1 的程序运行结果

2.6.2　案例 2.2：求圆的周长和面积的问题

1. 案例描述

已知圆的半径为 6，编写程序求圆的周长和面积。

2. 案例分析

(1) 功能分析。根据功能描述,程序实现的功能就是对已知半径的圆求其周长和面积。

(2) 数据分析。本程序需要两个存储值的变量,用于存储周长和面积,半径也用一个变量存储。对于 π 值,用常量表示。

3. 设计思想

(1) 定义变量。三个变量为 r、L、S,用于存储半径、周长和面积。

(2) 定义符号常量。在求周长和面积时,都要用到 π 值,用符合常量表示比较合适,对其命名为 PI。

(3) 根据圆的周长和面积公式求周长和面积。

(4) 输出 L、S 的值。

4. 程序实现

```
/*求圆的周长和面积*/
#include <stdio.h>
#define PI 3.1415926
int main()
{
    double r=6.0,L,S;
    L=2*PI*r;          /*计算周长*/
    S=PI*r*r;          /*计算面积*/
    printf("圆的周长 L=%5.2f\n 圆的面积 S=%5.2f",L,S);
}
```

5. 运行程序

程序运行结果如图 2.17 所示。

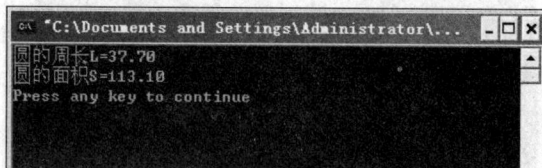

图 2.17　案例 2.2 的程序运行结果

2.6.3　案例 2.3:求最大值和最小值的问题

1. 案例描述

给定三个数,求其中的最大值和最小值。

2. 案例分析

（1）功能分析。根据功能描述，程序实现的功能是求出三个有固定值的变量中的最大值和最小值。由于还未学习选择语句，根据所学的知识，只能用条件表达式来求最大值和最小值。

（2）数据分析。本程序需要三个存储值的变量，另外，还需要定义两个变量用于存储最大值和最小值。

3. 设计思想

（1）定义变量。三个变量为 a、b、c，最大值变量为 max，最小值变量为 min。

（2）求最大值。可考虑先用条件表达式 max＝(a＞b)?a:b 求出 a、b 中的较大数，然后用条件表达式 max＝(max＞c)?max:c 求出较大数与 c 的较大数，得到的结果就是最大数值。

（3）求最小值。仿照求最大值的方法。

（4）输出 a、b、c 的值。

（5）输出最大值和最小值。

4. 程序实现

```
/*求三个数的最大值和最小值*/
#include<stdio.h>
int main()
{
    int a=8,b=11,c=99, max,min;
    max=a>b?a:b;                        /*求较大数*/
    max=max>c?max:c;                    /*求最大数*/
    min=a<b?a:b;                        /*求较小数*/
    min=min<c?min:c;                    /*求最小数*/
    printf("a=%d,b=%d,c=%d\n",a,b,c);   /*输出 a、b、c 的值*/
    printf("max=%d,min=%d\n",max,min);  /*输出最大值和最小值*/
}
```

5. 运行程序

程序运行结果如图 2.18 所示。

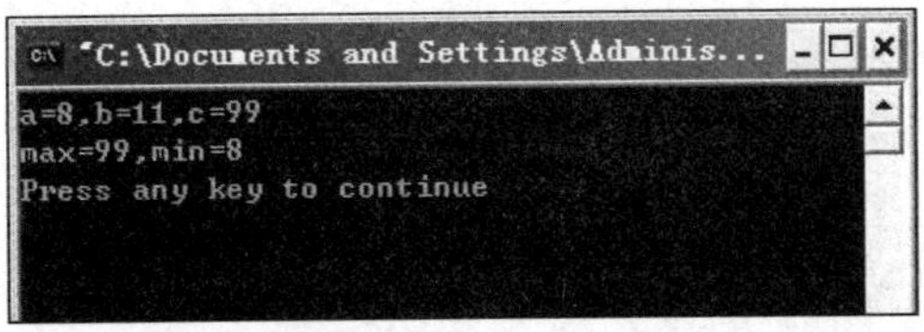

图 2.18　案例 2.3 的程序运行结果

2.7 项 目 实 训

2.7.1 实训 2.1：基本能力实训

1. 实训题目

运算符和表达式的使用。

2. 实训目的

理解 C 语言中运算符的使用方法和各种表达式的求值方法。

3. 实训内容

(1) 调试程序并观察结果。包括以下五个程序。

程序 1：

```c
#include <stdio.h>
int main()
{
    char c1='a',c2='b',c3='c',c4='\101',c5='\116';
    printf("a%cb%c\tc%c\t abc\n",c1,c2,c3);
    printf("\t\b%c %c",c4,c5);
}
```

程序 2：

```c
#include <stdio.h>
int main()
{
    int i,j,m,n;
    i=8;j=10; m=++i;n=j++;
    printf("%d,%d,%d,%d",i,j,m,n);
}
```

程序 3：

```c
#include <stdio.h>
int main()
{
    int i=5,j=5,p,q;
    p=(i++)+(i++)+(i++);
    q=(++j)+(++j)+(++j);
    printf("%d,%d,%d,%d",p,q,i,j);
}
```

程序 4：

```c
#include <stdio.h>
int main()
{
    float f=5.75;
    printf("(int)f=%d,f=%f\n",(int)f,f);
}
```

程序 5：

```c
#include <stdio.h>
int main()
{
    char c1='C',c2='h',c3='i',c4='n',c5='a';
    c1+=4; c2+=4; c3+=4; c4+=4; c5+=5;
    printf("%c%c%c%c%c",c1,c2,c3,c4,c5);
}
```

（2）编写程序。求表达式$(a*b+(c+d)/e)/(a\%b-1)$的值,假设 a＝99,b＝10,c＝2,d＝8,e＝5。

程序代码如下：

```c
#include <stdio.h>
#include <stdlib.h>
int main()
{
    int a=99,b=10;
    float c=2.0,d=8.0,e=5.0,result;
    result = (a*b+(c+d)/e)/(a%b-1);
    printf("%f",result);
    return 0;
}
```

2.7.2　实训 2.2：拓展能力实训

```c
//输出四个数中的最大值和最小值。//
#include "stdio.h"
int main()
{
    int a,b,c,d;
    scanf("%d%d%d%d",&a,&b,&c,&d);
    if(a>b && a>c && a>d)
    {
        if(b<c && b<d)
        {
            printf("max=%d\n,min=%d\n",a,b);
        }
        if(c<b && c<d)
        {
```

49

```
        printf("max=%d\n,min=%d\n",a,c);
    }
    if(d<b && d<c)
    {
        printf("max=%d\n,min=%d\n",a,d);
    }
}
if(b>a && b>c && b>d)
{
    if(a<c && a<d)
    {
        printf("max=%d\n,min=%d\n",b,a);
    }
    if(c<a && c<d)
    {
        printf("max=%d\n,min=%d\n",b,c);
    }
    if(d<a && d<c)
    {
        printf("max=%d\n,min=%d\n",b,d);
    }
}
if(c>b && c>a && c>d)
{
    if(b<a && b<d)
    {
        printf("max=%d\n,min=%d\n",c,b);
    }
    if(a<b && a<d)
    {
        printf("max=%d\n,min=%d\n",c,a);
    }
    if(d<b && d<a)
    {
        printf("max=%d\n,min=%d\n",c,d);
    }
}
if(d>a && d>b && d>c)
{
    if(b<a && b<c)
    {
        printf("max=%d\n,min=%d\n",d,b);
    }
    if(c<b && c<a)
    {
        printf("max=%d\n,min=%d\n",d,c);
    }
    if(a<b && a<c)
    {
        printf("max=%d\n,min=%d\n",d,a);
    }
```

```
    }
    return 0;
}
```

1. 实训题目

条件表达式的综合应用。

2. 实训目的

通过编程学习和掌握条件表达式的灵活使用。

3. 实训内容

给定 4 个变量的值,编写程序求出其中的最大数和最小数并输出。

2.8　拓展阅读　程序员的工匠精神

工匠精神一方面指的是工匠们对自己的产品精雕细琢、精益求精的精神,即"工匠们对细节有很高的要求,他们追求完美和极致,努力把品质从 99% 提高到 99.99%";另一方面指的是整个社会对能工巧匠所表达的由衷敬意,并给予其较高的社会地位。

从程序开发方面来看,工匠精神是对自己的程序精雕细琢,对自己的程序负责,以及对程序有敬畏心态,等等。其实,写好程序并没有太高深的学问,很多时候程序出现错误,往往是细节没有做好。古人有云:"一屋不扫,何以扫天下?"一个人的能力提升往往也是通过细节的积累由量变而达到质变的过程。程序员设计水平的提升首先要有量的积累,然后才会有质的改变,而这个过程几乎每名程序员都会经历。

本 章 小 结

数据类型、运算符和表达式是构成程序的最基本部分,是学习任何一种编程语言的基础。本章介绍了 C 语言中数据类型、变量、常量、运算符和表达式等关于程序设计的基本内容。

(1) 在 C 语言程序中,每个变量、常量和表达式都有一个它所属的特定的数据类型。类型显性或隐性地规定了在程序执行期间变量或表达式所有可能取值的范围,以及在这些值上允许进行的操作。C 语言提供的主要数据类型有基本数据类型、构造数据类型、指针类型、空类型。

C 语言中基本的数据类型有字符型、整型、实型,其中整型又包括基本整型、短整型、长整型、无符号型,实型包括单精度实型、双精度实型和长双精度型。

(2) C 语言提供了丰富的运算符来实现复杂的表达式运算。一般而言,单目运算符优先级较高,赋值运算符优先级低。算术运算符优先级较高,关系运算符和逻辑运算符优先级较低。多数运算符具有左结合性,单目运算符、三目运算符、赋值运算符具有右结合性。

(3) 表达式是由运算符连接常量、变量、函数所组成的式子。每个表达式都有一个值和一个类型。表达式求值按运算符的优先级和结合性所规定的顺序进行。

(4) C 语言提供的类型转换方法有两种:一种是自动转换,另一种是强制类型转换。自动转换是在不同类型数据的混合运算中由系统自动实现转换,由少字节类型向多字节类型转换。不同类型的量相互赋值时也由系统自动进行转换,把赋值号右边的类型转换为左边的类型。强制类型转换是由强制转换运算符完成转换。

习　　题

1. 填空题

(1) 在 C 语言中写一个十六进制的整数,必须在它的前面加上前缀_____。

(2) 在 C 语言中以_____作为一个字符串的结束标记。

(3) 字符串"hello"的长度是_____。

(4) 设 a 为 short 型变量,描述"a 是奇数"的表达式是_____。

(5) 若有定义"int a=5,b=2,c=1;",则表达式 a−b<c||b==c 的值是_____。

(6) 表达式"20<x≤60",用 C 语言正确描述是_____。

(7) 若有定义"float x=3.5;int z=8;",则表达式 x+z%3/4 的值为_____。

(8) 若有定义"int a=1,b=2,c=3,d=4,x=5,y=6;",则表达式"(x=a>b)&&(y=c>d)"的值为_____。

(9) 表达式"a=1,a+=1,a+1,a++"的值是_____。

(10) 若有变量说明语句"int w=1,x=2,y=3,z=4;",则表达式"w>x?w:z>y?z:x"的值是_____。

2. 选择题

(1) 以下( )是正确的字符常量。
　　A. "c"　　　　　　B. '\\'　　　　　　C. 'W'　　　　　　D. "\32a"

(2) 以下( )是不正确的字符串常量。
　　A. 'abc'　　　　　B. "12'12"　　　　　C. "0"　　　　　　D. " "

(3) 以下( )是错误的整型常量。
　　A. −0xcdf　　　　B. 018　　　　　　 C. 0xe　　　　　　D. 011

(4) 以下( )是正确的浮点数。
　　A. e3　　　　　　B. .62　　　　　　C. 2e4.5　　　　　　D. 123

(5) 若有说明语句"char c='\95';",则变量 c 包含( )个字符。
　　A. 1　　　　　　B. 2　　　　　　　C. 3　　　　　　　D. 语法错误

(6) 语句"x=(a=3,b=++a);"运行后,x、a、b 的值依次为( )。
　　A. 3,3,4　　　　　B. 4,4,3　　　　　C. 4,4,4　　　　　D. 3,4,3

(7) 语句"a=(3/4)+3%2;"运行后,a 的值为(　　)。

　　A. 0　　　　　　B. 1　　　　　　C. 2　　　　　　D. 3

(8) char 型变量存放的是(　　)。

　　A. ASCII 代码值　　　　　　　　B. 字符本身

　　C. 十进制代码值　　　　　　　　D. 十六进制代码值

(9) 若有定义"int x,a;",则语句"x=(a=3,a+1);"运行后,x、a 的值依次为(　　)。

　　A. 3,3　　　　　B. 4,4　　　　　C. 4,3　　　　　D. 3,4

(10) 若有定义"int a,b; double x;",则以下不符合 C 语言语法的表达式是(　　)。

　　A. x%(−3)　　　B. a+=−2　　　C. a=b=2　　　D. x=a+b

(11) 以下结果为整数的表达式(设有"int i;char c;float f;")是(　　)。

　　A. i+f　　　　　B. i*c　　　　　C. c+f　　　　　D. i+c+f

(12) 以下不正确的语句(设有"int p,q;")是(　　)。

　　A. p*=3;　　　　B. p/=q;　　　　C. p+=3;　　　　D. p&&=q;

(13) 以下使 i 的运算结果为 4 的表达式是(　　)。

　　A. int i=0,j=0;　　　　　　　　B. int i=1,j=0;
　　　　(i=3,(j++)+i);　　　　　　　　j=i=((i=3)*2);

　　C. int i=0,j=1;　　　　　　　　D. int i=1,j=1;
　　　　(j==1)?(i=1):(i=3);　　　　　　i+=j+=2;

(14) 下列 4 个选项中,不是 C 语言标识符的选项是(　　)。

　　A. 1define　　　B. ge　　　　　　C. lude　　　　　D. while

(15) 设"char ch;",以下正确的赋值语句是(　　)。

　　A. ch='123';　　B. ch='\xff';　　C. ch="\08";　　D. ch="\";

(16) 设 n=10,i=4,则执行赋值运算 n%=i+1 后,n 的值是(　　)。

　　A. 0　　　　　　B. 3　　　　　　C. 2　　　　　　D. 1

(17) 下面 4 个选项中均是不合法浮点数的选项是(　　)。

A. 160.	B. 123	C. −.18	D. −e3
0.12	2e4.2	123e4	0.234
e3	.e5	0.0	1e3

(18) 逗号表达式"(a=3*5,a*4),a+15"的值为(　①　),a 的值为(　②　)。

① 　A. 15　　　　　B. 60　　　　　C. 30　　　　　D. 不确定

② 　A. 60　　　　　B. 30　　　　　C. 15　　　　　D. 90

(19) 如果 a=1,b=2,c=3,d=4,则条件表达式"a<b?a:c<d?c:d"的值为(　　)。

　　A. 1　　　　　　B. 2　　　　　　C. 3　　　　　　D. 4

(20) 下面不正确的字符串常量是(　　)。

　　A. 'abc'　　　　B. "12'12"　　　C. "0"　　　　　D. " "

(21) 若有代数式 3ae/bc,则不正确的 C 语言表达式是(　　)。

　　A. a/b/c*e*3　　B. 3*a*e/b/c　　C. 3*a*e/b*c　　D. a*e/c/b*3

(22) 已知各变量的类型说明如下:

```
int k,a,b; unsigned long w=5; double w=1.42;
```

则以下不符合 C 语言语法的表达式是(　　)。

    A. x%(−3)　　　　　　　　　　　　B. w+=−2

    C. k=(a=2,b=3,a+b)　　　　　　　D. a+=a−=(b=4)*(a=3)

(23) 以下不正确的叙述是(　　)。

    A. 在 C 语言程序中,逗号运算符的优先级最低

    B. 在 C 语言程序中,APH 和 aph 是两个不同的变量

    C. 若 a 和 b 类型相同,在计算了赋值表达式 a=b 后,b 中的值将放入 a 中,而 b 中的值不变

    D. 整型数据和浮点型数据不能放在一起混合运算

(24) 以下正确的叙述是(　　)。

    A. 在 C 语言程序中,每行中只能写一条语句

    B. 若 a 是实型变量,C 语言程序中允许赋值 a=10,因此实型变量中允许存放整型数

    C. 在 C 语言程序中,无论是正数还是实数,都能被准确无误地表示

    D. 在 C 语言程序中,%是只能用于整数运算的运算符

(25) 以下符合 C 语言语法的赋值表达式是(　　)。

    A. d=9+e+f=d+9　　　　　　　　　B. d=9+e,f=d+9

    C. d=9+e,e++=d+9　　　　　　　　D. d=9+e++=d+7

3. 程序设计题

(1) 已知梯形的上底 $a=2$,下底 $b=6$,高 $h=3.6$,求梯形的面积。

(2) 输入秒数,将它按"小时＋分＋秒"的形式来输出。例如,输入 24680 秒,则输出 6 小时 51 分 20 秒。

第3章　设计简单的 C 语言程序

【内容概述】

简单程序设计是进行复杂程序设计的基础。简单程序设计中所用到的语句和函数是任何 C 语言程序设计都会使用的内容。本章首先介绍 C 语言中语句的种类,然后介绍最常用的输入、输出语句,最后结合实例介绍 C 语言简单程序的设计方法。

【学习目标】

通过本章的学习,要求掌握 C 语言的基本输入/输出函数,学会利用基本输入/输出函数编写简单的 C 语言程序。

3.1　C 语言语句分类

计算机程序实际上是由一条条语句组成的。任何一种计算机语言,其语句的作用就是用来向计算机系统发出操作指令。一条语句经过编译后产生若干条机器指令,这些指令发送给计算机系统后,计算机系统就可以执行一定的工作,完成指定的功能。

C 语言中的语句都是用来完成一定操作任务的,根据语句执行功能的不同可以分为五类,如表 3.1 所示。

C 语言语句分类

表 3.1　C 语言语句分类

分类总称	基本构成	举例
表达式语句	表达式语句由表达式加上分号";"组成。其一般形式如下: 表达式; 执行表达式语句就是计算表达式的值	`x=y+z;`　　//赋值语句 `y+z;`　　//加法运算语句,但计算结果不 　　　　//能保留,无实际意义 `i++;`　　//自增 1 语句,i 值增 1
函数调用语句	由函数名、实际参数加上分号";"组成。其一般形式如下: 函数名(实际参数表); 执行函数语句就是调用函数体并把实际参数赋值给函数定义中的形式参数,然后执行被调函数体中的语句,求取函数值	`printf("C Program");`　　//调用库函数, 　　　　　　　　　//输出字符串

分类总称	基 本 构 成	举 例
控制语句	控制语句用于控制程序的流程,以实现程序的各种结构方式。它们由特定的语句定义符组成。 C 语言有 9 种控制语句,可分成 3 类,见右侧的举例	① 条件判断语句:if 语句、switch 语句; ② 循环执行语句:do-while 语句、while 语句、for 语句; ③ 转向语句:break 语句、goto 语句、continue 语句、return 语句

复合语句	① 把多个语句用"{}"括起来组成的一个语句称复合语句。
	② 在程序中应把复合语句看成单条语句,而不是多条语句。
	③ 复合语句内的各条语句都必须以分号";"结尾,在"}"外不能加分号
		`{   x=y+z;`
		`    a=b+c;`
		`    printf("%d%d",x,a);`
		`}   //这是一条复合语句`

空语句	只有分号";"组成的语句称为空语句。空语句是什么也不执行的语句。在程序中空语句可用来作空循环体	`while(getchar()!='\n')`
		`   ;   //该语句的功能是从键盘输入的`
		`     //字符只要不是回车符就重新输`
		`     //入,即循环体为空语句`

3.2　基本输入/输出函数

3.2.1　输入/输出概述

一个有实际应用价值的程序基本上都涉及数据的输入/输出功能。输入/输出是一个计算机程序的必要组成部分。

输入/输出就是以计算机为主体,提供输入界面,由用户进行数据的输入,并将处理结果显示给用户。从计算机向外部输出设备(如显示器、打印机、磁盘)等输出数据,即为"输出";从外部输入设备(如键盘、磁盘、扫描仪等)输入数据,即为"输入"。

基本的输入/输出也可称为标准输入/输出,主要是针对计算机的标准输入设备(键盘)和标准输出设备(显示器)而言的。C 语言本身没有提供基本的输入/输出语句,输入和输出操作是由库函数来实现的,即函数语句。C 语言函数库中有若干个"标准输入/输出函数",主要有以下三类。

(1) 字符输入/输出函数。这些函数的功能是实现字符的输入/输出,主要有 putchar()函数和 getchar()函数。

(2) 格式输入/输出函数。这些函数的功能是根据指定的格式进行输入/输出,有 printf()函数和 scanf()函数。

(3) 字符串输入/输出函数。它们的功能是实现字符串的输入/输出,有 gets()函数和 puts()函数。

使用标准输入/输出库函数时要用到 stdio.h 文件(stdio 是标准输入/输出的意思),因此,源文件开头应有以下预编译命令。

```
#include <stdio.h>
```

或

```
#include "stdio.h"
```

3.2.2　字符数据的输入/输出

基本输入/输出函数

1. 字符数据输入函数——getchar( )函数

与 putchar()函数功能相反,getchar()函数的功能是从键盘输入一个字符,具体格式
如下:

```
getchar();
```

格式说明如下。

(1) 函数只能接收一个字符,其返回值就是输入的字符。

(2) 该函数得到的字符可以赋给一个字符变量或整型变量;也可以不赋给任何变量,作
为表达式的一部分。

【例 3.1】　从键盘输入一个字符并显示。

程序代码:

```
/* ex3_1.c: 输入单个字符实例 */
#include <stdio.h>
int main()
{
    char c;
    c=getchar();          /* 接收输入字符 */
    putchar(c);           /* 输出字符 */
    printf("\n");
}
```

程序运行结果如图 3.1 所示。

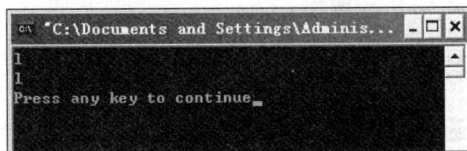

图 3.1　例 3.1 的程序运行结果

2. 字符数据输出函数——putchar( )函数

如果要向显示设备输出一个字符,可以使用 C 语言提供的 putchar()函数,其格式如下:

```
putchar(c);
```

格式说明如下。

(1) 该函数的功能是向显示设备输出一个字符。

(2) c可以是字符变量或整型变量,也可以是一个字符型或整型常量,还可以是一个控制字符或转义字符。

(3) 使用本函数前必须要用文件包含命令"♯include <stdio.h>"。

例如,以下代码对控制字符执行控制功能,不在屏幕上显示。

```
putchar('B');            //输出字母 B
putchar(x);              //输出字符变量 x 的值
putchar('\102');         //输出字母 B
putchar('\n');           //换行
```

3.2.3 格式输出函数——printf()函数

1. printf()函数的调用格式

在前面章节的例子中已经使用过 printf()函数,它是 C 语言中使用最频繁的格式输出函数。相对于 putchar()函数而言,它的功能非常强大。printf()函数的调用格式如下:

```
printf("格式控制字符串",输出表列);
```

格式说明如下。

(1) 该函数的功能是按照"格式控制字符串"指定的格式输出"输出表列"中的内容。

(2) 格式控制字符串用于指定输出格式。格式控制串可由格式字符串和非格式字符串组成。格式字符串是以%开头的字符串,在%后面跟有各种格式字符,以说明输出数据的类型、形式、长度、小数位数等。例如,"%d"表示按十进制整型输出,"%c"表示按字符型输出等。

非格式字符串在输出时原样照印,在显示中起提示作用。

(3) 输出表列中给出了各个输出项,要求格式字符串和各输出项在数量和类型上应该一一对应。

语句"printf("格式 1,格式 2,...,格式 n",参数 1,参数 2,...,参数 n);"可以理解为将参数 1 到参数 n 的数据按给定的格式输出。

2. 格式字符串

格式字符串是 printf 函数的关键参数,用于描述数据输出的格式,由一些格式字符和非格式字符组成。其一般格式如下:

[提示信息][%[标志][输出最小宽度][.精度][长度]类型符号]

非格式字符　　　　　　　　格式字符

格式说明如下。

(1) 方括号"[]"中的项为可选项,表示在某些情况下可以不出现。

(2) 格式字符前要以"%"开头。

（3）格式字符的各项意义说明如下。

① 类型符号：用以表示输出数据的类型，其格式符和意义如表 3.2 所示。

表 3.2　类型符号及其意义

格式字符	意　义
d	以十进制形式输出带符号整数（正数不输出符号）；如果是长整型数据，前面一个加上字母"l"
o	以八进制形式输出无符号整数（不输出前缀 0）
x,X	以十六进制形式输出无符号整数（不输出前缀 0x）
u	以十进制形式输出无符号整数
f	以小数形式输出单、双精度实数。如果不指定输入宽度，整数部分全部输出，输出 6 位小数（可能不是有效数据）
e,E	以指数形式输出单、双精度实数
g,G	以％f 或％e 中较短的输出宽度输出单、双精度实数
c	输出单个字符
s	输出字符串

② 标志：为 −、＋、空格、♯ 四种字符，其意义如表 3.3 所示。

表 3.3　标志及其意义

标志	意　义
−	结果为左对齐，右边填空格
＋	输出符号（正号或负号）
空格	输出值为正时冠以空格，为负时冠以负号
♯	对 c、s、d、u 类无影响；对 o 类，在输出时加前缀 o；对 x 类，在输出时加前缀 0x；对 e、g、f 类，当结果有小数时才给出小数点

③ 输出最小宽度：用十进制整数表示输出的最少位数。若实际位数多于定义的宽度，则按实际位数输出；若实际位数少于定义的宽度，则补以空格或 0。

④ 精度：精度格式符以"."开头，后跟十进制整数。如果输出数字，则表示小数的位数；如果输出字符，则表示输出字符的个数；若实际位数大于所定义的精度数，则截去超过的部分。

⑤ 长度：长度格式符为 h、l 两种，h 表示按短整型量输出，l 表示按长整型量输出。例如，"printf("％4d,％4d",x,y);"表示以整数的形式输出 x、y 的值，每个值输出的最小宽度为 4。如果 x＝123，y＝12345，则该语句的输出结果如下：

□123,12345

提示：这里"□"表示空格，以下的例子相同，不再说明。

```
long a=1234567;
printf("%ld",a);
```

以上代码表示将变量 a 的值按长整型的格式输出。因为变量 a 的值超出了整数的范围,所以在输出时必须按照长整型格式输出。

3. 实训内容

(1) 输入三角形三条边的边长,求三角形面积。

程序代码如下:

```
#include <stdio.h>
#include <math.h>
int main()
{
    printf("请依次输入三个边长\n");
    double a,b,c,p,s;
    scanf ( "%lf%lf%lf" ,&a,&b,&c);
    if (a+b>c && a+c>b && b+c>a)              //判断是否可以构成三角形
    {
        p=(a+b+c)/2;                          //计算半周长
        s=sqrt (p * (p-a) * (p-b) * (p-c));   //套用海伦公式计算面积
        printf ( "面积为%lf\n" , s);          //输出结果
    }
    else
        printf ( "无法构成三角形\n" );        //输入不合法时给出提示
    return 0;
}
```

(2) 输入一个华氏温度,要求输出摄氏温度,公式为 C＝59(F－32)。输出时要有文字说明,结果取两位小数。

程序代码如下:

```
#include<stdio.h>
int main()
{
    int TempFer;
    float c;
    printf("请输入华氏度: ");
    scanf("%d",&TempFer);
    c=(TempFer-32) * 5/9;
    printf("华氏度%d转换为摄氏度为: %.2f ℃ \n",TempFer,c);
    return 0;
}
```

【例 3.2】 数值型数据的输出。

程序代码:

```
/ * ex3_2.c:数值型数据的输出 * /
#include <stdio.h>
int main()
{
    int a=15;
```

```
    double b=123.1234567;
    double c=12345678.1234567;
    printf("a=%d,%5d,%o,%x\n",a,a,a,a);
    printf("b=%f,%lf,%5.4lf,%e\n",b,b,b,b);
    printf("c=%lf,%f,%8.4lf\n",c,c,c);
}
```

程序运行结果如图 3.2 所示。

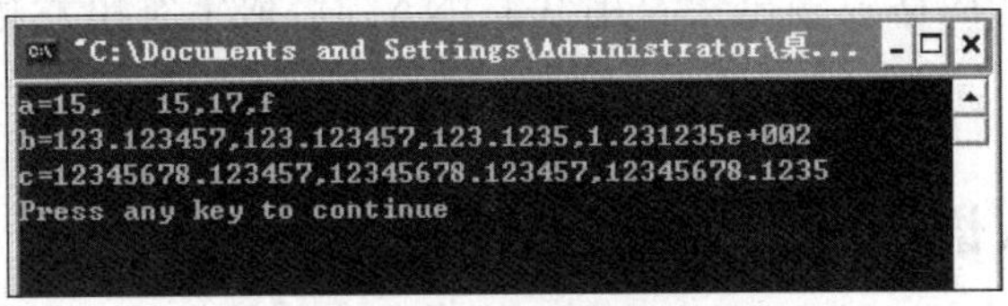

图 3.2　例 3.2 的程序运行结果

程序说明如下。

(1) 第一条输出语句以四种格式输出整型变量 a 的值,其中"%5d"要求输出宽度为 5,而 a 值为 15 只有两位,故前补三个空格。17 是变量 a 数值的八进制表示,而 f 是 15 的十六进制表示。

(2) 第二条输出语句以四种格式输出实型量 b 的值。其中"%f"和"%lf"格式的输出相同,说明字母 l 对 f 类型无影响。另外,由于"%f,%lf"未指定输出宽度和精度,前两个 b 值的输出只有 6 位小数,而且最后一位小数无实际意义。"%5.4lf"指定输出宽度为 5,精度为 4,由于实际长度超过 5,故应该按实际位数输出,小数位数超过 4 位部分被截去。对于"%e",表示要按指数格式输出变量 b 的值。

(3) 第三条输出语句输出双精度实数,"%8.4lf"由于指定精度为 4 位,故截去了超过 4 位的部分,最后一位小数按"四舍五入"的方式保留。

【例 3.3】　字符串数据的格式输出。

程序代码:

```
/*ex3_3.c: 字符串数据的格式输出*/
#include <stdio.h>
int main()
{
    printf("%3s,%7.2s,%.4s,%-5.3s\n","CHINA","CHINA","CHINA","CHINA");
}
```

程序运行结果如图 3.3 所示。

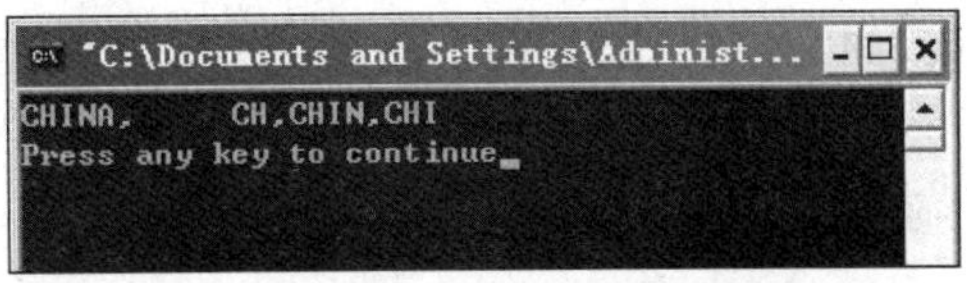

图 3.3　例 3.3 的程序运行结果

程序说明如下。

(1) 以"%3s"的格式输出字符串"CHINA"时,因为指定的宽度小于字符串的实际宽度,此时将按照字符串的实际宽度输出。

(2) 类似于"%m.ns"的格式,表示输出占 m 列,但只取字符串中左端的 n 个字符。如果 m<n,则取 m=n,以保证 n 个字符的正常输出。因此以"%7.2s"的格式输出字符串"CHINA"时,只输出 CH,左补空格;以"%.4s"的格式输出字符串"CHINA"时,取字符串的左边 4 个字符输出。

(3) 以"%-5.3s"的格式输出字符串"CHINA"时,取字符串左边 3 个字符,且右边补空格。

3.2.4 格式输入语句——scanf( )函数

在此之前,我们学习了字符输入函数 getchar( ),它一次只能接收一个字符。如果要输入整数、实数等一些复杂的数据,就需要使用 C 语言提供的格式输入函数——scanf( )函数。

1. scanf( )函数的调用格式

scanf( )函数是一个标准库函数,它的函数原型在头文件 stdio.h 中。在 Visual Studio 2019 中如果使用该函数,要包含 stdio.h 文件。scanf( )函数的一般形式如下:

```
scanf("格式控制字符串",地址表列);
```

格式说明如下。

(1) 该函数的功能是按用户指定的格式从键盘上把数据输入指定的变量中。

(2) 格式控制字符串的作用与 printf( )函数相同,但不能显示非格式字符串,也就是不能显示提示字符串。

(3) 地址表列中给出各变量的地址。地址是由地址运算符"&"后跟变量名组成。例如,&a、&b 分别表示变量 a 和变量 b 的地址,这个地址就是编译系统在内存中给 a、b 变量分配的地址。在 C 语言中使用了地址这个概念,这是与其他语言不同的。应该把变量的值和变量的地址这两个不同的概念区别开。变量的地址是 C 语言编译系统分配的,用户不必关心具体的地址是多少。

例如,从键盘输入两个整数给两个变量 a、b 的语句如下:

```
scanf ("%d%d",&a,&b);
```

(4) 在使用 scanf( )函数输入数据时,遇到下面的情况时认为数据输入结束。

① 遇空格、回车符或 Tab 符。

② 按指定的宽度结束,如"%d"只取 3 列。

③ 遇到非法输入。

【例 3.4】 用 scanf( )函数接收从键盘输入的数据。

程序代码:

```
/* ex3_4.c: 用 scanf()函数接收从键盘输入的数据 */
#include <stdio.h>
int main()
```

```
{
    int x,y,z,a,b,c;
    printf("请输入 x,y,z\n");
    scanf("%d%d%d",&x,&y,&z);
    printf("请输入 a,b,c\n");
    scanf("%d%d%d",&a,&b,&c);
    printf("你输入的数据如下:\n");
    printf("x=%d y=%d z=%d\n",x,y,z);
    printf("a=%d b=%d c=%d\n",a,b,c);
}
```

程序运行结果如图 3.4 所示。

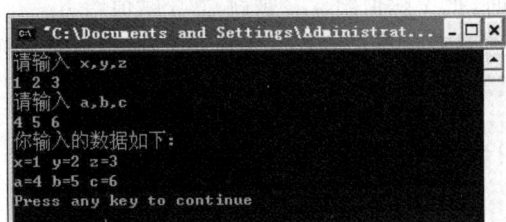

图 3.4　例 3.4 的程序运行结果

程序说明如下。

(1) 程序用两个格式输入函数来接收变量 x、y、z 和 a、b、c 的值。

(2) 输入数据时,在两个数据之间以一个或多个空格间隔,也可以用回车符或 Tab 符间隔。C 语言系统在编译时如果碰到空格、Tab 符、回车符或非法数据(如对"%d"输入 12A 时,A 即为非法数据)时即认为该数据结束。

(3) scanf()函数中要求给出变量地址,如给出变量名则会出错。

2. 格式控制字符串

格式字符串的一般形式如下:

%[*][数据宽度][长度]类型符号

格式说明如下。

(1) 有方括号"[ ]"的项为任选项。

(2) 各项的意义如下。

① %及类型符号：表示输入数据的类型,其格式及字符意义如表 3.4 所示。

表 3.4　输入函数类型格式及字符意义

格　式	字　符　意　义
d	输入十进制整数
o	输入八进制整数
x	输入十六进制整数
u	输入无符号十进制整数

格式	字 符 意 义
f 或 e	输入实型数(用小数形式或指数形式)
c	输入单个字符
s	输入字符串

② "＊"符号:表示该输入项读入后不赋值给相应的变量,即跳过该输入值。举例如下:

```
scanf("%d %＊d %d",&a,&b);
```

当输入"1   2   3"时,把 1 赋值给 a,2 被跳过,3 赋值给 b。

③ 数据宽度:用十进制整数指定输入的宽度(即字符数)。举例如下:

```
scanf("%5d",&a);
```

输入 12345678,则只把 12345 赋值给变量 a,其余部分被截去。

又如:

```
scanf("%4d%4d",&a,&b);
```

输入 12345678,则将 1234 赋值给 a,而把 5678 赋值给 b。

④ 长度:长度格式符为 l 和 h。l 表示输入长整型数据(如％ld)和双精度浮点数(如％lf),h 表示输入短整型数据。

【例 3.5】 用 scanf()函数实现格式数据输入。

程序代码:

```
/＊ ex3_5.c:用 scanf()函数接收从键盘输入的数据 ＊/
#include <stdio.h>
int main()
{
    int x,y,z;
    float a,b;
    printf("请输入 x,y,z\n");
    scanf("x=%d,y=%3d,z=%d",&x,&y,&z);
    printf("请输入 a,b\n");
    scanf("%f%f",&a,&b);
    printf("你输入的数据如下:\n");
    printf("x=%d y=%d z=%d\n",x,y,z);
    printf("a=%f\tb=%f\n",a,b);
}
```

程序运行结果如图 3.5 所示。

程序说明如下。

(1) 第 1 条输入语句要求按照"x＝％d,y＝％3d,z＝％d"的格式输入 x、y、z 三个整型变量的值。对于格式控制字符串中含有非格式符的情况,在数据输入的时候,一定要原样输入非格式符,否则就会出错。

(2) 第 2 条输入语句要求按照"％f％f"的格式输入 a、b 两个实数型变量的值。

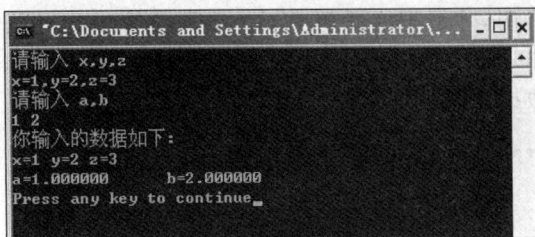

图 3.5　例 3.5 的程序运行结果

注意：scanf()函数中没有精度控制,例如,"scanf("%5.2f",&a);"是非法的。不能企图用此语句输入小数为 2 位的实数。

【例 3.6】　用 scanf()函数实现字符数据的输入。

程序代码：

```
/* ex3_6.c:用 scanf()函数实现字符数据输入 */
#include <stdio.h>
int main()
{
    int ch1,ch2,ch3;
    printf("请输入三个字符:\n");
    scanf("%c%c%c",&ch1,&ch2,&ch3);
    printf("ch1=%c,ch2=%c,ch3=%c\n",ch1,ch2,ch3);
}
```

程序运行结果如图 3.6 所示。

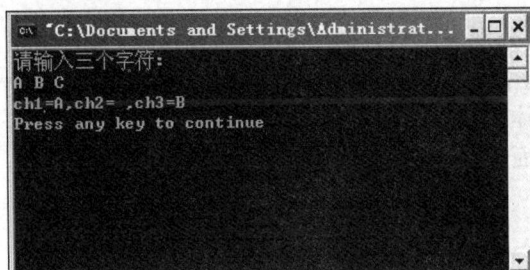

图 3.6　例 3.6 的程序运行结果

程序说明如下。

(1) "scanf("%c%c%c",&ch1,&ch2,&ch3);"是要求输入三个字符变量的值。

(2) 在输入字符数据时,若格式控制串中无非格式字符,则认为所有输入的字符均为有效字符。例如：

```
scanf("%c%c%c",&ch1,&ch2,&ch3);
```

输入为

A□B□C

则把'A'赋值给 ch1,空格赋值给 ch2,'B'赋值给 ch3。

只有当输入为 ABC 时,才能把'A'赋值给 ch1,'B'赋值给 ch2,'C'赋值给 ch3。

如果在格式控制中加入空格作为间隔,如"scanf（"％c ％c ％c",＆ch1,＆ch2,＆ch3);",则输入时各数据之间可加空格。

3.3 课 堂 案 例

3.3.1 案例 3.1：圆柱体积和表面积的计算

1. 案例描述

根据圆柱的底面半径和高,计算圆柱的体积和表面积。

2. 案例分析

(1) 功能分析。根据案例描述,项目所要求的功能就是根据用户输入的半径和高,计算圆柱的体积和表面积。

(2) 数据分析。若想求解这个问题,必须知道圆柱体积和表面积的计算公式：

$$V = \pi r^2 h$$
$$S = 2\pi rh + 2\pi r^2$$

其中,r 表示圆柱的底面半径;h 表示圆柱的高;V 表示体积;S 表示表面积。

因此,需要用户输入两个变量的值,输出圆柱的体积和表面积。

3. 设计思想

(1) 定义四个变量,分别表示圆柱的底面半径、高、体积和表面积。

(2) 输入半径和高。

(3) 根据公式计算体积和表面积。

(4) 输出体积和表面积。

4. 程序实现

```
/*计算圆柱的体积和表面积*/
#include <stdio.h>
int main()
{
    float pi;                              /*表示圆周率值*/
    float r,h,V,S;                         /*定义表示半径、高、体积、表面积的变量*/
    pi=3.1415f;                            /*圆周率赋值*/
    printf("请输入半径和高:\n");
    scanf("%f%f",&r,&h);                   /*输入半径和高*/
    V=pi*r*r*h;                            /*计算体积*/
    S=2*pi*r*h+2*pi*r*r;                   /*计算表面积*/
    printf("体积:   %6.2f\n",V);           /*输出体积*/
    printf("表面积:   %6.2f\n",S);         /*输出表面积*/
}
```

5. 运行程序

程序运行结果如图 3.7 所示。

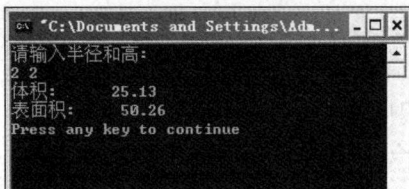

图 3.7 案例 3.1 的程序运行结果

3.3.2 案例 3.2：求一元二次方程根的问题

1. 案例描述

求一元二次方程 $ax^2+bx+c=0$ 的根。a、b、c 由键盘输入，这里设 $b^2-4ac>0$。

2. 案例分析

（1）功能分析。根据案例描述，案例所要求的功能就是根据用户输入的一元二次方程，求它的两个实数根。

（2）数据分析。若想求解这个问题，必须知道方程求根的方法：

$$x_1,x_2=\frac{-b\pm\sqrt{b^2-4ac}}{2a}$$

设 $p=-\dfrac{b}{2a}$，$q=\sqrt{b^2-4ac}$，那么可以得到：

$$x_1=p+q, \quad x_2=p-q$$

因此，需要用户输入三个变量（a、b、c）的值，输出方程的两个根。

3. 设计思想

（1）定义变量。定义五个变量，分别表示方程的系数 a、b 和 c，以及方程的两个根 x_1、x_2。

（2）输入三个系数。

（3）根据公式求出方程的两个根。

（4）输出方程的两个根。

4. 程序实现

```c
/*求一元二次方程的实根*/
#include <math.h>
#include <stdio.h>
int main()
{
```

```
float a,b,c,x1,x2,p,q;
printf("请输入方程的系数:\n");
scanf("a=%f,b=%f,c=%f",&a,&b,&c);
p=-b/(2*a);
q=(float)sqrt(b*b-4*a*c)/(2*a);      /* sqrt()是求平方根的函数 */
x1=p+q;x2=p-q;
printf("求得的方程的根如下:\n");
printf("x1=%5.2f\nx2=%5.2f\n",x1,x2);
}
```

5. 运行程序

程序运行结果如图 3.8 所示。

图 3.8　案例 3.2 的程序运行结果

6. 程序说明

（1）math.h 是常用数学计算的库函数集。因为该程序用到的求平方根函数 sqrt()，所以此程序将这个库函数集包含进来。

（2）在程序运行并进行输入时，一定按照 scanf() 函数的格式要求进行输入，否则就会出现错误。

3.4　实　训　项　目

3.4.1　实训 3.1：基本能力实训

1. 实训题目

基本输入/输出函数。

项目实训

2. 实训目的

理解并掌握基本输入/输出函数的功能和用法，特别是 printf()函数和 scanf()函数的用法。

3. 实训内容

（1）调试程序并观察结果。

程序 1：

```c
#include <stdio.h>
int main()
{
    int x=-1;
    printf("%d",x);
}
```

程序 2：

```c
#include <stdio.h>
int main()
{
    int a,b,c;
    scanf("%d,%d,%d",&a,&b,&c);
    printf("a=%d\nb=%d\nc=%d\n",a,b,c);
}
```

提示：从键盘输入 4、5、6，看一下输出结果。

程序 3：

```c
#include <stdio.h>
int main()
{
    int a,b;
    float x,y;
    char c1,c2;
    scanf("a=%d,b=%d",&a,&b);
    scanf(" x=%f,y=%e",&x,&y);
    scanf(" c1=%cc2=%c",&c1,&c2);
    printf("a=%d    b=%d\n",a,b);
    printf("x=%5.1f    y=%5.2f\n",x,y);
    printf("c1=%c    c2=%c\n",c1,c2);
}
```

分析上面这个程序，思考并试验如何输入数据才能使 $a=3$，$b=7$，$x=8.5$，$y=71.82$，$c1='A'$，$c2='a'$。

提示：在连续使用多个 scanf() 函数时，第 1 个输入行末尾输入的回车符被第 2 个 scanf() 函数接受，因此在第 2 个 scanf() 函数的格式控制字符串的双引号后要设一个空格符，以便抵消上行输入的回车符。如果没有这个空格，进行输入时就会出错。

程序 4：

```c
#include <stdio.h>
int main()
{
    char a,b,c;
```

69

```
        printf("input character a,b,c\n");
        scanf("%c %c %c",&a,&b,&c);
        printf("%d,%d,%d\n%c,%c,%c\n",a,b,c,a-32,b-32,c-32);
}
```

提示：输入 abc 并观看输出结果。

(2) 上机编程。

① 编写程序,用 scanf()函数读入两个字符,然后分别用 putchar()函数和 printf()函数输出这两个字符。

② 编写程序并输出下面的内容。

```
*********************************
*        1.Data Input       *
*        2.Data Print       *
*        0.Exit             *
*********************************
```

③ 设变量 a=3,b=4,c=5,x=1.2,y=2.4,z=-3.6,u=51274,n=128765,c1='a',c2='b',请编写程序并输出如下的结果。

```
a=□3□b=□4□c=□5
x=1.200000,y=2.400000,z=-3.600000
x+y=□3.60□y+z=-1.20□z+x=-2.40
u=□52174□n=□□□128765
c1='a'□or□97(ASCII 码值)
c2='b'□or□98(ASCII 码值)
```

3.4.2 实训 3.2：拓展能力实训

1. 实训题目

综合运用所学知识,编写程序解决实际问题。

2. 实训目的

通过编写有实际应用价值的程序,训练知识的综合运用能力。

3. 实训内容

(1) 输入三角形的三边长,求三角形面积。

已知三角形的三边长 a、b、c,则该三角形的面积公式为：$area=\sqrt{s(s-a)(s-b)(s-c)}$,其中 $s=(a+b+c)/2$。

(2) 输入一个华氏温度,要求输出摄氏温度。公式为 $C=\dfrac{5}{9}(F-32)$,输出有关文字说明,结果取两位小数。

3.5　拓展阅读　中国科技的力量

近期,美国哈佛大学公布了一份调查报告,报告显示,中国已经在一些科技领域超越美国并成为世界上很有影响力的科技大国,同时在未来十年将会成为全球技术领域最大的经济体,这些领域包括了 5G、人工智能、新能源、半导体等。

报告认为,中国已经在人工智能方面成为美国最有力的竞争者,中国正在为人工智能领域的代际优势奠定基础。目前,在人工智能领域中的"深度学习"中,中国的专利和研发数量是美国的 6 倍。

美国多年来在量子通信和量子传播等领域一直占据主导地位,但近些年来中国正在迎头赶上,并且在许多方面超越了美国。

另外,在 5G 领域,目前世界上的 5G 关键数据基本都被中国所主导。目前,我国 5G 用户已经超过 4.5 亿,占全球 5G 用户的 85%,同时,中国也是 5G 覆盖面积最广的国家。未来 5G 还将应用于医疗、救险、工业等方面,中国在这些应用领域正在不断进行突破。

在半导体领域,报告预测中国会在未来某一个节点成为世界上半导体制造最多的国家,中国在该领域不断发展是因为我国内部的需求不断增多。不过在半导体领域,美国目前仍是世界上发展最快的国家。美国不少专家认为,虽然美国目前在半导体领域依旧占据主导地位,但随着美国对该行业投入的不断减少,在未来 10 年内,中国将会成为世界上最大的半导体制造国家。

本　章　小　结

C 语言函数库中有一批标准输入/输出函数,它们是以标准的输入/输出设备为输入/输出对象的,其中有字符输入/输出、格式输入/输出、字符串输入/输出等函数。本章主要介绍了如何使用四个最基本的输入/输出函数编写简单的程序。讲述的主要内容如下。

(1) C 语言的标准输入/输出函数包含在库函数 stdio.h 中。

(2) 标准输入/输出是以计算机为主体,通过键盘实现输入,通过显示屏实现输出。

(3) getchar()函数和 putchar()函数是字符输入/输出函数,每次只能接收一个字符。

(4) scanf()函数和 printf()函数是格式输入/输出函数,用于接收和输出各种类型和样式的数据。

(5) "格式控制字符串"是格式输入/输出函数中的重要内容,是决定数据能否正确接收和显示的关键。

习 题

1. 选择题

(1) 有如下程序,若要求 a1、a2、c1、c2 的值分别为 10、20、A、B,正确的数据输入是(　　)。

```
#include <stdio.h>
int main()
{int a1,a2;  char c1,c2;
scanf("%d%d",&a1,&a2);  scanf("%c%c",&c1,&c2); }
```

        A. 1020AB<CR>　　　　　　　　　　B. 10 20<CR>

                                            AB<CR>

        C. 10 20 ABC<CR>　　　　　　　　D. 10 20AB<CR>

(2) 若 x、y 均定义为 int 型,z 定义为 double 型,以下不合法的 scanf() 函数调用语句是(　　)。

        A. scanf("%d%d1x,%1e",&x,&y,&z);

        B. scanf("%2d%d%1f",&x,&y,&z);

        C. scanf("%x%*d%o",&x,&y);

        D. scanf("%x%o%6.2f",&x,&y,&z);

(3) 已有如下定义和输入语句,若要求 a1、a2、c1、c2 的值分别为 10、20、A 和 B,当从第 1 列开始输入数据时,正确的数据输入方式是(　　)。(注:□表示空格,<CR>表示回车。)

```
int a1,a2;char c1,c2;
scanf("%d%c%d%c",&a1,&c1,&a2,&c2);
```

        A. 10A□20B<CR>　　　　　　　　　B. 10□A□20□B<CR>

        C. 10A20B<CR>　　　　　　　　　　D. 10A20□B<CR>

(4) 已有如下定义和输入语句,若要求 a1、a2、c1、c2 的值分别为 10、20、A 和 B,当从第 1 列开始输入数据时,正确的数据输入方式是(　　)。

```
int a1,a2;  char c1,c2;
scanf("%d%d",&a1,&a2);
scanf("%c%c",&c1,&c2);
```

        A. 1020AB<CR>　　　　　　　　　　B. 10□20<CR>

                                            AB<CR>

        C. 10□□20□□AB<CR>　　　　　　　D. 10□20AB<CR>

(5) 阅读以下程序,当输入数据的形式为:25、13、10<CR>,正确的输出结果为(　　)。

```
#include <stdio.h>
int main()
{int x,y,z; scanf("%d%d%d",&x,&y,&z); printf("x+y+z=%d\n",x+y+z);}
```

　　A. x+y+z=48　　　B. x+y+z=35　　　C. x+z=35　　　　D. 不确定

(6) 以下说法正确的是(　　)。

　　A. 输入项可以为一个实型常量,如"scanf("%f",3.5);"

　　B. 只有格式控制,没有输入项,也能进行正确输入,如"scanf("a=%d,b=%d");"

　　C. 当输入一个实型数据时,格式控制部分应规定小数点后的位数,如"scanf("%4.2f",&f);"

　　D. 当输入数据时,必须指明变量的地址,如"scanf("%f",&f);"

(7) 根据下面的程序及数据的输入和输出形式,程序中"输入语句"的正确形式应该为(　　)。

```
#include <stdio.h>
int main()
{ char ch1,ch2,ch3;
.../ /输入语句
printf("%c%c%c",&ch1,&ch2,&ch3); }
```

输入形式:

A B C

输出形式:

A B

　　A. scanf("%c%c%c",&ch1,&ch2,&ch3);

　　B. scanf("%c,%c,%c",&ch1,&ch2,&ch3);

　　C. scanf("%c %c %c",&ch1,&ch2.&ch3);

　　D. scanf("%c%c",&ch1,&ch2,&ch3);

(8) 根据定义和数据的输入方式,输入语句的正确形式为(　　)。

已有定义"float f1,f2;",数据的输入方式:

```
4.52
3.5
```

　　A. scanf("%f,%f",&f1,&f2);

　　B. scanf("%f%f",&f1,&f2);

　　C. scanf("%3.2f%2.1f",&f1,&f2);

　　D. scanf("%3.2f,%2.1f",&f1,&f2);

2. 编程题

(1) 编写程序,从键盘输入一个字符,求出与该字符前后相邻的两个字符,并按从小到大的顺序输出这三个字符的 ASCII 码。

提示:getchar()函数的返回值实际是接收字符的 ASCII 码值,该值减 1 和该值加 1,就可得到该字符的相邻字符。

(2) 编写程序,从键盘输入某学生的 4 科成绩,求出总分和平均分。

第4章　C语言的程序结构

【内容概述】

C语言是结构化语言。结构化语言的显著特点是代码及数据的分离，即程序的各个部分除了必要的信息交流外彼此独立。这种结构化方式可使程序层次清晰，便于使用、维护以及调试。

结构化程序设计有三种结构：顺序结构、选择结构和循环结构。本章将介绍三种程序结构的执行规律和使用原则，以及三种程序结构的编程方法。

【学习目标】

通过本章的学习，要求学生能熟练掌握C语言的三种控制结构和相关语句，熟练掌握各种语句的执行流程，能够在不同情况下灵活选择不同的语句来解决实际问题。

4.1　程序的三种结构及图形表示

C语言源程序的基本单位是函数，而C函数又是由语句组成的。对于一名程序员来说，编写程序的过程就是将一个应用问题所使用的算法用C语言的语句和函数来描述，也就是组织C语言程序的结构。C语言是一种按结构化程序设计思想设计的程序设计语言，使用C语言编写程序时，应该遵循结构化程序设计的方法。

程序的三种结构及图形表示

结构化程序设计从理论上支持了自上而下、逐步求精的分析方法，并从理论上证明了任何算法都可以使用顺序、选择和循环这三种结构的组合和嵌套表达。

(1) 顺序结构。顺序结构是一种最简单、最基本的结构，其特点是完全按照语句出现的先后次序执行程序。如图4.1(a)所示，它由A和B两个模块组成，这两个模块是按顺序执行的，即先执行A模块，然后执行B模块。顺序结构仅有一个入口和一个出口，即只能从顶部进入模块，并开始执行模块中的语句；执行完毕，也只能从底部退出模块。最简单的情况是每个模块中只含有一条不产生控制转移的执行语句。顺序结构是最常见的程序结构形式，存在于一般程序中。

(2) 选择结构。选择结构是根据所选定的条件是否得到满足，然后决定从给定的两组或多组操作中选择其一。在C语言中，实现选择结构的语句有if语句和switch语句。如图4.1(b)所示，执行程序时，根据条件P成立与否，分别执行A模块或者B模块。

(3) 循环结构。循环结构是指重复执行某段程序，直到满足指定条件才停止执行该段

代码。它是程序中一种很重要的结构。循环结构的特点是在给定条件成立时反复执行某程序段,直到条件不成立为止。给定的条件称为循环条件,反复执行的程序段称为循环体。它可以分为直到型循环和当型循环两种。

图 4.1(c)所示的循环结构称为直到型循环结构,其特点是进入循环后首先执行模块 A,然后判断条件 P 是否成立,如果成立则再次执行模块 A,直到条件不成立时退出循环。图 4.1(d)所示的循环结构称为当型循环结构,其特点是先判断条件 P 是否成立,若成立执行模块 A,也就是条件成立时的循环,直到条件 P 不成立则退出循环。若在开始判断时 P 条件就不成立,则不会执行模块 A。

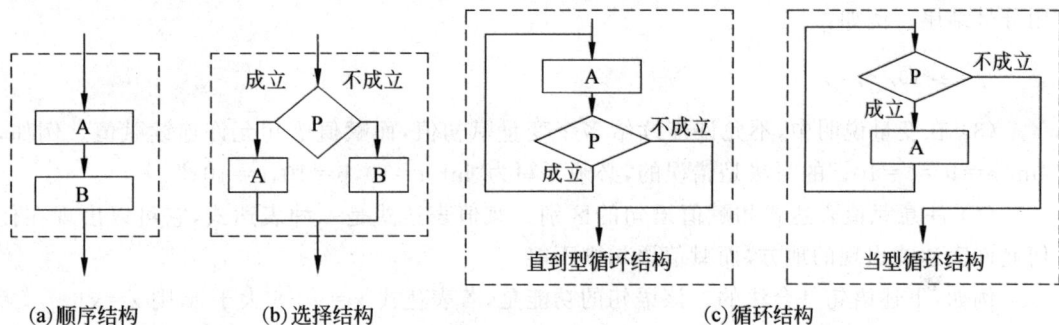

图 4.1　程序的三种结构

在结构化程序设计中,一般只采用这三种基本控制结构。任何复杂的程序结构都可由这三种基本控制结构组成。

这三种基本控制结构的共同特征是:单入口、单出口,结构内的每一部分都有机会被执行到。若程序只由这三种基本结构组成,就可以相对独立地设计各个分结构,分结构的修改并不影响其他分结构乃至整个程序。

4.2　赋 值 语 句

顺序结构的程序设计是最简单、最常用的编程方式,只要按照解决问题的顺序写出相应的语句就行。它的执行顺序是自上而下,依次执行。顺序结构可以独立使用,构成一个简单的完整程序。顺序结构的程序段一般先输入数据,接着利用赋值语句对这些数据进行加工或处理,最后把结果打印输出。

赋值语句是程序中使用最多的语句之一,是由赋值表达式再加上分号";"构成的表达式语句。其一般格式如下:

变量=表达式;

该语句的功能是计算出赋值运算符"="右边表达式的值,然后将该值赋值给左边的变量。赋值语句的功能和特点都与赋值表达式相同。

在赋值语句的使用中需要注意以下几点。

(1) 右边的表达式也可以是一个赋值表达式,形成嵌套的情形。

赋值语句

变量 1＝变量 2＝…＝表达式;

例如,"a＝b＝c＝d＝8;"按照赋值运算符的右结合性,实际上等效于下面的代码。

```
d=8;
c=d;
b=c;
a=b;
```

(2) 在变量说明中给变量赋初值和赋值语句是有区别的。给变量赋初值是变量说明的一部分,赋初值后的变量与其后的其他同类变量之间仍必须用逗号间隔,而赋值语句则必须用分号结尾。例如:

```
int a=10, b, c;
```

(3) 在变量说明中,不允许连续给多个变量赋初值,而赋值语句允许连续赋值。例如,"int a＝b＝c＝10;"的写法是错误的,必须要写为"int a＝10,b＝10,c＝10;"。

(4) 注意赋值表达式和赋值语句的区别。赋值表达式是一种表达式,它可以出现在任何允许表达式出现的地方,而赋值语句则不能。

例如,下述语句是合法的。该语句的功能是,若表达式 x＝y+8 大于 0,则 z＝x。

```
if((x=y+8)>0) z=x;
```

下述语句是非法的,因为"x＝y+8;"是语句,不能出现在表达式中。

```
if((x=y+8;)>0) z=x;
```

4.3　选择结构程序设计

选择结构(分支结构)是程序设计的三种基本结构之一。在大多数程序设计中都会包含选择结构,它的作用是根据所指定的条件是否满足来选择执行不同的操作。

选择结构可以按分支数的不同分为单分支选择结构、双分支选择结构和多分支选择结构。C 语言提供了 if 语句和 switch 语句实现这些分支结构。if 语句有三种形式,即 if 单分支选择结构、if-else 双分支选择结构和多分支选择结构。其中,条件判断语句可以嵌套。switch 语句又叫开关语句,也属于一种多分支结构。

4.3.1　if 语句

用 if 语句可以构成分支结构,它根据给定的条件进行判断,以决定执行某个分支程序段。C 语言的 if 语句有以下三种选择结构。

1. 单分支选择结构

单分支选择结构就是根据给定的条件来判断是否要执行下面的操作。

单分支与双分支选择结构

语句的一般格式如下：

if(表达式) 语句;

例如：

if(x>y)printf("%d",x);

在程序执行过程中，先计算表达式的值，若值为非 0（即为"真"），则执行指定语句，否则直接执行 if 语句的下一条语句。执行流程如图 4.2 所示。

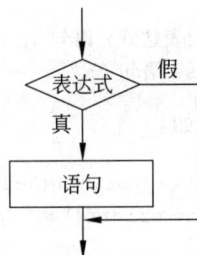

图 4.2　单分支选择结构流程图

格式说明如下。

(1) if 是 C 语言的关键字，它表示 if 语句的开始，可理解为英语单词"如果"。

(2) 小括号中的表达式为指定的所要判断的条件，条件均为逻辑表达式或关系表达式，也可以是任意的数值类型。注意，小括号不能省略且后面没有分号。

(3) 语句可以是单语句，也可以包含多个语句，包含多个语句时必须要用"{}"括起来组成复合语句。注意，在复合语句的"{}"外不需要加分号。

【例 4.1】 从键盘输入一个整数，输出该数的绝对值。

分析：从键盘接收一个整数，这个整数可能是正数，可能是负数，也可能是 0。针对不同的数做出不同的执行动作，正数和 0 的绝对值是它本身，负数的绝对值是它的相反数。

程序代码：

```
#include <stdio.h>
int main()
{
    int x;
    printf("请输入一个整数:\n");
    scanf("%d", &x);
    if (x<0)
        x=-x;
    printf("该数的绝对值为: %d。\n", x);
}
```

程序运行结果如图 4.3 所示。

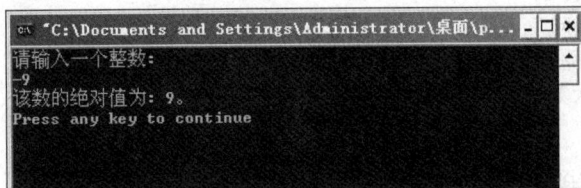

图 4.3　例 4.1 的程序运行结果

2. 双分支选择结构

双分支选择结构就是根据给定的条件，判断选择要执行下面两个分支中的哪个分支语句。用 if 与 else 构成的 if-else 语句结构可以实现双分支结构。简单 if 语句只在条件为"真"时执行指定的操作。而双分支 if 语句，在条件为"真"或为"假"时都有要执行的操作。

语句一般格式如下：

```
if(表达式) 语句 1;
else 语句 2;
```

例如：

```
if(x>y)printf("%d",x);
else printf("%d",y);
```

在程序执行过程中，先计算表达式的值，若表达式的值为非 0(即"真")，则选择执行语句 1;否则，选择执行语句 2。其执行流程如图 4.4 所示。

格式说明如下。

(1) if 和 else 都是 C 语言的关键字，它表示 if 语句的开始，即可理解为英语单词"如果……否则……"。

图 4.4 双分支选择结构流程图

(2) if 后小括号中的表达式为指定的所要判断的条件，要求条件与简单 if 语句相同。注意，else 后没有小括号即没有条件，其条件相当于默认为与 if 小括号中条件相反的所有条件。

(3) 语句 1 和语句 2 都可以是单语句，也可以是复合语句。若是一条语句，不用加"{}";若为多条语句组成，一定要加"{}"构成复合语句。

(4) else 不能单独使用，必须与 if 一起构成 if-else 结构。

【例 4.2】 输入三个数 a、b、c，输出其中最大的数。

分析：输入三个数 a、b、c，先比较 a 和 b 的大小，把大的数赋值给变量 max;再比较 max 和 c 的大小，把大的数再赋值给变量 max;最后输出 max。

程序代码：

```
#include <stdio.h>
int main()
{
    float a,b,c,max;
    printf("请输入 a,b,c:");
    scanf("%f,%f,%f",&a,&b,&c);
    if (a>b) max=a;
    else max=b;
    if (max<c) max=c;
    printf("最大数是%f\n",max);
}
```

程序运行结果如图 4.5 所示。

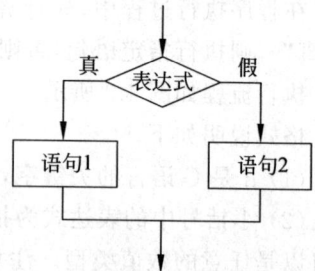

图 4.5 例 4.2 的程序运行结果

3. 多分支选择结构

在实际应用中,不仅有单分支和双分支的选择情况,很多时候会出现多分支的选择问题。多分支选择结构即根据所给定的条件来判断选择要执行下面多个分支中的哪一个分支语句。

多分支选择结构有多种形式。具体实现方法可用以下语句:if-else if 语句、嵌套的 if-else 语句、switch 语句。这里先介绍第一种形式。

多分支选择结构

if-else if 语句的一般形式如下:

```
if(表达式 1) 语句 1;
else if(表达式 2) 语句 2;
else if(表达式 3) 语句 3;
    ...
else if(表达式 n) 语句 n;
else 语句 n+1;
```

依次判断表达式的值。当出现某个值为真时,则执行其对应的语句,然后跳到整个 if 语句之外继续执行程序。如果所有的表达式均为假,则执行语句 $n+1$,然后继续执行后续程序。if-else if 语句的执行过程如图 4.6 所示。

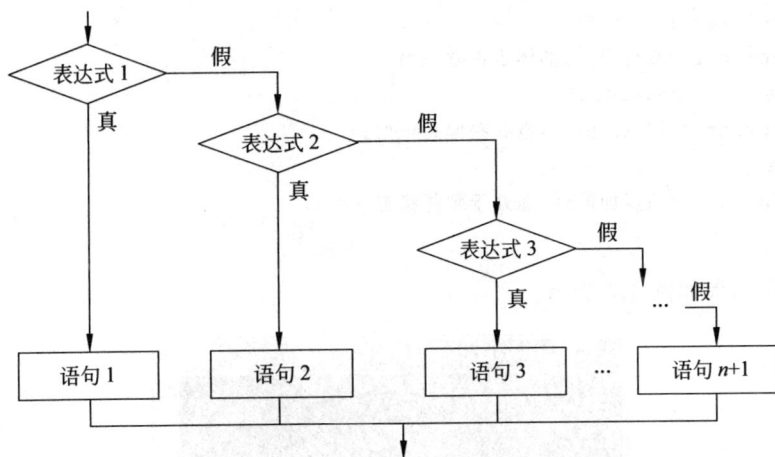

图 4.6　if-else if 多分支选择结构流程图

例如,将学生的百分制成绩 grade 按下列原则输出其等级:grade≥90,等级为优;80≤grade<90,等级为良;70≤grade<80,等级为中;60≤grade<70,等级为及格;grade<60,等级为不及格。可用如下语句描述。

```
if(grade>=90)
    printf("恭喜你,你的成绩是优!\n");
else if(grade>=80)
    printf("恭喜你,你的成绩是良!\n");
else if(grade>=70)
    printf("恭喜你,你的成绩是中!\n");
else if(grade>=60)
```

```
        printf("恭喜你,你的成绩是及格!\n");
    else
        printf("很抱歉,你的成绩是不及格!\n");
```

【例 4.3】 体型测量仪。根据体重和身高,按公式计算:身体指数 $t =$ 体重 $w \div$ 身高 h^2(w 单位为 kg,h 单位为 m)。当 $t < 18$ 时,为体重偏低;当 t 为 $18 \sim 25$ 时,为正常体重;当 t 为 $25 \sim 27$ 时,为体重偏高;当 $t \geqslant 27$ 时,为肥胖。

分析:从键盘输入身高 h 和体重 w,根据给定公式计算身体指数 t,然后判断体重属于何种类型。用多分支选择语句实现上述判断结果的选择。

程序代码:

```
#include <stdio.h>
int main()
{
    float t,w,h;
    printf("请输入您的体重(kg)和身高(m): ");
    scanf("%f %f", &w, &h);
    t=w/h/h;
    if(t<=18)
        printf("请注意身体,您的体重偏低\n");
    else if(t>18&&t<25)
        printf("恭喜您,您的体重正常\n");
    else if (t>25&&t<27)
        printf("抱歉,您的体重有些偏高\n");
    else
        printf("请多加锻炼,您处于肥胖状态\n");
}
```

程序运行结果如图 4.7 所示。

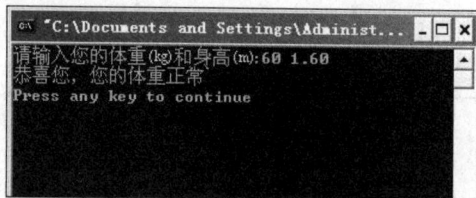

图 4.7 例 4.3 的程序运行结果

4.3.2 if 语句的嵌套

当 if 语句中包含一个或多个 if 语句时,称为 if 语句的嵌套。其一般形式可表示如下:

```
if(表达式)
    if 语句;
```

或

```
if(表达式)
    if 语句;
    else
        if 语句;
```

在嵌套内的 if 语句可能又是 if-else 型的,这将会出现多个 if 和多个 else 重叠的情况,这时要特别注意 if 和 else 的配对问题。例如:

```
if(表达式 1)
    if(表达式 2)
        语句 1;
    else
        语句 2;
```

其中的 else 究竟是与哪一个 if 配对呢?是理解为

```
if(表达式 1)
    if(表达式 2)
        语句 1;
    else
        语句 2;
```

还是应理解为

```
if(表达式 1)
    if(表达式 2)
        语句 1;
else
    语句 2;
```

为了避免这种二义性,C 语言规定,else 总是与它前面最近的 if 配对,因此对上述例子应按前一种情况理解。

如果 if 与 else 的数目不一样,为实现程序设计者的意图,可以加大括号来确定配对关系,例如上例,若想实现第二种方式,可以通过下面方法做到:

```
if(表达式 1)
{
    if(表达式 2)
        语句 1;
}
else
    语句 2;
```

【例 4.4】　下面为一个分段函数:

$$y = \begin{cases} 1 & (x > 0) \\ 0 & (x = 0) \\ -1 & (x < 0) \end{cases}$$

编写一个程序,输入一个 x 值,输出 y 值。

程序代码:

81

```
# include <stdio.h>
int main()
{
    int x,y;
    printf("请输入 x:");
    scanf("%d",&x);
    if (x>=0)
    {
        if(x==0)
            y=0;
        else
            y=1;
    }
    else y=-1;
        printf("x=%d,y=%d\n",x,y);
}
```

程序运行结果如图 4.8 所示。

再运行一次程序,其运行结果如图 4.9 所示。

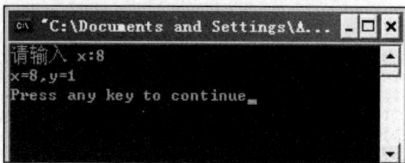

图 4.8　例 4.4 的程序运行结果(1)　　　　图 4.9　例 4.4 的程序运行结果(2)

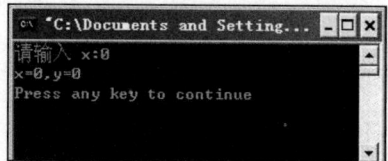

继续运行一次程序,其运行结果如图 4.10 所示。

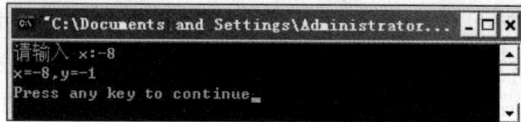

图 4.10　例 4.4 的程序运行结果(3)

【例 4.5】　编写程序,由键盘输入三个整数作为三角形的三条边,判断是否能构成一个三角形,若能组成三角形,则判断是等边三角形、等腰三角形还是其他三角形。

分析:设 3 个整数分别为 a、b、c,构成三角形的条件为"任意两边之和大于第三边",即 a+b>c && a+c>b && b+c>a;构成等边三角形的条件为 a==b && b==c;构成等腰三角形的条件为 a==b||b==c||c==a。

程序代码:

```
# include <stdio.h>
int main()
{
    int a,b,c;
    scanf("%d %d %d",&a,&b,&c);
    if (a+b>c && a+c>b && b+c>a)
    {
```

```
        printf("能构成一个三角形\n");
        if (a==b && b==c)
            printf("能构成一个等边三角形\n");
        else if (a==b || b==c || c==a)
            printf("能构成一个等腰三角形\n");
        else printf("能构成一个一般三角形\n");
    }
    else printf("不能构成一个三角形\n");
}
```

程序运行结果如图 4.11 所示。

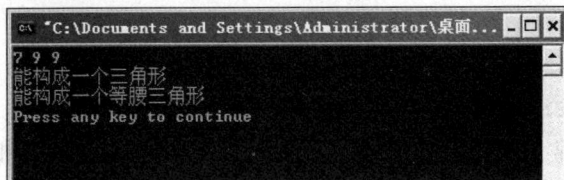

图 4.11　例 4.5 的程序运行结果

4.3.3　switch 语句

switch 语句是多分支选择语句,用来实现多分支选择结构。用 if-else if 或多重嵌套 if 语句也可以实现多分支选择,但程序冗长,层数多,可读性差。相比之下,switch 语句更清晰简单。

switch 语句格式如下:

```
switch(表达式)
{
    case 常量表达式 1: 语句序列 1;[break;]
    case 常量表达式 2: 语句序列 2;[break;]
    …
    case 常量表达式 n: 语句序列 n;[break;]
    default: 语句序列 n+1;
}
```

switch 语句首先计算 switch 后圆括号内的表达式的值,然后用该值逐个与 case 后的常量表达式进行比较。当找到相匹配的值时,就执行其后的语句。只有在对所有 case 后面的常量表达式的值进行比较且都找不到匹配者时,才去执行 default 后的语句。在执行匹配 case 后的语句中,如果没有 break 语句,程序将接着执行后面 case 里的语句,"case 常量表达式"只是起语句标号作用,并不是在该处进行条件判断。如果有 break 语句,则不再继续后面的执行,而是立即跳出 switch 语句,去执行 switch 的后续语句。所以 break 语句的功能是终止 switch 语句的执行。switch 语句执行的流程图如图 4.12 所示。

格式说明如下。

(1) switch 后面测试表达式的值类型只能是整型数据或字符型数据。

(2) 常量表达式通常是整型常量或字符常量。

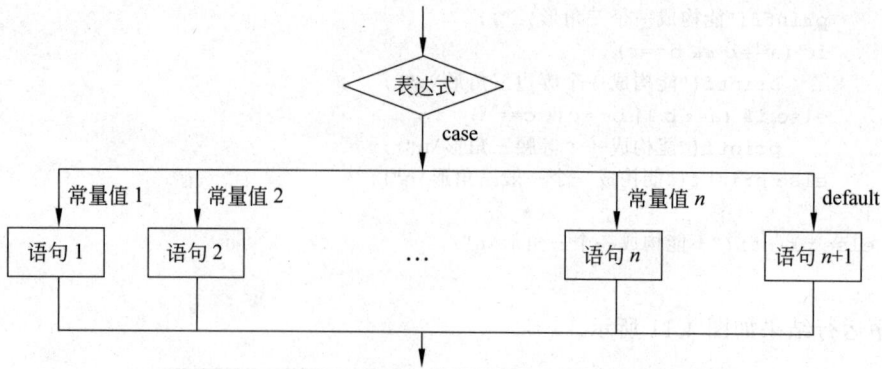

图 4.12　switch 语句执行的流程图

（3）case 与常量表达式之间必须用空格隔开。

（4）每个 case 的常量表达式的值必须互不相同，否则就会出现互相矛盾的现象。

（5）switch 的语句体必须用"{}"括起来。

（6）当 case 后包含多个语句时，可以不用大括号括起来，系统会自动识别并顺序执行所有语句。

【例 4.6】　对学生的考试成绩进行等级评价，90 分以上为优秀，80～89 分为良好，60～79 分为及格，60 分以下为不及格。任意输入一名学生的成绩，判断其属于哪个等级。

分析：用 switch 语句处理多分支问题时，首先要确定 switch 后的测试表达式。由于测试表达式的值只能是整型数据，再考虑到成绩的分布特点，测试表达式确定为 score/10。

90≤score≤100 时，score/10 的取值分别为 10、9。

80≤score＜90 时，score/10 的取值分别为 8。

60≤score＜80 时，score/10 的取值分别为 7、6。

score＜60 时，score/10 的取值均小于 6。

根据表达式 score/10 的各种取值情况，确定 case 后常量表达式的值。

程序代码：

```c
#include <stdio.h>
int main()
{
    int score,mark;
    printf("\n请输入成绩:");
    scanf("%d",&score);
    mark=score/10;
    switch (mark)
    {
        case 10:
        case 9:printf("优秀\n");break;
        case 8:printf("良好\n"); break;
        case 7:
        case 6:printf("及格\n"); break;
        default:printf("不及格\n");
```

```
      }
    }
```

程序运行结果如图 4.13 所示。

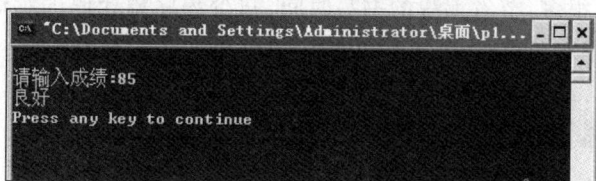

图 4.13　例 4.6 的程序运行结果

多个 case 可以共用一组执行语句,如本例中标号 10 与 9、7 与 6 执行的操作是相同的,则前面 case 标号后的语句可省略,直接执行下面的语句。

若在本例中没有加入 break 语句,当输入 85 时会出现什么结果呢? 再一次运行程序,结果如下:

```
请输入成绩: 85
良好
及格
不及格
```

很显然,与我们要的结论是不符合的。可见,break 语句在 switch 语句中的作用是使流程及时跳出 switch 结构。

4.4　循环结构程序设计

循环结构是结构化程序设计的基本结构之一,在许多应用中都需要用到循环控制。其特点是,在给定条件成立时,反复执行某程序段,直到条件不成立为止。给定的条件称为循环条件,反复执行的程序段称为循环体。C 语言提供了多种循环语句,可以组成各种不同形式的循环结构。

4.4.1　循环结构的作用

顺序结构、选择结构、循环结构是结构化程序设计的三种基本结构。一个程序的任何逻辑问题均可用这三种基本结构来描述,所以在高级语言程序设计中,掌握这三种结构是学好程序设计的基础。循环结构是这三者中最复杂的一种结构,几乎所有的程序都离不开循环结构。

循环重在重复,春、夏、秋、冬四季的更替;汽车内燃机的做功过程:进气→压缩→燃烧→排气;叉车装货、运货、卸货的过程这些现象的共性在于,它们都是周而复始、重复地运动。为了研究问题本质,只要找出规律,将重复频率高的相同部分作为重点进行突破,可以为我们的研究节省时间,提高工作效率。

循环结构程序设计的任务，就是设计一种能让计算机周而复始地重复执行某些相同代码的程序。也就是说，程序员对相同语句只编写一次代码，并让计算机多次重复执行。将程序员从大量重复编写相同代码的工作中解放出来，而计算机的工作量并没有减少。

利用循环的好处很多，节省编程的书写时间，减少程序源代码的存储空间，减少代码的错误，提高程序的质量等，这些也正是编写程序中循环结构所起的作用。

4.4.2 几种循环语句及比较

1. while 循环语句

while 语句用来实现当型循环结构，其一般形式如下：

```
while (表达式)
{
    循环体语句；
}
```

例如：

```
i=1;
while(i++<3)
printf("*");
```

while 语句的执行过程如图 4.14 所示。

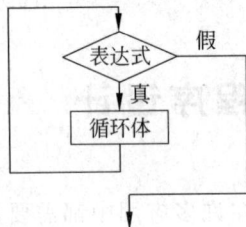

图 4.14　while 循环流程　　　　　while 循环语句

（1）计算 while 后表达式的值。当其值为非零（真）时，执行步骤（2）；当其值为零（假）时，执行步骤（4）。

（2）执行循环体中的语句。

（3）转去执行步骤（1）。

（4）退出 while 循环。

格式说明如下。

（1）while 循环的特点是先判断条件，然后执行循环体语句，因此循环体语句有可能一次也不执行（条件一开始就不成立）。

（2）while 循环中的表达式一般是关系表达式或逻辑表达式，但也可以是数值表达式或字符表达式，只要其值为非零，就可执行循环体。

（3）循环体语句可以是一个语句，也可以是多个语句。当只有一个语句时，外层的大括号可以省略；如果循环体是多个语句时，一定要用大括号"{}"括起来，以复合语句的形式出现。

（4）循环体内一定要有改变循环条件的语句，使循环趋于结束，否则循环将无休止地进行下去，即形成"死循环"。

【例 4.7】　用 while 语句求 1～100 的和。

分析：

（1）首先定义两个变量，用 i 表示累加数，用 sum 存储累加和。

（2）给累加数 i 赋初值 1，表示从 1 开始进行累加，给累加变量 sum 赋初值 0。

（3）使用循环结构反复执行加法，在 sum 原有值的基础上再增加新的 i 值，加完后再使 i 自动加 1，使其成为下一个要累加的数。

（4）在每次执行完循环后判断是否 i<=100，如果超过 100 就停止循环累加。

（5）最后输出计算结果，即输出 sum 的值。

程序流程图如图 4.15 所示。

程序代码：

图 4.15　例 4.7 的程序流程图

```
#include <stdio.h>
int main()
{
    int i,sum;
    i=1;sum=0;                  /*循环控制变量 i、累加变量 sum 赋初值*/
    while (i<=100)              /*循环条件*/
    {
        sum=sum+i;             /*累加*/
        i++;                   /*变为下一个加数*/
    }
    printf("sum=%d\n",sum);    /*输出计算结果*/
}
```

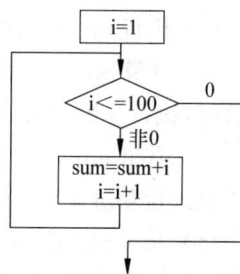

程序运行结果如图 4.16 所示。

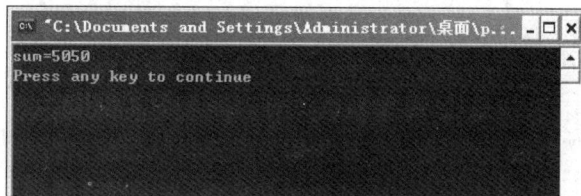

图 4.16　例 4.7 的程序运行结果

请大家思考一下，如果是求从键盘任意输入的 100 个数的和，上述程序应该如何改动？若上述程序中"sum＝sum＋i；"和"i＋＋；"两语句的顺序调换一下，会是什么结果？若还想得到正确的输出结果，程序应该如何改写？

2. do-while 循环语句

do-while 语句用来实现直到型循环结构，其一般形式如下：

```
do
    循环体语句;
```

```
while (表达式);
```

例如:

```
i=1;
do
    printf(" * ");
while(i++<3);
```

do-while 语句的执行过程如图 4.17 所示。

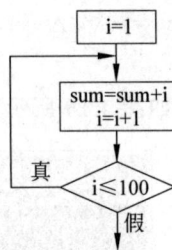

(1) 执行 do 后面循环体中的语句。

(2) 计算 while 后表达式的值,当其值为非零(真)时,转去执行步骤(1);当其值为零(假)时,执行步骤(3)。

(3) 退出 do-while 循环。

格式说明如下。

(1) do-while 循环结构的特点是先执行循环体后判断条件,因此不管循环条件是否成立,循环体语句都至少被执行一次。这是它与 while 循环的本质区别。

(2) 按语法要求,在 do 和 while 之间的循环体只能是一条可执行语句。若循环体需包含多条语句时,应用大括号括起来,组成复合语句。

(3) 在循环体中应有使循环趋于结束的语句,避免出现"死循环"。

(4) 注意 do-while 循环最后的分号";"不能省略,它表示 do-while 语句的结束。

【例 4.8】 用 do-while 语句求 1~100 的和。

程序流程图如图 4.18 所示。

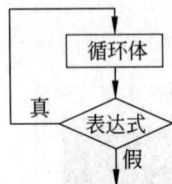

图 4.17　do-while 语句的执行过程　　　图 4.18　例 4.8 的程序流程图

程序代码:

```
#include <stdio.h>
int main()
{
    int i=1,sum=0;              /* 变量定义并赋初值 */
    do
    {
        sum=sum+i;              /* 进行累加求和 */
        i++;                    /* 循环变量递增 */
    } while (i<=100);           /* 循环条件 */
    printf("sum=%d\n",sum);     /* 输出计算结果 */
}
```

程序运行结果如图 4.19 所示。

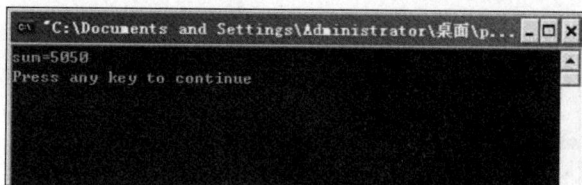

图 4.19　例 4.8 的程序运行结果

通过程序的运行可以看到,对同一个问题,既可以用 while 语句处理,也可以用 do-while 语句处理。若两者的循环体部分一样,它们的结果也一样。但是如果 while 后面的表达式一开始就为假(零值)时,两种循环的结果则不同。

【例 4.9】　while 和 do-while 循环的比较。

(1) while 程序代码

```
#include <stdio.h>
int main()
{
    int i,sum=0;
    scanf("%d",&i);
    while(i<=5)
    {
        sum=sum+i;
        i++;
    }
    printf("sum=%d\n",sum);
}
```

程序运行结果如图 4.20 所示。

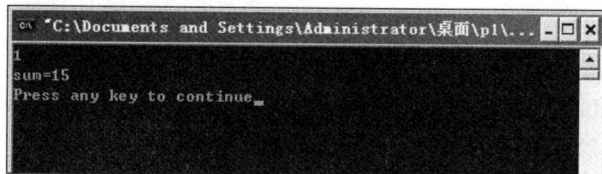

图 4.20　例 4.9 的程序运行结果(1)

再运行一次,其结果如图 4.21 所示。

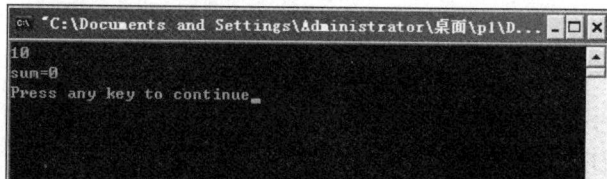

图 4.21　例 4.9 的程序运行结果(2)

（2）do-while 程序代码

```
#include <stdio.h>
int main()
{
    int i,sum=0;
    scanf("%d",&i);
    do
    {
        sum=sum+i;
        i++;
    }while(i<=5);
    printf("sum=%d\n",sum);
}
```

程序运行结果如图 4.22 所示。

再运行一次，其结果如图 4.23 所示。

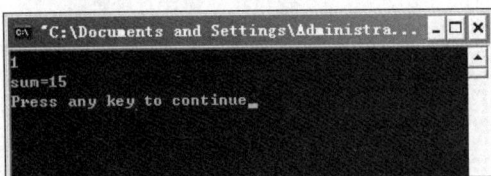

图 4.22 例 4.9 的程序运行结果（3）　　　　图 4.23 例 4.9 的程序运行结果（4）

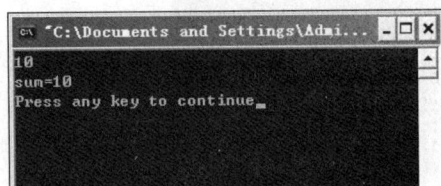

当输入 i 值小于或等于 5 时，两者得到的结果相同；当 i＞5 时，两者结果就不同。这是因为在 while 循环中，由于表达式 i＜＝5 为假，循环体一次也没有执行，而对于 do-while 循环语句来说则要执行一次循环。由此可知：当 while 和 do-while 循环具有相同的循环体，while 后面的表达式的第一次的值为真时，两种循环得到的结果相同；否则，两者结果不相同。

3. for 语句

C 语言中的 for 语句使用最为灵活，不仅可以用于循环次数已经确定的情况，而且可以用于循环次数不确定而只给出循环结束条件的情况，它完全可以代替 while 语句。

for 语句的一般形式如下：

```
for(表达式 1;表达式 2;表达式 3)
    语句;
```

例如：

```
for(i=0;i<3;i++)
    printf(" * ");
```

for 语句

for 语句的表达式说明如下。

表达式 1：给循环变量赋初值，一般是赋值表达式，指定循环的起点。也允许在 for 语句外给循环变量赋初值，此时可以省略该表达式。

表达式 2：给出循环的条件，决定循环的继续或结束，一般为关系表达式或逻辑表达式。

表达式 3：通常用来修改循环变量的值,控制变量每循环一次后按什么方式变化,从而改变表达式 2 的真假性,一般是赋值语句。

for 语句的执行过程如图 4.24 所示。

(1) 执行"表达式 1"。

(2) 执行"表达式 2",若其值为非零(真),转去执行步骤(3);若其值为零(假),转去执行步骤(5)。

(3) 执行一次循环体。

(4) 执行"表达式 3",转去执行步骤(2)。

(5) 结束循环,执行 for 循环之后的语句。

for 语句最简单的应用形式,也是最容易理解的形式如下：

```
for(循环变量赋初值;循环条件;循环变量增量) 语句
```

循环变量赋初值总是一个赋值语句,它用来给循环控制变量赋初值;循环条件是一个关系表达式,他决定什么时候退出循环;循环变量增量,定义循环控制变量每循环一次后按什么方式变化。

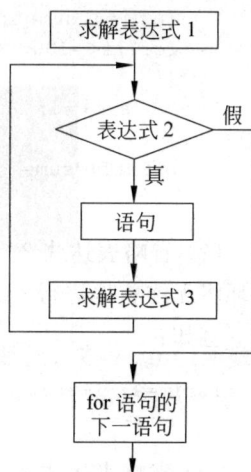

图 4.24　for 语句的执行过程

【例 4.10】　用 for 语句求 1~100 的和。

程序代码：

```c
#include <stdio.h>
int main()
{
    int i,sum=0;
    for(i=1;i<=100;i++)
    {
        sum+=i;
    }
    printf("sum=%d\n",sum);
}
```

程序运行结果如图 4.25 所示。

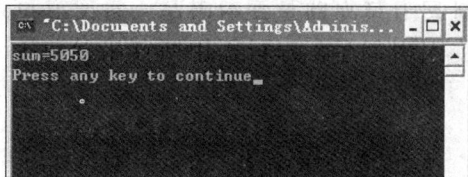

图 4.25　例 4.10 的程序运行结果

实际上,for 语句中的表达式 1、表达式 2、表达式 3 和循环体部分都可以省略,形式如下。

(1) 省略表达式 1。若在 for 语句之前已给循环变量赋初值,则 for 语句中表达式 1 可以省略,但其后的分号不可省略。

例如,例 4.10 可改为

```
#include <stdio.h>
int main()
{
    int i=1,sum=0;
    for(;i<=100;i++)
    {
        sum+=i;
    }
    printf("sum=%d\n",sum);
}
```

(2) 省略表达式 2。当表达式 2 省略时,将不判断循环条件,即认为循环条件始终为真,循环将无终止地进行下去,且其后的分号不可省略。

例如:

```
for(i=1;;i++)
    sum+=i;
```

(3) 省略表达式 3。表达式 3 一般为循环变量的变化,所以当循环变量的变化在循环体内完成时,可以省略表达式 3。

例如,例 4.10 可改为

```
#include <stdio.h>
int main()
{
    int i,sum=0;
    for(i=1;i<=100;)
    {
        sum+=i;
        i++;
    }
    printf("sum=%d\n",sum);
}
```

(4) 同时省略表达式 1、表达式 2、表达式 3。此时为无条件进入循环,类似 while(真),要求在循环体中必须有强制退出循环的语句,否则为无限循环,且 for 后一对小括号中的两个分号不可省略。例如,例 4.10 可改为

```
#include <stdio.h>
int main()
{
    int i=1,sum=0;
    for(;;)
    {
        sum+=i;
        i++;
        if(i>100)
        break;
    }
    printf("sum=%d\n",sum);
}
```

（5）省略循环体。当 for 语句的循环体放于表达式 3 中时,循环体部分可以省略。
例如,例 4.10 可改为

```
#include <stdio.h>
int main()
{
    int i,sum=0;
    for(i=1;i<=100;sum+=i++)
    printf("sum=%d\n",sum);
}
```

从上面内容可知,C 语言中的 for 语句书写灵活,功能性较强。在 for 后的一对小括号中,允许出现各种形式的与循环控制无关的表达式,虽然这在语法上是合法的,但这样会降低程序的可读性。建议初学者编程时,在 for 循环后面的一对小括号内,只含有能对循环控制的表达式,其他的操作尽量放在循环体中去完成。

4.4.3　循环的嵌套

在一个循环体内又完整地包含了另一个循环结构,称为循环的嵌套或多重循环。使用循环嵌套时,三种循环语句可以自身嵌套,也可以互相嵌套。如 for 语句可与 while、do-while 语句相互嵌套,构成多重循环。

不仅循环结构之间可以嵌套,循环结构和选择结构之间也可以相互嵌套使用,既可以在循环结构中嵌套选择结构,也可以在选择结构中嵌套循环结构。例如,for 语句中嵌套 if 语句,if 语句中嵌套 while 语句。

嵌套的原则如下。

（1）三种循环可互相嵌套,层数不限。

（2）外层循环可包含两个以上内循环,但不能相互交叉。

（3）在循环中可用转移语句把流程转到循环体外,但绝不能从外面转入循环体内。

if 嵌套 switch 语句

分析下面的程序段,理解循环嵌套。

程序段 1:

```
for (i=1;i<=4; i++)          /*外循环*/
    for (k=1;k<=5;k++)       /*内循环,也是外循环的循环体*/
        printf("*");
```

输出结果为 20 个"*"。

****

显然,上面程序是 for 循环中又包含了一个 for 循环,属于两层循环结构。外循环用变量 i 控制,内循环用变量 k 控制,外循环 i 从 1 到 4,循环四次。外循环每执行一次,内循环 k 从 1 到 5,循环五次,所以输出结果为 $4 \times 5(20)$ 个"*"。

程序段 2:

```
for(i=1;i<=4;i++)
{
    for(k=1;k<=5;k++)
        printf("*");
    printf("\n");                /*换行*/
}
```

输出结果:

```
*****
*****
*****
*****
```

可以看出,上面程序段仍然输出 20 个"*",因为加入了换行操作,输出的是 4 行 5 列的"*"方阵。

【例 4.11】 编写程序,输出如下图形。

```
*
**
***
****
*****
```

分析:

(1) 要想实现上面的图形输出,可以借鉴程序段 2 的方式,即用外层循环控制输出图形的行数,用内层循环控制每行星的个数。

(2) 内层循环的循环条件是变化的,可以看出:第 1 行 i=1 时,输出 1 颗星;第 2 行 i=2 时,内层循环被执行两次,输出 2 颗星……第 5 行 i=5 时,内层循环被执行五次,输出 5 颗星。每次循环结束,输出一个换行符。

```
#include <stdio.h>
int main()
{
    int i,j;
    for(i=1;i<=5;i++)
    {
        for(j=1;j<=i;j++)
        printf("*");
        printf("\n");
    }
}
```

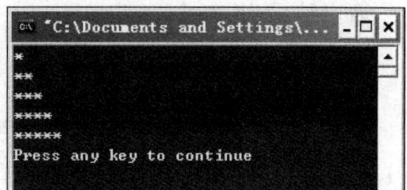

图 4.26 例 4.11 的程序运行结果

程序运行结果如图 4.26 所示。

【例 4.12】　输出九九乘法表。

```
1 * 1=1
1 * 2=2   2 * 2=4
1 * 3=3   2 * 3=6    3 * 3=9
1 * 4=4   2 * 4=8    3 * 4=12   4 * 4=16
1 * 5=5   2 * 5=10   3 * 5=15   4 * 5=20   5 * 5=25
1 * 6=6   2 * 6=12   3 * 6=18   4 * 6=24   5 * 6=30   6 * 6=36
1 * 7=7   2 * 7=14   3 * 7=21   4 * 7=28   5 * 7=35   6 * 7=42   7 * 7=49
1 * 8=8   2 * 8=16   3 * 8=24   4 * 8=32   5 * 8=40   6 * 8=48   7 * 8=56   8 * 8=64
1 * 9=9   2 * 9=18   3 * 9=27   4 * 9=36   5 * 9=45   6 * 9=54   7 * 9=63   8 * 9=72   9 * 9=81
```

分析：

(1) 图形中共有 9 行，定义变量 i 表示行数，使其从 1 递增到 9。

(2) 每一行中的被乘数从 1 变化到和本行行号相同的数字，用变量 j 表示被乘数，让其从 1 递增到当前行号 i。

(3) 用外层循环实现行的转换，内层循环输出一行中的内容，而内层循环的循环体是输出每行中的某一项。

程序代码：

```c
#include <stdio.h>
int main()
{
    int i,j;
    for(i=1;i<=9;i++)                       /* 外循环控制要输出的行数 */
    {
        for(j=1;j<=i;j++)                   /* 内循环控制要输出的项目数 */
            printf("%1d * %1d=%2d ", j, i,i * j);   /* 输出第 i 行第 j 项的内容 */
        printf("\n");                       /* 每行结束换行 */
    }
}
```

程序运行结果如图 4.27 所示。

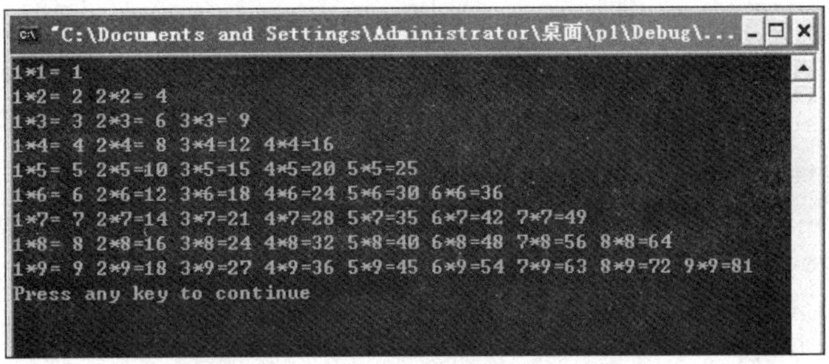

图 4.27　例 4.12 的程序运行结果

程序说明如下。

(1) 循环嵌套的循环控制变量一般不应同名，以免造成混乱，不便于理解和控制。

(2) 嵌套循环时应使用缩进，保持良好的书写格式，提高程序可读性。

4.5 改变程序流程的几个语句

在 C 语言程序设计中，有时会根据编程需要要求改变程序的流程。下面介绍具有此功能的几个语句。

4.5.1 goto 语句

goto 语句为无条件转向语句，它的一般形式如下：

goto 语句标号；

例如：

goto label_1；

格式说明如下。

(1) 当执行到 goto 语句时，程序将转到语句标号指定的位置继续执行。

(2) 语句标号用标识符表示，它的命名规则与变量相同，即由字母、数字和下画线组成。其第一个字符必须为字母或下画线，不能用整数作为语句标号。

(3) 标号必须与 goto 语句同处于一个函数中，但可以不在一个循环层中。

(4) 结构化程序设计方法主张限制 goto 语句的使用。因为滥用 goto 语句将使程序流程无规律，可读性差。一般来说，goto 语句用于以下两种情况。

① 与 if 语句一起构成循环结构。

② 从深层循环中跳出。

【例 4.13】 用 if 语句和 goto 求 1～100 的和。

程序代码：

```c
#include <stdio.h>
int main()
{
    int i=1,sum=0;
    loop: if(i<=100)
    {
        sum+=i;
        i++;
        goto loop;
    }
    printf("sum=%d\n",sum);
}
```

程序运行结果如图 4.28 所示。

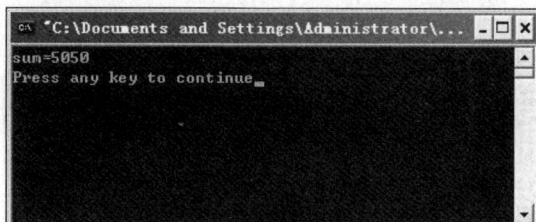

图 4.28　例 4.13 的程序运行结果

4.5.2　break 和 continue 语句

为了使循环控制更加灵活,C 语言提供了 break 语句和 continue 语句。

1. break 语句

break 语句可以用在 switch 语句和循环语句中。在 switch 语句中用 break 语句可跳出 switch 语句结构;在循环语句中,用 break 使流程跳出循环,从而提前结束本层循环。

break 语句的一般格式如下:

```
break;
```

功能:在循环体中遇见 break 语句,立即结束循环,跳到循环体外,执行循环结构后面的语句。

说明如下。

(1) break 语句只能用在循环语句和 switch 语句中。

(2) break 语句只能终止并跳出一层循环(或者一层 switch 语句结构)。

【例 4.14】　输出半径为 1～10 的圆面积。当面积值超过 100 时,停止执行本程序。

分析:定义变量 r 表示圆的半径,使其从 1 递增到 10。循环中计算并判断每个圆的面积值是否大于 100,不大于 100 时,输出圆面积;如果大于 100,则使用 break 语句跳出循环。

程序代码:

```
#include <stdio.h>
#define PI 3.142
int main()
{
    int r;
    float area;
    for(r=1;r<=10;r++)
    {
        area=PI * r * r;         /* 计算圆面积 */
        if(area>100)             /* 判断圆面积是否大于 100 */
            break;               /* 提前结束循环 */
        printf("r=%d,area=%.2f\n",r,area);
    }
}
```

程序运行结果如图 4.29 所示。

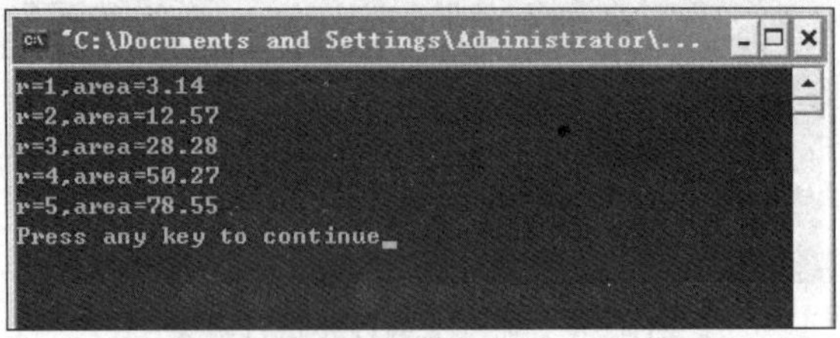

图 4.29　例 4.14 的程序运行结果

2. continue 语句

continue 语句的一般格式如下：

```
continue;
```

功能：在循环体中遇到 continue 语句，则结束本次循环，跳过 continue 语句后面尚未执行的其他语句，继续判断循环控制条件，以决定是否进入下一次循环。

说明如下。

(1) continue 语句和 break 语句的区别是：continue 语句只结束本次循环，而不是终止整个循环的执行；而 break 语句则是结束循环，不再进行条件判断。

(2) continue 语句只用于循环结构的内部，常与 if 语句联合起来使用，以便在满足条件时提前结束本次循环。

【例 4.15】　从键盘上输入 5 个数，计算所有负数之和。

程序代码：

```
#include <stdio.h>
int main()
{
    int i,num,sum=0;
    printf("请输入 5 个数:");
    for(i=1;i<=5;i++)
    {
        scanf("%d",&num);
        if(num>=0) continue;
        sum+=num;
    }
    printf("sum=%d\n",sum);
}
```

程序运行结果如图 4.30 所示。

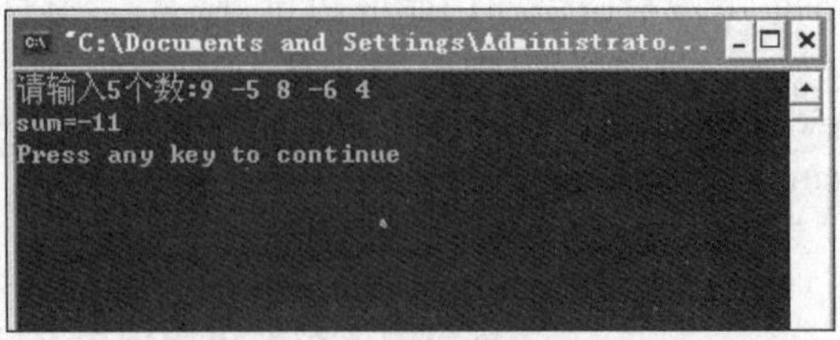

图 4.30　例 4.15 的程序运行结果

4.6　课堂案例

4.6.1　案例 4.1：判断某年是否为闰年

1. 案例描述

输入任意一年,程序能判断输出是或者不是闰年。

2. 案例分析

(1) 功能分析。根据案例描述,就是任意输入某一年,编写程序实现输出是否为闰年的结果。

(2) 数据分析。根据功能要求仅需要定义一个存储年份数据的变量,其定义类型为整型。

3. 设计思想

(1) 定义变量,接收需要判断的年份。

(2) 根据条件判断。闰年的条件是:年份能被 4 整除但不能被 100 整除,或者年份能被 400 整除。

(3) 输出判断结果。

4. 程序实现

```c
#include <stdio.h>
int main()
{
    int year;
    printf("请输入年份: ");
    scanf("%d",&year);
    if(year%4==0&&year%100!=0||year%400==0)
        printf("%d 年是闰年!\n",year);
    else
        printf("%d 年不是闰年!\n",year);
}
```

5. 运行程序

该程序运行结果如图 4.31 所示。

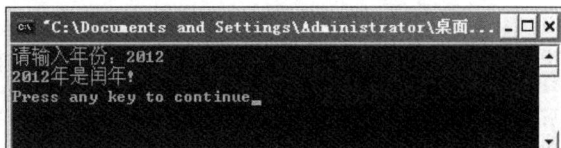

图 4.31　案例 4.1 的程序运行结果(1)

再次运行程序，其结果如图 4.32 所示。

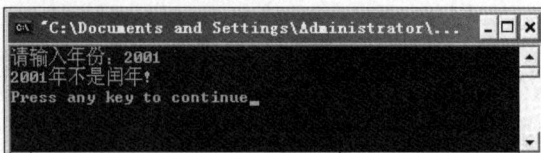

图 4.32　案例 4.1 的程序运行结果(2)

4.6.2　案例 4.2：设计简易计算器问题

1. 案例描述

编写简易计算器程序，完成任意两个数的＋、－、＊、／ 运算。

2. 案例分析

(1) 功能分析。根据功能描述，程序实现的是简易计算器的运算功能。

(2) 数据分析。本程序需要两个存储操作数的变量，一个存储运算符的变量，还有一个变量用来存放运算结果。

3. 设计思想

(1) 定义变量。三个实型变量 x、y、z，分别用于存放数值；一个字符变量 c，用于存储运算符。

(2) 采用 switch 多分支结构实现计算器的运算功能。

(3) 输出结果。

4. 程序实现

```c
#include <stdio.h>
#include <stdlib.h>
int main()
{
    float x,y,z;
    char c;
    printf("\n请输入两个运算量: ");
    scanf("%f,%f",&x,&y);
    getchar();           //用来接收前面操作的回车符,以便 op 能正确取值
    printf("\n请选择运算符+、-、*、/: ");
    c=getchar();
    switch (c)
    {
        case '+': z=x+y; break;
        case '-': z=x-y; break;
        case '*': z=x*y; break;
        case '/': z=x/y; break;
```

```
          default :printf("%c 不是运算符。\n",c);exit(0);    //exit(0)函数用于退出程序
      }
      printf("%0.2f %c %0.2f=%0.2f\n\n",x,c,y,z);
}
```

5. 运行程序

该程序运行结果如图 4.33 所示。

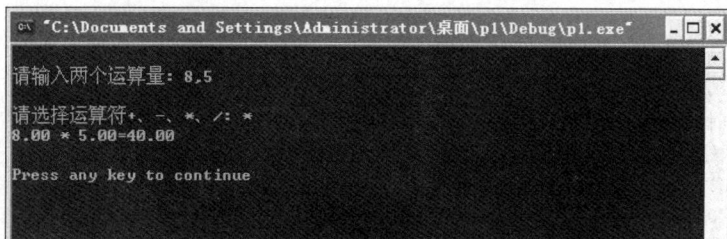

图 4.33　案例 4.2 的程序运行结果(1)

再次运行程序,其运行结果如图 4.34 所示。

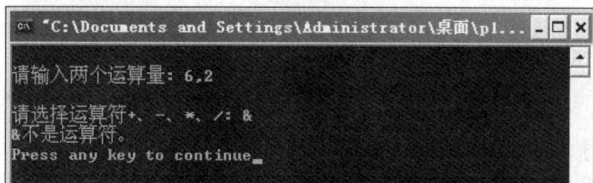

图 4.34　案例 4.2 的程序运行结果(2)

4.6.3　案例 4.3:公司员工薪水计算问题

1. 案例描述

公司实行的是计时工资制,按照实际工作的时间(小时)与每小时的报酬计算员工的所得薪水,并统计出公司需要支付的总薪水。

2. 案例分析

(1) 功能分析。根据功能描述,首先需要知道公司的员工数量,以及每个员工的工作时间和每小时的报酬。由此计算出每个员工的薪水,最后求出公司需要支付的总薪水。

(2) 数据分析。本程序需要的变量包括:存放员工数量的变量 num,每个员工的工作时间 h,每小时的报酬 r,员工的薪水 p,以及公司需要支付的总薪水 pr。

3. 设计思想

(1) 获取数据:公司的员工数,循环取得各个员工的工作时间和每小时的报酬。
(2) 计算员工的薪水。

101

（3）显示员工的薪水。

（4）统计公司支付的总薪水。

（5）显示公司支付的总薪水。

4. 程序实现

```
#include <stdio.h>
int main()
{
    int i,num;
    float h,r,p=0;
    double pr=0;
    printf("\n请输入公司员工数：");
    scanf("%d",&num);
    for(i=0;i<num;i++)
    {
        printf("\n工作时间：");
        scanf("%f",&h);
        printf("\n每小时工作报酬：");
        scanf("%f",&r);
        p=h*r;
        printf("\n薪水是：￥%f",p);
        pr+=p;
    }
    printf("\n所有员工薪水计算完毕！");
    printf("\n公司支付总薪水是：￥%.2f\n",pr);
}
```

5. 运行程序

该程序运行结果如图 4.35 所示。

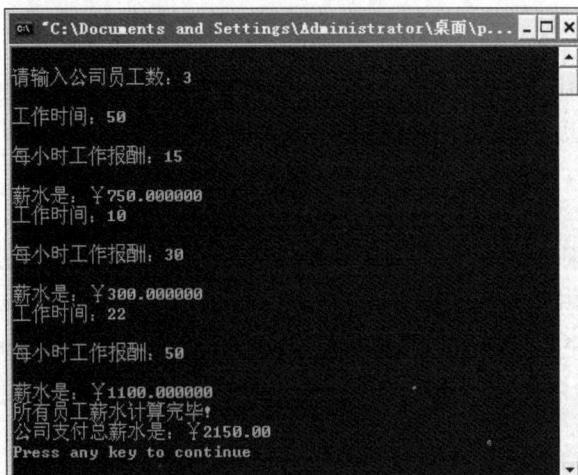

图 4.35　案例 4.3 的程序运行结果

4.7　项　目　实　训

4.7.1　实训 4.1：基本能力实训

1. 实训题目

选择结构、循环结构程序实训。

2. 实训目的

掌握选择结构、三种循环结构的构成、流程及特点。

项目实训

3. 实训内容

(1) 调试程序并观察结果。

程序 1：

```c
#include <stdio.h>
int main()
{
    int x=28;
    do
    {
        printf("%d",x--);
    }while(!x);
}
```

程序 2：

```c
#include <stdio.h>
int main()
{
    int n=9;
    while(n>6)
    {
        n--;
        printf("%d",n);
    }
}
```

程序 3：

```c
#include <stdio.h>
int main()
{
    int i;
    for(i=0;i<3;i++)
    switch(i)
```

```
    {
        case 1:printf("%d",i);
        case 2:printf("%d",i);
        default:printf("%d",i);
    }
}
```

(2) 计算函数值。在程序中输入整数 x，根据下面的分段函数计算 y 的值。

$$y = \begin{cases} x+1 & (x>0) \\ x & (x=0) \\ x-1 & (x<0) \end{cases}$$

程序代码如下：

```
#include <stdio.h>
int main()
{
    int x,y;
    printf("请输入 x: ");
    scanf("%d",&x);
    if (x>0) y=x+1;
    if (x==0) y=x;
    if (x<0) y=x-1;
    printf("x=%d,y=%d\n",x,y);
}
```

运行程序，输入 x 的值，检查输入的 y 值是否正确。

4.7.2　实训 4.2：拓展能力实训

1. 实训题目

循环结构的嵌套，break 及 continue 语句的用法。

2. 实训目的

通过训练让学生能熟练地运用循环语句及其嵌套结构进行编程。

3. 实训内容

(1) 调试程序并观察结果。
程序 1：

```
#include <stdio.h>
int main()
{
    int a,b;
    for(a=1,b=1;a<=100;a++)
    {
```

```
        if(b>=20)
            break;
        if(b%3==1)
        {
            b+=3;
            continue;
        }
        b-=5;
    }
    printf("%d",a);
}
```

程序 2：

```
#include <stdio.h>
int main()
{
    int i=0,a=0;
    while(i<20)
    {
        for(;;)
        if((i%10)==0)
            break;
        else
            i--;
        i+=11;
        a+=i;
    }
    printf("%d",a);
}
```

（2）编写程序，输出 100 以内能被 7 整除的数。

① 程序代码如下：

```
#include<stdio.h>
int main()
{
    int i;
    for(i=1;i<=100;i++)
        if(i%7!=0)
            continue;
        else
            printf("%d\n",i);
    return 0;
}
```

② 程序代码如下：

```
#include<stdio.h>
int main()
{
    int i;
```

```
    for(i=1;i<=100;i++)
        if(i%7==0)
            printf("%d\n",i);
    return 0;
}
```

具体要求如下。

① 用 for 语句和 continue 语句实现。

② 定义一个变量 t，为减少循环次数初值赋值为 7 即可。若对 7 取余数不等于 0，则跳出当前循环进入下层循环；否则，先输出当前数再进入下层循环，直到 t>100 为止。

4.8 拓展阅读 祖冲之与历法

祖冲之字文远，祖籍河北省涞水县，后来为了躲避战乱，一家人搬迁到了江南。祖冲之是我国南北朝时期伟大的数学家、天文学家和机械制造专家。

祖冲之最大的贡献就是将圆周率精确到了小数点之后的七位，也就是精确到了3.141 592 6～3.141 592 7，这一成果在当时的世界上是最先进的，其他国家直到 15 世纪才有人将圆周率精确到这个程度，比祖冲之晚了一千多年，所以说祖冲之是我国历史上也是世界文明史上最伟大的科学家之一。古代人们将圆周率也称为"祖率"，以突出祖冲之的伟大贡献。

本 章 小 结

本章主要讲述了结构化程序设计提供的三种基本结构：顺序结构、分支选择结构和循环结构。由这三种基本结构可以组合成任何复杂的程序，正确使用这些结构将有助于设计出高度结构化的程序。

在执行顺序结构时，程序的执行顺序就是语句的书写顺序。尽管一个 C 语言程序可以包含多种结构，但从主体上讲都是顺序结构。由 main() 函数的第一行开始执行语句，顺序执行到 main() 函数体的最后一行语句。也就是说 main() 函数体是一个顺序结构。

选择结构有三种语句格式，即 if、if-else(if-else if) 和 switch 语句。选择结构的特点是：程序的流程由多路分支组成，在程序的一次执行过程中，根据不同的情况，只有一条支路被选中执行，而其他的分支上的语句被直接跳过。if 语句主要用于单向选择，if-else 语句主要用于双向选择，if-else if 语句和 switch 语句用于多向选择。

循环结构同样由三种语句实现，即 while、do-while 和 for 语句。循环结构的特点是：当满足某个条件时，程序中的某个部分需要重复执行多次。while 或 do-while 语句用在循环次数不定但明确循环结束条件的循环中，for 语句主要用于给定循环变量初值、步长增量及循环次数的循环结构。

for、while 和 do-while 这三种循环语句可以相互嵌套形成多重循环。与 while 语句相比，for 语句显得更为紧凑，它把与循环控制有关的部分都放在 for 语句的三个表达式中，使

for 语句显得更清晰,更容易使用。

　　C 语言还提供了改变程序流程的语句,即 break 语句、continue 语句。break 语句的作用是使流程跳出 switch 语句结构或跳出循环体,即提前结束这两种结构的处理,转而处理其后续语句;continue 语句的作用是在循环体中提前结束本次循环,即跳过循环体中下面尚未执行的语句,接着进行下一次是否执行循环的判定。

　　在一个程序中,通常不是仅由一种结构实现,而是对三种结构的综合应用,这三种结构之间通过某种形式的连接完成一个复杂的程序设计。

习　　题

1. 填空题

(1) 以下程序执行后的输出结果是_____。

```
#include <stdio.h>
int main()
{
    int p,a=5;
    if(p=a!=0)
        printf("%d\n",p);
    else
        printf("%d\n",p+2);
}
```

(2) 以下程序执行后的输出结果是_____。

```
#include <stdio.h>
int main()
{
    int n=12345,d;
    while(n!=0)
    {
        d=n%10;
        printf("%d",d);
        n/=10;
    }
}
```

(3) 以下程序判断输入的整数能否被 3 或 7 整除,请填空。

```
#include <stdio.h>
int main()
{
    int x,f=0;
    scanf("%d",&x);
    if _____

        _____
    if(f==1) printf("YES\n");
```

```
else printf("NO\n");
}
```

（4）以下程序执行后的输出结果是_____。

```
#include <stdio.h>
int main()
{
    int x=1,y=1;
    switch(x)
    {
        case 1:
        switch(y)
        {
            case 0:printf("y is 0.\n");break;
            case 1:printf("y is 1.\n");break;
            default:printf("y is unknown.\n");break;
        }
        case 2:printf("I do this.\n");
    }
}
```

2. 选择题

（1）设有"int x,y;""if（x＝y）printf("x is equal to y.");"语句,判断 x 和 y 是否相等,正确的说法是该语句（   ）。

  A. 语法错   B. 不能判断 x 和 y 是否相等

  C. 编译出错   D. 能判断 x 和 y 是否相等

（2）C 语言中规定,if 语句的嵌套结构中,else 总是（   ）配对。

  A. 与最近的 if   B. 与第一个 if

  C. 与按缩进位置相同的 if   D. 与最近的且尚未配对的 if

（3）以下有关 switch 语句的说法正确的是（   ）。

  A. break 语句是语句中必需的一部分

  B. 在 switch 语句中可以根据需要使用或不使用 break 语句

  C. break 语句在 switch 语句中不可以使用

  D. 在 switch 语句中的每一个 case 都要使用 break 语句

（4）当执行以下程序时,则（   ）。

```
#include <stdio.h>
int main()
{
    int a;
    while(a=5)
        printf("%d ",a--);
}
```

  A. 循环体将执行 5 次   B. 循环体将执行 0 次

  C. 循环体将执行无限次   D. 系统会死机

（5）以下 if 语句错误的是（　　）。

A. if（x＜y）x＋＋；y＋＋；else x－－；y－－；

B. if（x）x＋＝y；

C. if（x＜y）；

D. if（x!＝y）scanf（"%d",&x）；else x＋＋；

（6）以下说法错误的是（　　）。

A. do-while 语句与 while 语句的区别仅是关键字 while 出现的位置不同

B. while 语句是先进行循环条件判断，后执行循环体

C. do-while 是先执行循环体，后进行循环条件判断

D. while、do-while 和 for 语句的循环体都可以是空语句

3. 程序设计题

（1）输入一个整数，判断该数是奇数还是偶数。

（2）输出 3～100 的素数。

（3）求 $T＝1!＋2!＋3!＋4!＋5!$ 的值。

（4）编写程序，统计从键盘输入的一行字符的个数。

第5章 数　　组

【内容概述】

在实际应用中,经常需要处理数目较多的批量数据,利用 C 语言提供的数组可以很方便地表示这些数据。本章主要介绍 C 语言一维数组的定义和初始化、二维数组的定义和初始化、字符数组的定义和初始化、数组元素的引用、常用字符串处理函数等内容。

【学习目标】

通过本章的学习,要求了解一维数组、二维数组的基本概念;掌握 C 语言中数组的定义,以及数组元素的引用;掌握利用数组编写较复杂程序的基本方法。

5.1　一　维　数　组

数组是指具有相同数据类型的数据按顺序存储在一起组成的有序集合。在 C 语言中,数组属于构造数据类型。一个数组可以分解为多个数组元素,这些数组元素必须具有相同的数据类型,而且这些数据在内存中占据一段连续的存储单元。

如果用一个统一的名字来标识这组数据,那么这个名字就称为数组名,构成数组的每一个数据项就称为数组元素。数组元素用一个统一的数组名和下标来唯一地确定。

5.1.1　一维数组的定义

一维数组是指数组中每个元素只带有一个下标。

在 C 语言中使用数组必须先进行定义。

一维数组的定义格式如下:

存储类型 类型说明符 数组名[常量表达式];

格式说明如下。

(1) 存储类型说明数组元素的存储属性,可以是静态型(static)、自动型(auto)及外部型(extern)。默认是 auto 型。

(2) 类型说明符是任意一种基本数据类型或构造数据类型。

(3) 数组名是用户定义的数组标识符。

(4) 方括号中的常量表达式表示数据元素的个数,也称为数组的长度。

例如,要定义一个静态的、整型的、有 3 个元素的一维数组,可以表示为

一维数组

static int a[3];

其中,a 为数组名;3 是数组元素的个数,每个元
素都是 int 型的数据。

在内存中的存储结构如图 5.1 所示。

下面是合法的数组定义。

数组 a 的起始地址 ⟶	2000	a[0]
	2004	a[1]
	2008	a[2]

图 5.1　一维数组的存储结构

```
int a[10];              //声明整型数组 a,有 10 个元素
float b[10],c[20];      //声明实型数组 b,有 10 个元素;实型数组 c,有 20 个元素
char ch[20];            //声明字符数组 ch,有 20 个元素
#define N 6
long n[N];              //声明定义了一个有 6 个元素的长整型数组 n
short m[8*N];           //声明定义了一个有 48 个元素的短整型数组 m
```

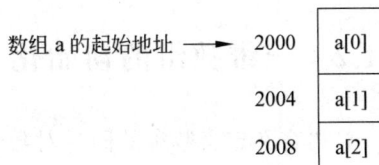

对于数组类型说明应注意以下几点。

(1) 数组名的书写规则和变量名的定义规则相同,应遵循标识符的命名规则。

(2) 数组名不能与其他变量名相同。例如,如下变量是错误的。

```
main()
{
    int b;
    int b[8];
    ...
}
```

(3) 方括号中常量表达式表示数组元素的个数,即数组长度。如 a[5]表示数组 a 有
5 个元素,但是其下标从 0 开始计算,因此 5 个元素分别为 a[0]、a[1]、a[2]、a[3]、a[4]。

(4) 不能在方括号中用变量来表示元素的个数,但是可以是符号常量或常量表达式。
例如,以下声明是合法的。

```
#define MN 5
main()
{
    int a[6+4],b[9+MN];
    ...
}
```

但是下述说明方式是非法的。

```
main()
{
    int p=5;
    int a[p];
    ...
}
```

(5) 允许在同一个类型说明中说明多个数组和多个变量。例如:

```
int a,b, m1[5],m2[12];
```

5.1.2　一维数组的初始化

C 语言在定义数组的同时对数组中的各个元素指定初值,这个过程就是初始化。

数组初始化赋值是指在数组定义时给数组元素赋予初值。数组初始化不占用运行时间,是在编译阶段进行,这样将减少运行时间,提高效率。

初始化赋值的一般形式如下:

类型说明符　数组名[常量表达式]={元素值列表};

其中在{}中的元素值列表即为各元素的初值,各值之间用逗号分隔。

例如:

```
int a[5]={1,2,3,4,5};
```

相当于

```
a[0]=1;a[1]=2;a[2]=3;a[3]=4;a[4]=5;
```

C 语言对数组的初始化赋值还有以下几点规定。

(1) 只能给元素逐个赋值,不能给数组整体赋值。例如,给 5 个元素全部赋值 1,只能写为

```
int a[5]={1,1,1,1,1};
```

而不能写为

```
int a[5]=1;
```

(2) 当{}中值的个数少于元素个数时,只给前面部分元素赋值。例如:

```
int a[10]={4,5,6,7,8};
```

表示只给 a[0]~a[4]这 5 个元素赋值,而后 5 个元素系统自动赋值 0。

(3) 如要给全部元素赋值,则在数组说明中可以不给出数组元素的个数。例如:

```
int a[5]={1,2,3,4,5};
```

可写为

```
int a[]={1,2,3,4,5};
```

这时数组的长度就是后面赋值元素的个数。

【例 5.1】　数组初始化。

程序代码:

```
/* ex5_1.c:输出一维数组 a 和 b 的值 */
#include <stdio.h>
int main()
{
    int i,a[8]={12,24,5,3,8,6,35,54};
```

```
        int b[8]={2,4};
        printf("\n 输出数组 a:");
        for(i=0;i<8;i++)
            printf("%4d",a[i]);
        printf("\n 输出数组 b:");
        for(i=0;i<8;i++)
            printf("%4d",b[i]);
        printf("\n");
}
```

程序运行结果如图 5.2 所示。

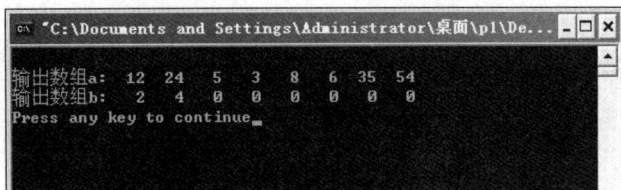

图 5.2 例 5.1 的程序运行结果

程序说明如下。

(1) 程序中定义了两个数组 a 和 b,分别有 8 个数组元素并赋初值。

(2) 通过两个 for 循环分别输出数组 a 和 b 的元素值。

5.1.3 一维数组元素的引用

数组必须先定义,后使用。C 语言中只能逐个引用数组元素,而不能引用整个的数组。数组元素是组成数组的基本单元。

数组元素引用的一般格式如下:

数组名[下标]

格式说明如下。

(1) 下标只能为整型常量或整型表达式。例如,a[20]、a[3 * 5]都是合法的数组元素。

(2) 数组元素通常也称为下标变量。例如,输出有 10 个元素的数组,必须使用循环语句逐个输出各下标变量。

```
for(k=0; k<10; k++)
    printf("%4d",c[k]);
```

而不能用一个语句输出整个数组,下面的写法是错误的。

```
printf("%d",c);
```

【例 5.2】 从键盘输入 5 个整数,并保存到数组中,然后逆序输出这 5 个整数。

程序代码:

```
/* ex5_2.c: 逆序输出 5 个整数 */
#include <stdio.h>
```

```
int main()
{
    int i,a[5];
    printf("请输入数组 a:");
    for(i=0;i<=4;i++)
        scanf("%d",&a[i]);
    printf("请输出数组 a:");
    for(i=4;i>=0;i--)
        printf("%4d",a[i]);
    printf("\n");
}
```

程序运行结果如图 5.3 所示。

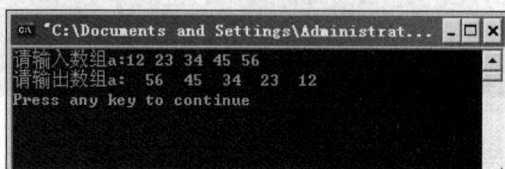

图 5.3 例 5.2 的程序运行结果

程序说明：本例中用一个循环语句通过键盘给数组 a 各个元素赋值，然后用第二个循环语句逆序输出各个元素值。

5.2 二 维 数 组

一维数组中的每个元素带有一个下标；若数组中的每一个元素带有两个下标，这样的数组称为二维数组；若数组中的每一个元素带有多个下标，这样的数组称为多维数组。数组的维数就是指数组元素的下标个数。

5.2.1 二维数组的定义

二维数组可以看作多个相同类型的一维数组。本节只介绍二维数组，多维数组可由二维数组类推而得到。

二维数组定义的一般格式如下：

存储类型 类型说明符 数组名［常量表达式 1］［常量表达式 2］

格式说明如下。

二维数组

(1) 常量表达式 1 表示第 1 维下标的长度，常量表达式 2 表示第 2 维下标的长度。例如，"int s[3][3];"定义了一个 3 行 3 列的整型数组，数组名为 s，其数组元素的类型为整型。该数组的元素共有 3×3 个，即

```
s[0][0],s[0][1],s[0][2]
s[1][0],s[1][1],s[1][2]
s[2][0],s[2][1],s[2][2]
```

（2）二维数组相当于数学中的"矩阵"。"常量表达式 1"代表矩阵的行数，"常量表达式 2"代表矩阵的列数。而实际硬件存储器却是连续编址，也就是说存储器单元是按一维线性排列。如何在一维存储器中存放二维数组，可有两种方式：一种是按行排列，即放完一行之后顺次放入第 2 行；另一种是按列排列，即放完一列之后再顺次放入第 2 列。在 C 语言中，二维数组是按行排列的。

数组 s 的起始地址 →2000	s[0][0]
2004	s[0][1]
2008	s[0][2]
2012	s[1][0]
2016	s[1][1]
2020	s[1][2]
2024	s[2][0]
2028	s[2][1]
2032	s[2][2]

二维数组的存储结构如图 5.4 所示。

即二维数组 s[3][3] 可以看作有 3 个元素的一维数组，元素为 s[0]、s[1]、s[2]。而每个元素又可以看作有 3 个元素的一维数组，如 s[0] 中有 3 个元素，分别为 s[0][0]、s[0][1]、s[0][2]，以此类推。

先存放 s[0] 行，再存放 s[1] 行，最后存放 s[2] 行。每行中有 3 个元素也是依次存放。由于数组 s 为 int 类型，该类型在 VC++ 6.0 环境中占 4 字节的内存空间，所以每个元素均占有 4 字节。

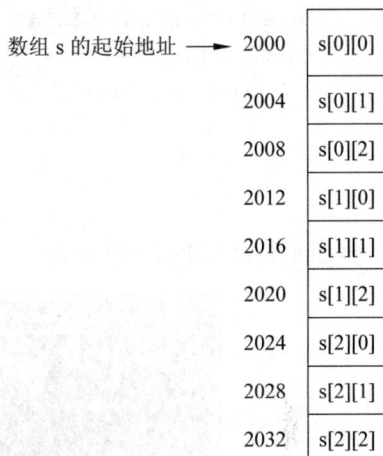

图 5.4　二维数组的存储结构

5.2.2　二维数组的初始化

二维数组初始化和一维数组类似，也是在类型说明时给各下标变量赋以初值。二维数组可按行连续赋值，也可按行分段赋值。

例如，对数组 s[3][5] 赋值。

按行连续赋值可写为

```
int s[3][5]={87,90,76,77,80,75,92,61,65,85,71,59,63,70,85};
```

按行分段赋值可写为

```
int s[3][5]={{87,90,76,77,80},{75,92,61,65,85},{71,59,63,70,85}};
```

这两种赋初值的结果是完全相同的。

【例 5.3】　分别用两种方式对数组初始化并打印输出。

程序代码：

```
/* ex5_3.c:输出二维数组 a 和 b 的值 */
#include <stdio.h>
int main()
{
    int i,j;
    int a[3][5]={87,90,76,77,80,75,92,61,65,85,71,59,63,70,85};
```

115

```
    int b[3][5]={{87,90,76,77,80},{75,92,61,65,85},{71,59,63,70,85}};
    printf("输出数组 a:\n");
    for(i=0;i<3;i++)
        for(j=0;j<5;j++)
            printf("%4d",a[i][j]);
    printf("\n输出数组 b:\n");
    for(i=0;i<3;i++)
        for(j=0;j<5;j++)
            printf("%4d",b[i][j]);
    printf("\n");
}
```

程序运行结果如图 5.5 所示。

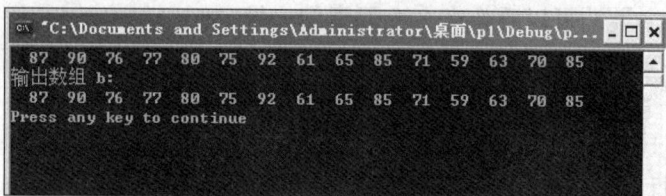

图 5.5 例 5.3 的程序运行结果

程序说明如下。

（1）程序中定义了两个二维数组 a 和 b，分别是 3 行 5 列共有 15 个数组元素并赋初值。

（2）数组 a 中是按行连续为数组元素赋初值，数组 b 是按行分段为数组元素赋初值。

（3）第 1 个"printf("输出数组 a:\n");"语句提示输出数组 a，是通过双重的 for 循环依次输出数组元素 a 的值。

（4）第 2 个"printf("输出数组 b:\n");"语句提示输出数组 b，是通过双重的 for 循环依次输出数组元素 b 的值。

对于二维数组初始化赋值还有以下说明。

（1）可以只对部分元素赋初值，未赋初值的元素自动取 0 值。

例如，"int a[3][5]={{1},{2},{3}};"是对每一行的第 1 列元素赋值，未赋值的元素取 0 值。

赋值后各元素的值为

```
1 0 0 0 0
2 0 0 0 0
3 0 0 0 0
```

例如：

```
int b[3][5]={{0,1},{0,0,2},{3}};
```

赋值后的元素值为

```
0 1 0 0 0
0 0 2 0 0
```

```
30000
```

（2）如果需要对全部元素赋初值，则第 1 维的长度可以不给出，但必须指定第 2 维的长度。

例如：

```
int a[3][5]={1,2,3,4,5,6,7,8,9,10,11,12,13,14,15};
```

可以写为

```
int a[][5]={1,2,3,4,5,6,7,8,9,10,11,12,13,14,15};
```

系统会根据数据总个数分配存储空间，一共 15 个数据，每行是 5 列，就可确定为 3 行。

（3）二维数组可以看作是由一维数组的嵌套而构成的。首先把二维数组看成一个一维数组，而每个一维数组中的元素又是由一个一维数组组成的。当然，前提是各元素类型必须相同。根据这样的分析，一个二维数组也可以分解为多个一维数组。C 语言允许这样分解。

例如，二维数组 s[3][5] 可分解为 3 个一维数组，其数组名分别为：s[0]、s[1]、s[2]。

对这 3 个一维数组不需另作说明即可使用。这 3 个一维数组都有 5 个元素，例如：

一维数组 s[0] 的元素为 s[0][0]、s[0][1]、s[0][2]、s[0][3]、s[0][4]。

一维数组 s[1] 的元素为 s[1][0]、s[1][1]、s[1][2]、s[1][3]、s[1][4]。

一维数组 s[2] 的元素为 s[2][0]、s[2][1]、s[2][2]、s[2][3]、s[2][4]。

5.2.3　二维数组元素的引用

二维数组元素的引用格式如下：

```
数组名[下标 1][下标 2]
```

格式说明如下。

（1）下标应为整型常量或整型表达式，必须有确定的值。

（2）下标从 0 开始变化，其值分别小于数组定义中的“常量表达式 1”和“常量表达式 2”。

例如，a[3][5] 表示 a 数组第 3 行第 5 列的元素。

（3）需要注意的是，下标值应在已定义的数组大小的范围内，否则就越界了。

例如：

```
int array[4][5];
...
array[4][5]=3;
```

这是错误的，因为定义了 4 行 5 列的整型数组，而数组的下标是从 0 开始的，也就是说它能取到的行和列的下标值最大的元素是 array[3][4]，而不是 array[4][5]，当然就不能为其赋值。

5.3　字符数组和字符串

5.3.1　字符数组的定义

字符数组就是用来存放字符数据的数组,其中一个数组元素存放一个字符。

字符数组的定义与前面介绍的数组定义类似,只是类型说明符用 char。

字符数组和字符串

例如,"char str[8];"定义 str 为字符数组,包含 8 个元素,即 str[0]、str[1]、str[2]、str[3]、str[4]、str[5]、str[6]、str[7]。

字符数组也可以是二维或多维数组。例如,"char str[4][5];"即为二维字符数组。

5.3.2　字符数组的初始化

字符数组也允许在定义时作初始化赋值。

例如,"char str[15]={'H','e','l','l','o','!','W','o','r','l','d','!'};",赋值后 str[0]的值为'H',str[1]的值为'e',str[2]的值为'l',str[3]的值为'l',str[4]的值为'o',str[5]的值为'!',str[6]的值为'W',str[7]的值为'o',str[8]的值为'r',str[9]的值为'l',str[10]的值为'd',str[11]的值为'!'。

其中 str[12]、str[13]、str[14]未赋值,系统自动赋予空字符('\0')。

当对全体元素赋初值时,也可以省去长度说明。例如:

```
char str[]={'H', 'e', 'l', 'l', 'o', '!', 'W','o','r', 'l', 'd', '!'};
```

这时 str 数组的长度自动定为 12。

注意:如果花括弧中的字符个数大于数组的长度,则作语法错误处理。如果初值的个数小于数组的长度,则将这些字符赋给数组中前面的元素,其余的元素系统自动定为空字符('\0')。

上面数组的状态如图 5.6 所示。

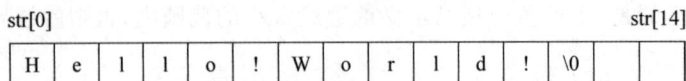

str[0]														str[14]
H	e	l	l	o	!	W	o	r	l	d	!	\0		

图 5.6　字符数组的存储结构

5.3.3　字符数组元素的引用

根据字符数组的下标引用字符数组中的元素,得到一个字符。

【例 5.4】　输出一行字符串。

程序代码：

```
/*ex5_4.c:输出一行字符串*/
#include<stdio.h>
int main()
{
    int i;
    char str[15]={'H', 'e', 'l', 'l', 'o', '!', 'W','o','r','l','d','!'};
    for(i=0;i<15;i++)
        printf("%c",str[i]);
    printf("\n");
}
```

程序运行结果如图 5.7 所示。

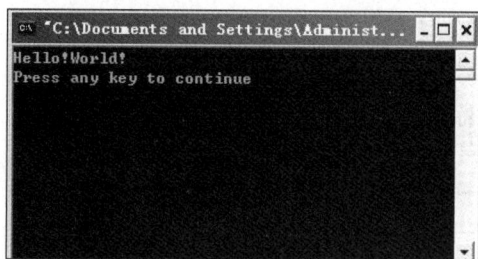

图 5.7　例 5.4 的程序运行结果

程序说明如下。

(1) 程序中定义了一个字符数组,有 15 个数组元素,并依次赋了初值。

(2) 通过一个 for 循环输出这个字符数组中存放的字符串。

5.3.4　字符数组的输入和输出

C 语言没有专门的字符串变量,通常用一个字符数组来存放一个字符串。当把一个字符串存入一个数组时,也把字符串的结束符'\0'存入数组,并以此作为该字符串是否结束的标志。有了'\0'标志后,就不必再用字符数组的长度来判断字符串的长度。

C 语言允许用字符串的方式对数组作初始化赋值。

例如：

char str[15]={'H', 'e', 'l', 'l', 'o', '!', 'W','o','r','l','d','!'};

可写为

char str[]={"Hello!World!"};

或去掉{},写为

char str[]="Hello!World!";

用字符串方式赋值比用字符逐个赋值要多占 1 字节,用于存放字符串结束标志'\0'。上

面的数组 str 在内存中的实际存放情况如下:

H	e	l	l	o	!	W	o	r	l	d	!	\0

字符数组的输入/输出有以下两种方法。

(1)用格式符"%c"逐个字符输入/输出,如例 5.4 所示。

(2)在采用字符串方式后,字符数组的输入/输出将变得简单方便。用格式符"%s"将整个字符串一次性地输入或输出。

【例 5.5】 例 5.4 的改进,一次性输出一行字符串。

程序代码:

```
/* ex5_5.c: 一次性输出一行字符串 */
#include <stdio.h>
int main()
{
    char str[15];
    printf("请输入字符串:\n");
    scanf("%s",str);
    printf("请输出字符串:\n");
    printf("%s\n",str);
}
```

程序运行结果如图 5.8 所示。

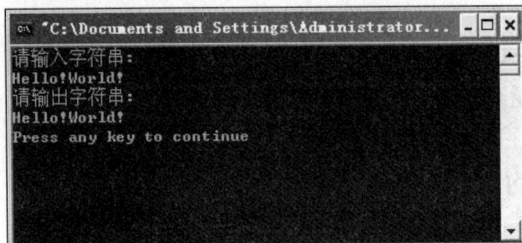

图 5.8　例 5.5 的程序运行结果

程序说明如下。

(1)本例中由于定义数组长度为 15,因此输入的字符串长度必须小于 15,以留出 1 个字节用于存放字符串结束标志'\0'。应该说明的是,对一个字符数组,如果不作初始化赋值,则必须说明数组长度。

(2)当用 scanf()函数输入字符串时,字符串中不能含有空格,否则将以空格作为串的结束符。

例如,当输入的字符串中含有空格时,运行情况如下:

请输入字符串:
Hello! World!
请输出字符串:
Hello!

从输出结果可以看出,空格以后的字符都未能输出。为了避免这种情况,可多设几个字符数组来分段存放含空格的字符串。

程序可改写如下。

【例 5.6】　对例 5.5 的改进。

程序代码:

```c
#include <stdio.h>
int main()
{
    char st1[6],st2[6],st3[6],st4[6];
    printf("请输入字符串:\n");
    scanf("%s%s%s%s",st1,st2,st3,st4);
    printf("请输出字符串:\n");
    printf("%s %s %s %s\n",st1,st2,st3,st4);
}
```

程序运行结果如图 5.9 所示。

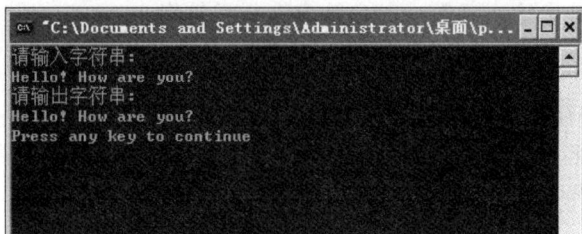

图 5.9　例 5.6 的程序运行结果

程序说明如下。

(1) 本程序分别定义了 4 个数组,输入的一行字符的空格分段分别装入 4 个数组。

(2) 分别输出这 4 个数组中的字符串。

在前面介绍过,scanf()函数的各输入项必须以地址方式出现,如 &a、&b 等。但在例 5.5 中却是以数组名方式出现的,这是为什么呢? 这是由于 C 语言中规定,数组名就代表了该数组的首地址,所以前面不用再加 & 符号了。整个数组是以首地址开头的一块连续的内存单元。

注意:

(1) 字符串的结束符'\0'是用于判断字符串是否是结束的,输出字符时不包括'\0'。

(2) 当数组长度大于字符串实际长度时,也只输出到'\0'结束。

(3) 如果一个字符数组包含一个以上的'\0',也是遇到第一个'\0'时就结束输出。

(4) 不能直接将字符串赋值给字符数组名字。如 s="Hello!World!"。

(5) 用"%s"格式符输出字符串时,printf()函数中输出项是字符数组名字,而不是数组元素名。下面写法是不对的。

```c
printf("%s",s[0]);
```

5.3.5　常用字符串处理函数

C语言的库函数提供了丰富的字符串处理函数,使用这些函数可大大减轻编程的负担。字符串处理函数大致可分为字符串的输入、输出、合并、修改、比较、复制、转换等。用于输入/输出的字符串函数,在使用前应包含头文件＜stdio.h＞,使用其他字符串函数则应包含头文件＜string.h＞。

下面介绍几个最常用的字符串函数。

1. 字符串输入函数 gets( )

语法格式如下:

```
gets (字符数组名)
```

功能:从标准输入设备(键盘)上输入一行字符串。

本函数得到一个函数值,即为该字符数组的首地址。

【例 5.7】　用字符串输入函数 gets()输入一行字符串。

程序代码:

```
/* ex5_7.c: 用字符串输入函数 gets()输入一行字符串并输出 */
#include <stdio.h>
#include <string.h>
int main()
{
    char str[15];
    printf("请输入字符串:\n");
    gets(str);
    printf("请输出字符串:\n");
    puts(str);
}
```

程序运行结果如图 5.10 所示。

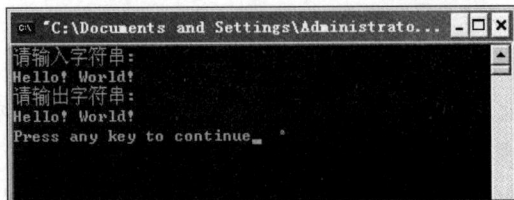

图 5.10　例 5.7 的程序运行结果

程序说明:可以看出当输入的字符串中含有空格时,输出仍全部为字符串。说明gets()函数并不以空格作为字符串输入结束的标志,而只以回车作为输入结束的标志。这是与 scanf()函数不同的地方。

2. 字符串输出函数 puts( )

语法格式如下：

puts (字符数组名)

功能：把字符数组中的字符串（以'\0'结束的）输出到显示器。

【例 5.8】　用字符串输出函数 puts( )输出一行字符串。

程序代码：

```
/* ex5_8.c:用字符串输出函数 puts()输出一行字符串 */
#include <stdio.h>
#include <string.h>
int main()
{
    char str[]="Hello!\nWorld!";
    printf("请输出字符串:\n");
    puts(str);
}
```

程序运行结果如图 5.11 所示。

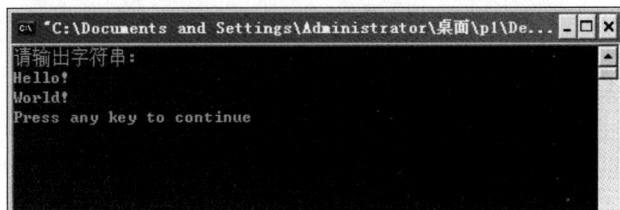

图 5.11　例 5.8 的程序运行结果

程序说明：从程序中可以看出 puts( )函数中可以使用转义字符，因此输出结果成为两行。puts( )函数完全可以由 printf( )函数取代。当需要按一定格式输出时，通常使用printf( )函数。

3. 字符串复制函数 strcpy( )

语法格式如下：

strcpy (字符数组 1, 字符数组 2)

功能：把字符数组 2 中的字符串复制到字符数组 1 中。字符串结束标志'\0'也一同复制。字符数组 2 也可以是一个字符串常量，这相当于把一个字符串赋予一个字符数组。

【例 5.9】　用字符串复制函数 strcpy( )复制并输出一行字符串。

程序代码：

```
/* ex5_9.c:用字符串复制函数 strcpy()复制并输出一行字符串 */
#include <stdio.h>
#include <string.h>
int main()
```

```
{
    char str1[15],str2[]="Hello! C!";
    strcpy(str1,str2);
    printf("请输出字符串:\n");
    puts(str1);
    printf("\n");
}
```

程序运行结果如图 5.12 所示。

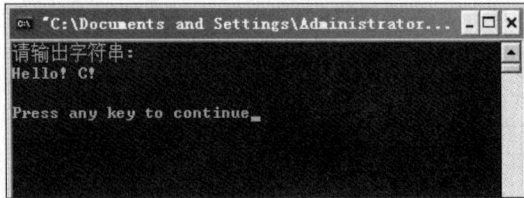

图 5.12　例 5.9 的程序运行结果

程序说明：本函数要求字符数组 1 的长度要定义得足够大，至少要大于或等于字符数组 2 的长度，否则不能容纳所复制的字符串。复制时连同字符串后面的'\0'也一起复制到字符数组 1 中。不能用赋值语句将一个字符数组或者一个字符串常量直接赋给一个字符数组，而只能用字符串复制函数 strcpy() 来处理，如"str1＝str2;"就是不合法的。

4. 字符串连接函数 strcat()

语法格式如下：

strcat (字符数组 1, 字符数组 2)

功能：把字符数组 2 中的字符串连接到字符数组 1 中字符串的后面，并删去字符串后的串结束标志'\0'. 本函数返回值是字符数组 1 的首地址。

【例 5.10】　用字符串连接函数 strcat() 连接并输出一行字符串。

程序代码：

```
/ * ex5_10.c: 用字符串连接函数 strcat()连接并输出一行字符串 * /
#include <stdio.h>
#include <string.h>
int main()
{
    static char str1[30]="My English name is ";
    int str2[10];
    printf("请输入你的英文名字:\n");
    gets(str2);
    strcat(str1,str2);
    printf("输出字符串:\n");
    puts(str1);
}
```

程序运行结果如图 5.13 所示。

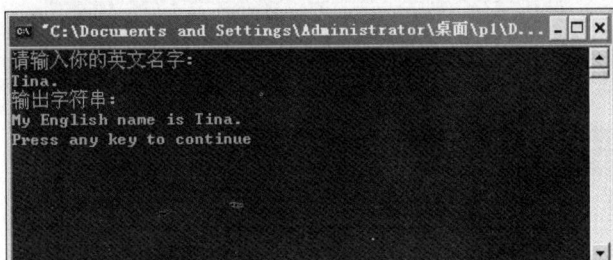

图 5.13　例 5.10 的程序运行结果

程序说明：本程序把 str1 和 str2 连接起来。要注意的是,字符数组 1 应定义足够的长度,至少要大于或等于两个字符数组的长度之和才可以,否则不能全部装入被连接的字符串。

5. 字符串比较函数 strcmp( )

语法格式如下：

```
strcmp(字符数组 1, 字符数组 2)
```

功能：按照 ASCII 码顺序比较两个数组中的字符串,并由函数返回值返回比较的结果。

字符串 1＝字符串 2,返回值为 0。

字符串 1＞字符串 2,返回值为一正整数。

字符串 1＜字符串 2,返回值为一负整数。

本函数也可用于比较两个字符串常量,或比较字符数组和字符串常量。

【例 5.11】　用字符串比较函数 strcmp()比较两个字符串,并输出比较的结果。

程序代码：

```c
/ * ex5_11.c: 用字符串比较函数 strcmp()比较两个字符串 * /
#include <stdio.h>
#include <string.h>
int main()
{
    int k;
    static char str1[]="Hello",str2[15];
    printf("请输入字符串 2:\n");
    gets(str2);
    k=strcmp(str1,str2);
    if(k==0) printf("str1=str2\n");
    if(k>0) printf("str1>str2\n");
    if(k<0) printf("str1<str2\n");
}
```

程序运行结果如图 5.14 所示。

程序说明：本程序中把输入的字符串和数组 str1 中的字符串比较,比较结果返回到 k 中,根据 k 值再输出结果提示串。程序运行时,当输入"How are you?",由 ASCII 码可知

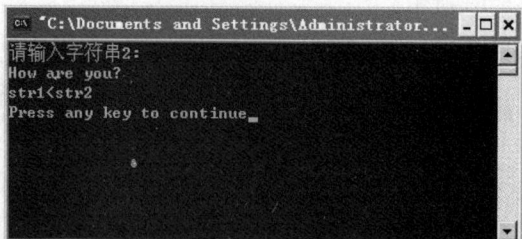

图 5.14　例 5.11 的程序运行结果

"Hello"小于"How are you?",故 k＜0,输出结果为 str1＜str2。

6. 求字符串长度函数 strlen( )

语法格式如下:

```
strlen(字符数组名)
```

功能:函数返回字符串的实际长度(不含字符串结束标志'\0')。

【**例 5.12**】　用字符串长度函数 strlen()求字符串的实际长度。

程序代码:

```c
/* ex5_12.c: 用字符串长度函数 strlen()求字符串的实际长度 */
#include <stdio.h>
#include <string.h>
int main()
{
    int k;
    static char str[]="Hello! World!";
    k=strlen(str);
    printf("字符串的实际长度是:%d\n",k);
}
```

程序运行结果如图 5.15 所示。

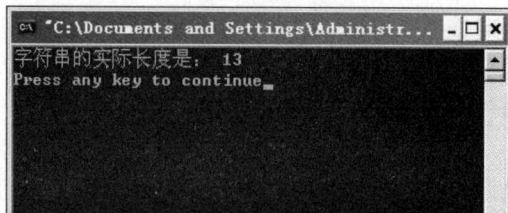

图 5.15　例 5.12 的程序运行结果

程序说明:str 数组中共 12 个字符,但在字符串中还有个空格,也算字符串的长度,所以这个字符串的长度是 13。

5.4 课 堂 案 例

5.4.1 案例 5.1：求一位学生的平均成绩问题

1. 案例描述

设有一位学生的 5 门课成绩如表 5.1 所示，求这位学生 5 科成绩的平均值。

表 5.1 学生 5 门课成绩表

姓名	课 程				
	数学	英语	语文	物理	C 语言
张三	99	80	92	71	88

2. 案例分析

(1) 功能分析。根据案例描述，要给出学生 5 门课的成绩，然后编写程序求 5 门课程的平均成绩。

(2) 数据分析。根据功能要求，需要定义一个一维数组，该数组中有 5 个元素，分别用来存放 5 门课程的成绩。为便于操作，设这个数组的类型为整型。

3. 设计思想

(1) 定义数组和 3 个变量，数组名为 score 的数组中有 5 个元素，变量 sum 是存放 5 门课的总成绩，变量 average 存放平均值，还有一个循环变量 i。

(2) 从键盘给数组元素赋值。

(3) 求 5 门课的总成绩，赋值给变量 sum。

(4) 求 5 门课的平均成绩，赋值给变量 average。

4. 程序实现

```c
/* ex5_13.c: 求一位学生 5 门课成绩的平均值 */
#include <stdio.h>
int main()
{
    int i,score[5],sum=0,average=0;
    printf("请输入一位学生的 5 门成绩:\n");
    for(i=0;i<5;i++)
        scanf("%d",&score[i]);
    for(i=0;i<5;i++)
        sum+=score[i];
    average=sum/5;
    printf("平均成绩是: %d\n",average);
}
```

5. 运行程序

程序运行结果如图 5.16 所示。

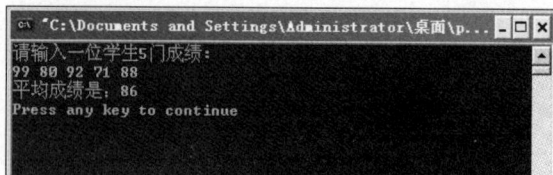

图 5.16　案例 5.1 的程序运行结果

5.4.2　案例 5.2：求多位学生多门课程的平均成绩问题

1. 案例描述

已知有 3 位学生,每位学生有 5 门课程如表 5.2 所示,编写程序求每位学生的平均成绩。

表 5.2　3 位学生 5 门课程成绩表

姓名	课　　程				
	数学	英语	语文	物理	C 语言
张三	99	80	92	71	88
李四	77	66	87	90	85
王五	85	91	88	76	100

2. 案例分析

(1) 功能分析。根据功能描述,程序实现的功能就是对 3 位学生分别求他们的平均成绩。

(2) 数据分析。本程序需要一个存储值的二维数组,用于存储 3 位学生的 5 科成绩,还有两个循环变量和一个存放 3 位学生平均成绩值的一维数组。

3. 设计思想

(1) 定义两个整型变量为 i 和 j;再定义一个二维数组 score[3][5]用于存放 3 位学生的 5 科成绩,定义一个一维数组 average[M]用于存放学生平均成绩值。

(2) 定义符号常量,M 为 3,N 为 5。

(3) 求每位学生的总成绩存放到 average[3]。

(4) 输出每位学生的平均成绩。

4. 程序实现

/* ex5_14.c:求多位学生多门课程的平均成绩问题 */

#include <stdio.h>

128

```
#define M 3
#define N 5
int main()
{
    int i,j, t,a[M][N],average[M];
    printf("请输入%d位学生的%d门课成绩：\n",M,N);
    for(i=0;i<M;i++)
        for(j=0;j<N;j++)
            scanf("%d",&a[i][j]);
    for(i=0;i<M;i++)
        average[i]=0;
    for(i=0;i<M;i++)
        for(j=0;j<N;j++)
            average[i]+=a[i][j];
    for(i=0;i<M;i++)
        average[i]=average[i]/N;
    for(i=0;i<M;i++)
        printf("%d位学生的平均成绩是：%d\n",i+1,average[i]);
}
```

5. 运行程序

程序运行结果如图 5.17 所示。

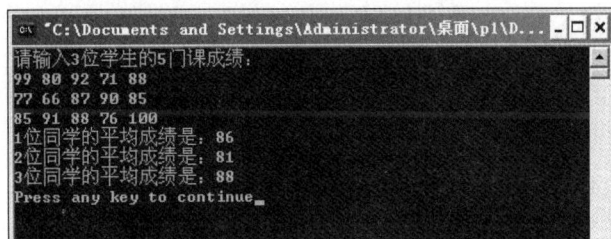

图 5.17　案例 5.2 的程序运行结果

5.4.3　案例 5.3：按字母顺序排列输出的问题

1. 案例描述

输入 3 个国家的名称,按字母顺序排列输出。

2. 案例分析

(1) 功能分析。根据功能描述,程序实现的功能就是将 3 个字符串按字母的顺序给它
排列出来。

(2) 数据分析。本程序需要一个二维字符数组来存储 3 个国家名。然而 C 语言规定可

以把一个二维数组看成多个一维数组处理，因此本题又可以按 3 个一维数组处理，而每一个一维数组存放一个国家名字符串。用字符串比较函数比较各个一维数组的大小并排序，输出结果即可。

3. 设计思想

（1）定义两个循环变量 i 和 j、一个中间变量 p、一个一维数组 a[20] 和一个二维数组 b[3][20]。

（2）通过循环输入 3 个字符串 gets(b[i])。

（3）把字符串存放到数组 a 中比较大小。

（4）输出按 ASCII 码从小到大排列的字符串。

4. 程序实现

```
/* ex5_15.c: 按字母顺序排列输出 3 个国家的名称 */
#include <stdio.h>
#include <string.h>
int main()
{
    char a[20],b[3][20];
    int i,j,p;
    printf("请输入 3 个国家的名字:\n");
    for(i=0;i<3;i++)
      gets(b[i]);
    printf("\n");
    for(i=0;i<3;i++)
    {
        p=i;
        strcpy(a,b[i]);
        for(j=i+1;j<3;j++)
            if(strcmp(b[j],a)<0)
            {
                p=j;
                strcpy(a,b[j]);
            }
            if(p!=i)
            {
                strcpy(a,b[i]);
                strcpy(b[i],b[p]);
                strcpy(b[p],a);
            }
            puts(b[i]);
    }
    printf("\n");
}
```

5. 运行程序

程序运行结果如图 5.18 所示。

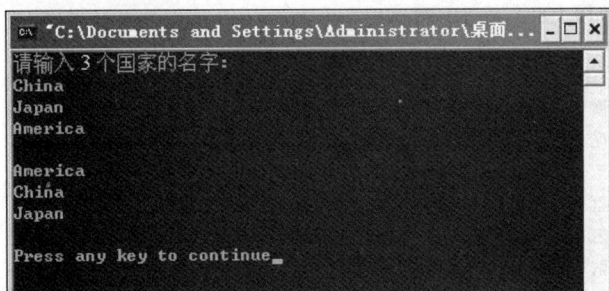

图 5.18　案例 5.3 的程序运行结果

5.5　项 目 实 训

5.5.1　实训 5.1：基本能力实训

1. 实训题目

一维数组和二维数组。

2. 实训目的

理解一维数组、二维数组的定义和使用方法,以及双重循环的使用。

项目实训

3. 实训内容

(1) 实现对多个数据的排序。排序是指将一组无序的数据按照一定的规律(如升序或者降序)重新排列。常用的两种排序基本方法是:冒泡排序法和选择排序法。

① 冒泡排序法。冒泡排序法的基本思想是“大数沉底,小数上升”,就好像水中的气泡一样,故称为冒泡排序法。用冒泡法对 8 个整数进行从小到大排序,假设对 8 个元素的整数用一维数组 a[8]存放,其排序过程如下。

(a) 两个相邻的数 a[0]和 a[1]进行比较,若 a[0]>a[1],则 a[0]和 a[1]进行交换;再比较 a[1]和 a[2],若 a[1]>a[2],则 a[1]和 a[2]进行交换。以此类推,直至最后两个数比较完为止。经过第一趟的冒泡排序,完成 $N-1$(N 为符号常量)次的比较,使得最大的数被安置在最后一个元素的位置上,还有 $N-1$ 个数没有排序。

(b) 对 $N-1$ 个数进行第 2 趟的排序,结果 $N-1$ 个数中最大的数(也就是 N 个数中次大的数)就排在了倒数第二的位置上,此时完成 $N-2$ 次的比较。

131

（c）重复上述过程，共经过 $N-1$ 趟的排序，而第 i 趟排序是经过 $N-i$ 次的比较，排序结束。

假设有 8 个整数为"56　38　97　25　12　45　66　9"。

将它们按冒泡排序，如图 5.19 所示。

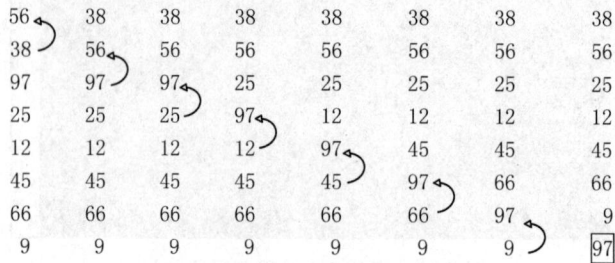

56	38	38	38	38	38	38	38
38	56	56	56	56	56	56	56
97	97	97	25	25	25	25	25
25	25	25	97	12	12	12	12
12	12	12	12	97	45	45	45
45	45	45	45	45	97	66	66
66	66	66	66	66	66	97	9
9	9	9	9	9	9	9	97

（a）第1趟排序：完成7次的比较

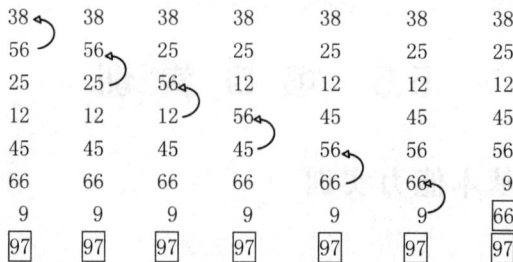

38	38	38	38	38	38	38
56	56	25	25	25	25	25
25	25	56	12	12	12	12
12	12	12	56	45	45	45
45	45	45	45	56	56	56
66	66	66	66	66	66	9
9	9	9	9	9	9	66
97	97	97	97	97	97	97

（b）第2趟排序：完成6次的比较

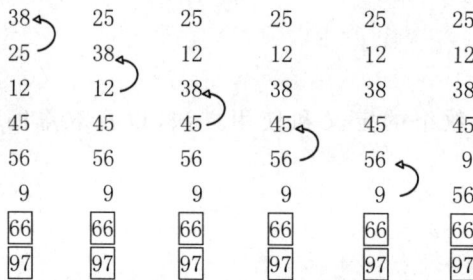

38	25	25	25	25	25
25	38	12	12	12	12
12	12	38	38	38	38
45	45	45	45	45	45
56	56	56	56	56	9
9	9	9	9	9	56
66	66	66	66	66	66
97	97	97	97	97	97

（c）第3趟排序：完成5次的比较

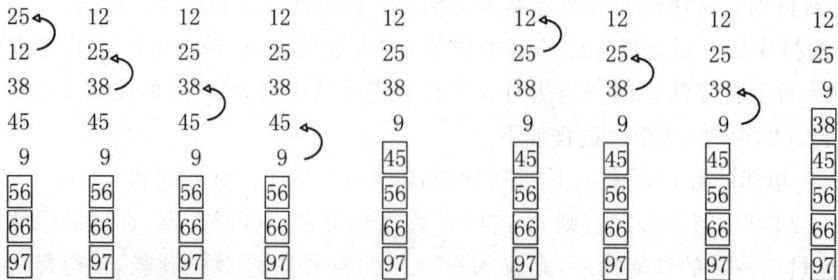

25	12	12	12	12		12	12	12	12
12	25	25	25	25		25	25	25	25
38	38	38	38	38		38	38	38	9
45	45	45	45	9		45	45	45	38
9	9	9	9	45		45	45	45	45
56	56	56	56	56		56	56	56	56
66	66	66	66	66		66	66	66	66
97	97	97	97	97		97	97	97	97

（d）第4趟排序：完成4次的比较　　　　（e）第5趟排序：完成3次的比较

图 5.19　冒泡排序法

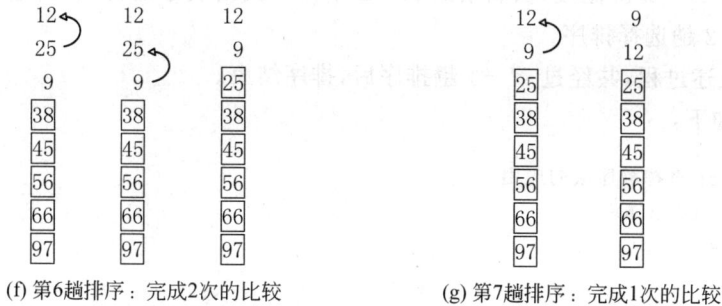

(f) 第6趟排序：完成2次的比较　　　　(g) 第7趟排序：完成1次的比较

图　5.19(续)

程序代码如下：

```c
/* ex5_16.c 冒泡排序法应用 */
#include <stdio.h>
#define N 8
int main()
{
    int a[N+1],i,j,t;
    printf("请输入 8 个数:\n");
    for(i=1;i<N+1;i++)
        scanf("%d",&a[i]);
    for(j=1;j<=N-1;j++)
        for(i=1;i<=N-j;i++)
            if(a[i]>a[i+1])
                {t=a[i]; a[i]=a[i+1];a[i+1]=t;}
    printf("排序后的数字是:\n");
    for(i=1;i<N+1;i++)
    printf("%d ",a[i]);
    printf("\n");
}
```

程序运行结果如图 5.20 所示。

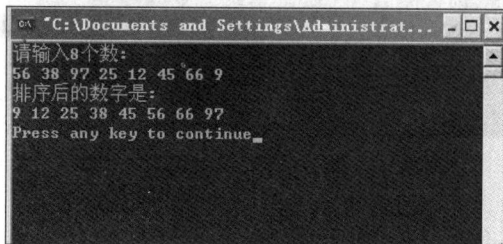

图 5.20　冒泡排序法的程序运行结果

② 选择排序法。选择排序法的基本思想是"小数先浮"。

排序过程如下。

（a）第 1 趟选择排序，首先通过 $N-1$ 次比较，从中找出最小的，将它与第 1 个数交换，结果最小的数上浮，被安置在第 1 个元素位置上。

(b) 再通过 $N-2$ 次比较,从剩余的 $N-1$ 个数中找出次小的记录,将它与第 2 个数交换,此时完成第 2 趟选择排序。

(c) 重复上述过程,共经过 $N-1$ 趟排序后,排序结束。

程序代码如下:

```c
/* ex5_17.c: 选择顺序法的应用 */
#include <stdio.h>
#define N 8
main()
{
    int a[N+1],i,j,k,x;
    printf("请输入 8 个数:\n");
    for(i=1;i<N+1;i++)
        scanf("%d",&a[i]);
    for(i=1;i<N-1;i++)
    {
        k=i;
        for(j=i+1;j<=N-1;j++)
            if(a[j]<a[k]) k=j;
        if(i!=k)
            {x=a[i]; a[i]=a[k]; a[k]=x;}
    }
    printf("排序后的数字是:\n");
    for(i=1;i<N+1;i++)
        printf("%d ",a[i]);
    printf("\n");
}
```

程序运行结果如图 5.21 所示。

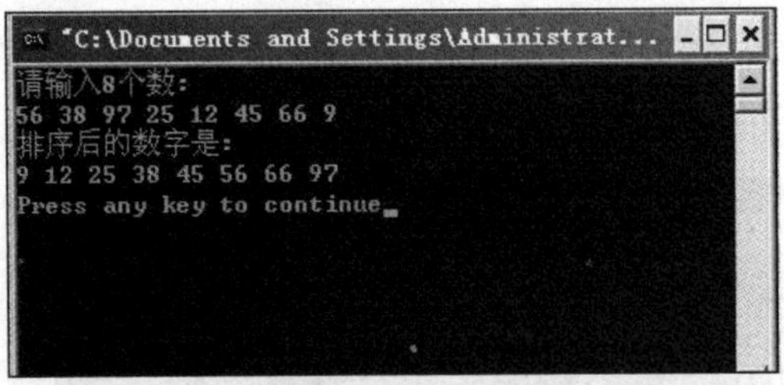

图 5.21　选择排序法的程序运行结果

(2) 打印输出杨辉三角形。

```
1
1 1
1 2 1
1 3 3 1
1 4 6 4 1
1 5 10 10 5 1
...
```

分析：这个问题的关键是要仔细分析杨辉三角形生成的特点，找出形成它的规律。不难看出数字组成的规律：除了第 1 列的元素和对角线上的元素外，每一个元素等于它上方的元素与其左方的元素之和。整个三角形的各个值可以定义一个二维数组来保存。设这个二维数组为 a[N][N]，用 i 和 j 两个变量分别表示数组元素的行数和列数，则根据杨辉三角形的特点，i 行第 1 个元素与最后一个元素的值分别为 a[i][0]＝a[i][i]＝1，中间 i 行 j 列的值为 a[i][j]＝a[i−1][j−1]＋a[i−1][j]。

程序代码如下：

```c
/* ex5_18.c: 打印输出杨辉三角形 */
#include <stdio.h>
#define N 8
int main()
{
    static int i,j,a[N][N];
    for(i=0;i<N;i++)
    {
        a[i][i]=1;
        a[i][0]=1;
    }
    for(i=2;i<N;i++)
        for(j=1;j<=i-1;j++)
            a[i][j]=a[i-1][j-1]+a[i-1][j];
    for(i=0;i<N;i++)
    {
        for(j=0;j<=i;j++)
            printf("%8d",a[i][j]);
        printf("\n");
    }
    printf("\n");
}
```

程序运行结果如图 5.22 所示。

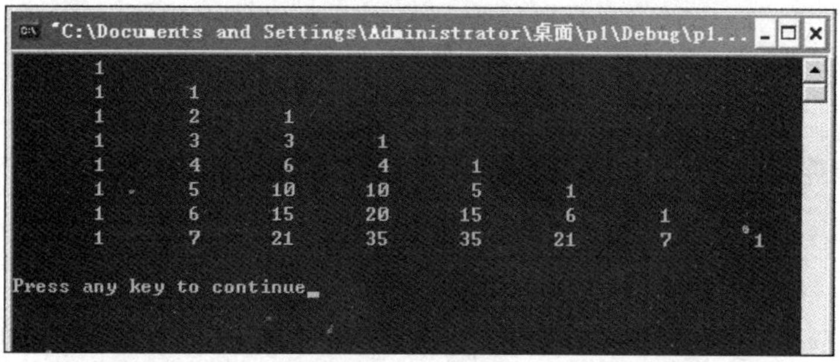

图 5.22　打印输出杨辉三角形的程序运行结果

5.5.2　实训 5.2：拓展能力实训

1. 实训题目

数组的综合应用。

2. 实训目的

通过编程学习并掌握一维数组、二维数组和字符数组的定义和使用。

3. 实训内容

（1）给定 20 个整数，编写程序完成 20 个整数从大到小的排列并输出。
程序代码如下：

```c
#include"stdio.h"
int main()
{
    int i,j,p,t;
    int a[20];
    printf("Please input 20 numbers:\n");
    for(i=0;i<20;i++)
    scanf("%d",&a[i]);
    for(i=0;i<19;i++)
    {
        p=i;
        for(j=i+1;j<20;j++)
        {
            if(a[p]>a[j])
                p=j;
        }
        if(p!=i)
        {
            t=a[p];
            a[p]=a[i];
            a[i]=t;
        } /*此步执行完以后,a[i]为最小值*/
    }
    printf("The scored numbers are as follows:\n");
    for(i=0;i<20;i++)          /*按从小到大的顺序输出 20 个数*/
        printf("%4d",a[i]);
return 0;
}
```

（2）有一个 4×5 列的矩阵，编程求出其中值最小的元素及其所在的位置（行号和列号）。

```c
#include <stdio.h>
int main()
{
    int arr[4][5];
```

```
int i, j, min, max, minRow=0, minColumn=0;
printf("输入 4 行 5 列的矩阵:\n");
for(i=0; i<4; i++)
for(j=0; j<5; j++)
scanf("%d",&arr[i][j]);
for(i=0, min=arr[0][0], max=arr[3][4]; i<4; i++)
for(j=0; j<5; j++)
{
    if(arr[i][j]<=min)
    {
        min=arr[i][j];
        minRow=i+1;
        minColumn=j+1;
    }
}
printf("最小值%d 所在行数为: %d, 最小值所在为: %d",min,minRow,minColumn);
}
```

（3）输入一行字符串，统计其中有多少个英文单词。

```
#include <stdio.h>
#include "string.h"
int main ( )
{
    char ch[]={};
    int i =0 ,count=0,word=0;
    printf("请输入一行英文字符串,统计其单词的个数: ");
    gets(ch);
    printf("你输入的字符串为: %s\n",ch);
    for (; ch[i]!='\0'; i++)
    {
        if(ch[i]==' ')
        {
            word=0 ;
        }
        else if(word==0)
        {
            word=1;
            count++;
        }
    }
    printf("%s 所含的英文单词的个数为: %d\n",ch,count);
}
```

5.6　拓展阅读　杨辉三角

　　杨辉三角是一种由一组数字和数学符号组成的三角形，它的天然对称性使其成为许多数学上的游戏、猜想及定理的潜在结构。它最初在中国南宋数学家杨辉于 1261 年所著的《详解九章算法》一书中出现，所以人们称之为杨辉三角。在欧洲，杨辉三角被称为帕斯卡三角形。帕斯卡是在 1654 年发现这一规律的，比杨辉要晚 393 年，比贾宪晚 600 年。杨辉三角是中国数学史上的一个伟大成就。

杨辉三角通常以二维列表（数组）形式表示，其中每一行由一个数字组成，数字上下、左右都是对称的。每行中，第一个数字为 1，此后每行中除第一个数字和最后一个数字都为 1 外，中间每一个数字是上一行中它左边和右边的两个数字之和，由此可以推算出每一行的全部数字。

杨辉三角的结构可以用作层次编排，这种层次编排可以在建筑、装饰艺术中应用。

本 章 小 结

数组是程序设计中最常用的数据结构。在实际应用中，需要处理的数据是复杂多样的。为了能更简洁、方便、自然地描述这些复杂的数据，C 语言提供了数组这种构造的数据类型，为设计和解决实际问题提供了有效的手段。本章主要介绍 C 语言一维数组的定义和初始化、二维数组的定义和初始化、字符数组的定义和初始化、数组元素的引用、常用字符串处理函数等内容。

（1）数组可分为数值数组（整数数组、实数数组）、字符数组，以及后面将要介绍的结构数组、指针数组等。

（2）数组类型说明由类型说明符、数组名、数组长度（数组元素个数）三部分组成。数组类型是指数组元素取值的类型。

（3）数组可以是一维的、二维的或者多维的。

（4）数组占用内存空间的大小（分配连续内存字节数）为：数组元素的个数×sizeof（元素数据类型）。

（5）对数组的赋值可以用 3 种方法实现，即数组初始化赋值、输入函数动态赋值和赋值语句赋值。对数值数组不能用赋值语句整体赋值、输入或输出，而必须用循环语句逐个对数组元素进行操作。

习 题

1. 填空题

（1）在 C 语言中，若定义一个一维数组"int c[15];"，则 c 数组元素下标的上限是_____，下限是_____。

（2）在 C 语言中，二维数组的定义方式为"类型说明符 数组名[_____][_____];"。

（3）在 C 语言中，二维数组元素在内存中的存放顺序是_____。

（4）若二维数组 a 有 n 列，则计算任一元素 a[i][j]在数组中位置的公式为_____。（假设 a[0][0]位于数组的第一个位置上。）

（5）若有定义"int a[4][5]={{6,8},{3},{5,7,0,10},{0}};"，则初始化后，a[1][2]得

到的初值是_____,a[3][1]得到的初值是_____。

（6）在 C 语言中数组名是一个_____,不能对其进行赋值。

（7）字符数组是用来存放_____的数组,字符数组中一个元素存放_____个字符。

（8）在程序中用到字符串的处理函数,应在程序的开头写入库函数_____。

（9）在 C 语言中存放字符串"B"要占用_____字节,存放字符'B'要占用_____字节。

（10）若定义一个有 20 个元素的一维整型数组,则正确地输出这 20 个数组元素的语句是_____。

2. 选择题

（1）在 C 语言中引用数组元素时,数组下标的数据类型允许是（　　）。

    A. 整型常量 　　　　　　　　　　　B. 整型常量或整型表达式

    C. 整型表达式 　　　　　　　　　　D. 任何类型的表达式

（2）若有说明"int s[15];",则对 a 数组元素的正确引用是（　　）。

    A. s[15] 　　　　B. s[3.5] 　　　　C. s(5) 　　　　D. s[15-15]

（3）以下能对一维数组 a 进行正确初始化的语句是（　　）。

    A. int b[6]=(0,0,0,0,0); 　　　　　B. int b[6]={};

    C. int b[]={0}; 　　　　　　　　　D. int b[6]={6*1};

（4）以下对二维数组 a 的正确说明是（　　）。

    A. int c[5][]; 　　　　　　　　　　B. float c(5,4);

    C. double c[1][4]; 　　　　　　　　D. float c(5)(4);

（5）以下对一维整型数组 a 的正确说明是（　　）。

    A. int a(8); 　　　　　　　　　　　B. int m=8,a[n];

    C. int m; 　　　　　　　　　　　　D. #define SIZE 8

       scanf("%d",&m); 　　　　　　　　　int a[SIZE];

       int a[m];

（6）若有说明"int c[3][5];",则对 c 数组元素的正确引用是（　　）。

    A. c[2][5] 　　　　B. c[1,3] 　　　　C. c[1+1][0] 　　　　D. c(2)(1)

（7）若有说明"int c[3][4]={0};",则下面正确的叙述是（　　）。

    A. 只有元素 c[0][0]可得到初值

    B. 此说明语句不正确

    C. 数组 c 中各元素都可得到初值,但其值不一定为 0

    D. 数组 c 中每个元素均可得到初值 0

（8）若有说明"int s[4][5];",则对 a 数组元素的非法引用是（　　）。

    A. s[0][2*1] 　　　　B. s[1][3] 　　　　C. s[4-2][0] 　　　　D. s[0][5]

（9）若二维数组 s 有 m 列,则计算任一元素 s[i][j]在数组中位置的公式为（　　）。

（假设 s[0][0]位于数组的第一个位置上。）

    A. i*m+j 　　　　B. j*m+i 　　　　C. i*m+j-1 　　　　D. i*m+j+1

(10) 以下不能对二维数组 s 进行初始化的语句是(　　)。

　　A. int s[2][3]={0};

　　B. int s[][3]={1,2,3,4,5};

　　C. int s[2][3]={{1,2},{3,4},{5,6}};

　　D. int s[][3]={{1,2},{0}};

(11) 以下不正确的定义语句是(　　)。

　　A. double x[5]={2.0,4.0,6.0,8.0,10.0};

　　B. int y[5]={0,1,3,5,7,9};

　　C. char c1[]={'1','2','3','4','5'};

　　D. char c2[]={'\x10','\xa','\x8'};

(12) 若有说明"int a[4][5];",则数组 a 中各元素(　　)。

　　A. 可在程序的运行阶段得到初值 0

　　B. 可在程序的编译阶段得到初值 0

　　C. 不能得到确定的初值

　　D. 可在程序的编译或运行阶段得到初值 0

(13) 下面是 s 的初始化,其中不正确的是(　　)。

　　A. char s[5]={"abc"}　　　　　　　　B. char s[5]={'a','b','c'};

　　C. char s[5]="";　　　　　　　　　　D. char s[5]="abcdef";

(14) 对以下说明语句的正确理解是(　　)。

```
int s[10]={6,7,8,9,10};
```

　　A. 将 5 个初值依次赋值给 s[1]~s[5]

　　B. 将 5 个初值依次赋值给 s[0]~s[4]

　　C. 将 5 个初值依次赋值给 s[6]~s[10]

　　D. 因为数组长度与初值的个数不相同,所以此语句不正确

(15) 若有说明"int s[][3]={1,2,3,4,5,6,7};",则 s 数组第一维的大小是(　　)。

　　A. 2　　　　　　B. 3　　　　　　C. 4　　　　　　D. 无确定值

(16) 以下正确的定义语句是(　　)。

　　A. int b[1][4]={1,2,3,4,5};

　　B. int s[3][]={{1},{2},{3}};

　　C. long x[2][3]={{1},{1,2},{1,2,3}};

　　D. double y[][3]={0};

(17) 定义如下变量和数组:

```
int k;
int a[3][3]={1,2,3,4,5,6,7,8,9};
```

则下面语句的输出结果是(　　)。

```
for(k=0;k<3;k++) printf("%d",a[k][2-k]);
```

　　A. 3　5　7　　　　B. 3　6　9　　　　C. 1　5　9　　　　D. 1　4　7

(18) 有两个字符数组 m、n，则如下正确的输入语句是(　　　)。

  A. gets(m,n)   B. scanf("％s％s",m,n);

  C. scanf("％s％s",&m,&n); D. gets("m"),gets("n");

(19) 有下面的程序段：

```
char b[3],c[]="China";
b=c;
printf("%s",b);
```

则运行后(　　　)。

  A. 将输出 China   B. 将输出 Ch

  C. 将输出 Chi   D. 出现编译错误

(20) 判断字符中 a 和 b 是否相等，应当使用(　　　)。

  A. if(a==b)   B. if(a=b)

  C. if(strcpy(a,b))   D. if(strcmp(a,b))

(21) 下述对 C 语言字符数组的描述中错误的是(　　　)。

  A. 字符数组可以存放字符串

  B. 字符数组的字符串可以整体输入、输出

  C. 可以在赋值语句中通过赋值运算符"="对字符数组整体赋值

  D. 不可以用关系运算符对字符数组中的字符进行比较

(22) 下面程序(每行程序前面的数字表示行号)(　　　)。

```
1  main()
2  {
3    int a[5]={5*0};
4    int i;
5    for(i=0;i<5;i++) scanf("%d",&a[i]);
6    for(i=1;i<5;i++) a[0]=a[0]+a[i];
7    printf("%d\n",a[0]);
8  }
```

  A. 第 3 行有错误   B. 第 7 行有错误

  C. 第 5 行有错误   D. 没有错误

(23) 下面程序中有错误的行是(　　　)(每行程序前面的数字表示行号)。

```
1  main()
2  {
3    int a[3]={1};
4    int i;
5    scanf("%d",&a);
6    for(i=1;i<3;i++) a[0]=a[0]+a[i];
7    printf("a[0]=%d\n",a[0]);
8  }
```

  A. 3   B. 6   C. 7   D. 5

（24）下面程序段的运行结果是（　　　）。

```
char str[5]={'a','b','\0','c','\0'};
printf("%s",str);
```

    A. 'a' 'b'　　　　　　　　　　　　　　B. ab

    C. ab　c　　　　　　　　　　　　　　D. abc

（25）若有说明"int a[][4]={0,0};"，则下面不正确的叙述是（　　　）。

    A. 数组 a 的每个元素都可得到初值 0

    B. 二维数组 a 的第一维大小为 1

    C. 因为二维数组 a 中第二维大小的值除以初值个数的商为 1，故数组 a 的行数为 1

    D. 只有元素 a[0][0]和 a[0][1]可得到初值 0，其余元素均得不到初值 0

3. 分析题

分析下面程序的运行结果。

程序 1：

```c
#include <stdio.h>
int main()
{
    int s[6][6],i,j;
    for(i=1;i<6;i++)
        for(j=1;j<6;j++)
            s[i][j]=(i/j) * (j/i);
    for(i=1;i<6;i++)
    {
        for(j=1;j<6;j++)
            printf("%4d",s[i][j]);
        printf("\n");
    }
}
```

程序 2：

```c
#include <stdio.h>
#include <string>
int main()
{
    char b[80]="AB", c[80]="LMNP";
    int i=0;
    strcat(b, c);
    while (b[i++] !='\0')
        c[i]=b[i];
    puts(c);
}
```

程序 3：

```c
#include <stdio.h>
int main()
{
    char str[]="SSSWLIA", c;
    int k;
    for (k=2; (c=str[k]) !='\0'; k++)
    {
        switch (c)
        {
            case 'I':++k; break;
            case 'L':continue;
            default:putchar(c); continue;
        }
    }
}
```

程序 4：

```c
#include <stdio.h>
int main()
{
    int a[2][3]={{1,2,3},{4,5,6}};
    int b[3][2], i, j;
    printf("Array a : \n");
    for (i=0; i <=1; i++)
    {
        for (j=0; j <=2; j++)
        {
            printf(" %5d", a[i][j]);
            b[j][i]=a[i][j];
        }
    }
        printf("\n");
        printf("Array b : \n");
    for (i=0; i<=2; i++)
    {
        for (j=0; j<=1; j++)
            printf("%5d", b[i][j]);
        printf("\n");
    }
}
```

程序 5：

```c
#include <stdio.h>
int main()
{
    int a[5][5], i, j, n=1;
    for (i=0; i<5; i++)
        for (j=0; j<5; j++)
```

```
        a[i][j]=n++;
    printf("The result is : \n");
    for (i=0; i<5; i++)
    {
        for (j=0; j <=i; j++)
            printf(" %4d", a[i][j]);
        printf("\n");
    }
}
```

4. 编程题

（1）用冒泡排序法对 20 个整数从大到小排序。

（2）求二维数组中最大、最小值及其行列号。

（3）编程序求一个矩阵中的马鞍点。例如以下矩阵，第 1 行第 2 列中的 30，是它所在的行中最小的数，同时又是它所在的列中最大的数，这样的数就是马鞍点。

$$\begin{pmatrix} 32 & 30 & 49 & 56 \\ 15 & 7 & 31 & 9 \\ 2 & 8 & 24 & 17 \\ 37 & 19 & 98 & 35 \end{pmatrix}$$

（4）编写程序实现从键盘输入一行字符串，然后逆序输出。例如，输入字符串"abcd"，输出应为"dcba"。

（5）从键盘输入 3 个字符串，找出最大的那个字符串并把它输出。

（6）编写程序求某班 20 位学生 3 门课（语文、数学、英语）的总成绩，并按照总成绩从大到小排序。

第6章 函 数

【内容概述】

通过前面的学习,我们已经了解了 C 语言程序是由函数组成的。虽然在前面各章的程序中大都只有一个主函数 main(),但实用程序往往由多个函数组成。如果程序的功能比较多,规模比较大,把所有的程序代码都写在一个主函数 main()中,就会使主函数变得复杂,让人理不清头绪。函数是 C 语言程序的基本模块,通过对函数模块的调用可以实现特定的功能。函数名就是给该功能起一个名字。C 语言不仅提供了极为丰富的库函数(如 Turbo C、Misc C 都提供了 300 多个库函数),还允许用户建立自己定义的函数。用户可把自己的算法编成一个个相对独立的函数模块,然后用调用的方法来使用函数。可以说 C 语言程序的全部工作都是由各式各样的函数完成的,所以也把 C 语言称为函数式语言。

由于采用了函数模块式的结构,C 语言易于实现结构化程序设计,使程序的层次结构清晰,便于程序的编写、阅读、调试。

【学习目标】

通过本章的学习,要求掌握函数的定义及调用,以及函数的嵌套调用及递归调用;掌握数组作为函数参数的使用;理解局部变量和全局变量;掌握变量的存储方式。

6.1 函数的分类

一个较大的程序一般应分为若干个程序模块,一个程序模块可以实现一个特定的功能。所有的高级语言中都有子程序这个概念,用子程序实现模块的功能。在 C 语言中,子程序的作用是由函数完成的。一个 C 语言程序可由一个主函数和若干个函数构成。由主函数调用其他函数,其他函数也可以互相调用。在 C 语言中可从不同的角度对函数分类。

1. 从函数定义的角度

从函数定义的角度,函数可分为库函数和用户定义函数两种。

(1) 库函数:由 C 语言系统提供,用户无须定义,也不必在程序中作类型说明,只需在程序前包含该函数原型的头文件,即可在程序中直接调用。前面各章的例题反复用到的 printf()、scanf()、getchar()、putchar()、gets()、puts()、strcat()等函数均属此类。

库函数

(2) 用户定义函数:由用户按需要写的函数。对于用户自定义函数,不仅要在程序中定义函数本身,而且在主调函数模块中还必须对该被调函数进行类型说明,然后才能使用。

2. 从函数的功能角度

C 语言的函数兼有其他语言中的函数和过程两种功能。相应地,函数可分为有返回值函数和无返回值函数两种。

(1) 有返回值函数:此类函数被调用执行完后将向调用者返回一个执行结果,称为函数返回值,如数学函数即属于此类函数。由用户定义的这种要返回函数值的函数,必须在函数定义和函数说明中明确返回值的类型。

(2) 无返回值函数:此类函数用于完成某项特定的处理任务,执行完成后不向调用者返回函数值。这类函数类似于其他语言的过程。由于函数无须返回值,用户在定义此类函数时可指定它的返回值为"空类型",空类型的说明符为 void。

3. 从数据传送的角度

从主调函数和被调函数之间数据传送的角度,可将函数分为无参函数和有参函数两种。

(1) 无参函数:函数定义、函数说明及函数调用中均不带参数,主调函数和被调函数之间不进行参数传送。此类函数通常用来完成一组指定的功能,可以返回或不返回函数值。

(2) 有参函数:也称为带参函数。在函数定义及函数说明时都有参数,称为形式参数(简称为形参)。在函数调用时也必须给出参数,称为实际参数(简称为实参)。进行函数调用时,主调函数将把实参的值传送给形参,供被调函数使用。

库函数只提供了最基本、最通用的一些函数,而不可能包括人们在实际应用中所用到的所有函数。程序设计人员需要在程序中自己定义想用的而库函数并没有提供的函数。

还应该指出的是,在 C 语言中,所有的函数定义,包括主函数 main() 在内,都是平行的。也就是说,在一个函数的函数体内,不能再定义另一个函数,即不能嵌套定义。一个 C 语言程序必须有且只有一个主函数 main()。

6.2 函数定义的一般形式

1. 无参函数的定义

```
类型名 函数名()
{   声明部分
    语句
}
```

函数定义

定义函数时要用类型名指定函数值的类型,其中类型名和函数名称为函数头。该类型名与前面介绍的各种数据类型相同。函数名是由用户定义的标识符,函数名后有一个空括号,无参数,但括号不可少。{}中的内容称为函数体。在函数体中,声明部分是对函数体内部所用到的变量的类型说明。

在很多情况下都不要求无参函数有返回值,此时函数类型符可以写为 void。

我们可以改写一个函数定义:

```
void Hello()
{
    printf ("Hello world \n");
}
```

Hello()函数是一个无参函数,当被其他函数调用时,输出 Hello world 字符串。

2. 有参函数的定义

```
类型名 函数名(形参表列)
{   声明部分
    语句
}
```

有参函数比无参函数多了一个内容,即形参表列。在形参表列中给出的参数称为形参,它们可以是各种类型的变量,各参数之间用逗号间隔。在进行函数调用时,主调函数将赋予这些形参实际的值。形参既然是变量,必须在形参表列中给出形参的类型说明。

例如,定义一个函数,用于求两个数中的大数,可写为

```
int max(int a, int b)
{
    if (a>b) return a;
    else return b;
}
```

第 1 行说明 max()函数是一个整型函数,其返回的函数值是一个整数。形参 a、b 均为整型量。a、b 的具体值是由主调函数在调用时传送过来的。在{}中的函数体内,除形参外没有使用其他变量,因此只有语句而没有声明部分。在 max()函数体中的 return 语句是把 a(或 b)的值作为函数的值返回给主调函数。有返回值函数中至少应有一个 return 语句。

在 C 语言程序中,一个函数的定义可以放在任意位置,既可放在主函数 main()之前,也可放在主函数 main()之后。

【例 6.1】 输出两数中的最大者。

程序代码:

```
#include <stdio.h>
int max(int a,int b)
{
    if(a>b) return a;
    else return b;
}
int main()
{
    int max(int a,int b);
    int x,y,z;
    printf("Input two numbers:\n");
    scanf("%d%d",&x,&y);
    z=max(x,y);
    printf("maxmum=%d",z);
}
```

程序运行结果:

```
Input two numbers:
5 9
9
```

程序说明:程序的第 2~6 行为 max()函数的定义。进入主函数后,因为准备调用 max()函数,故先对 max()函数进行说明(程序第 9 行)。函数定义和函数说明不是一回事。可以看出,函数说明与函数定义中的函数头部分相同,但是末尾要加分号。程序第 13 行调用 max()函数,并把 x、y 中的值传送给 max()函数的形参 a、b。max()函数执行的结果 (a 或 b)将返回给变量 z,最后由主函数输出 z 的值。

6.3 函数的参数和函数的值

6.3.1 形式参数和实际参数

前面已经介绍过,函数的参数分为形式参数和实际参数两种,简称形参和实参。本小节将进一步介绍形参、实参的特点和两者的关系。形参出现在函数定义中,在整个函数体内都可以使用,离开该函数则不能使用。实参出现在主调函数中,进入被调函数后,实参变量也不能使用。形参和实参的功能是作数据传送。发生函数调用时,主调函数把实参的值传送给被调函数的形参,从而实现主调函数向被调函数的数据传送。

函数的形参和实参具有以下特点。

(1)形参变量只有在被调用时才分配内存单元,在调用结束时,即刻释放所分配的内存单元。因此,形参只有在函数内部有效。函数调用结束返回主调函数后则不能再使用该形参变量。

(2)实参可以是常量、变量、表达式、函数等,无论实参是何种类型的量,在进行函数调用时,它们都必须具有确定的值,以便把这些值传送给形参。因此,应预先用赋值、输入等办法使实参获得确定值。

(3)实参和形参在数量上、类型上、顺序上应严格一致,否则会发生类型不匹配的错误。

(4)函数调用中发生的数据传送是单向的。即只能把实参的值传送给形参,而不能把形参的值反向地传送给实参。因此,在函数调用过程中,形参的值发生改变,而实参中的值不会变化。

【例 6.2】 求 $1+2+3+\cdots+n$ 的值(n 为整数,从键盘输入)。

程序代码:

```
#include <stdio.h>
void (int s);
int main()
{
    int n;
    printf("Input number\n");
    scanf("%d",&n);
```

```
    s(n);
    printf("n=%d\n",n);
}
void s(int n)
{
    int i;
    for(i=n-1;i>=1;i--)
        n=n+i;
    printf("n=%d\n",n);
}
```

程序运行结果：

```
Input number
100
```

输出结果：

```
n=5050
n=100
```

程序说明：本程序中定义了一个 s() 函数，该函数的功能是求 $\sum n_i$ 的值。在主函数中输入 n 值，并作为实参，在调用时传送给 s() 函数中的形参 n。在主函数中用 printf() 函数输出一次 n 值，这个 n 值是实参 n 的值。在 s() 函数中也用 printf 语句输出了一次 n 值，这个 n 值是形参最后取得的 n 值。从运行情况看，输入 n 值为 100，即实参 n 的值为 100。把此值传给 s() 函数时，形参 n 的初值也为 100，在执行函数过程中，形参 n 的值变为 5050。返回主函数之后，输出实参 n 的值仍为 100。可见实参的值不随形参的变化而变化。

注意：本例的形参变量和实参变量的标识符都为 n，但这是两个不同的量，各自的作用域不同。

6.3.2　函数的返回值

函数的值是指函数被调用之后，执行函数体中的程序段后返回给主调函数的值。如调用正弦函数取得正弦值，调用例 6.1 的 max() 函数取得的最大数等。函数值（或称函数返回值）的说明如下。

1. 通过 return 语句返回函数的值

return 语句的一般形式如下：

return 表达式;

或者

return (表达式);

该语句的功能是计算表达式的值，并返回给主调函数。在函数中允许有多个 return 语句，但每次调用只能有一个 return 语句被执行，因此只能返回一个函数值。

2. 函数值的类型

(1) 函数值的类型和函数定义中函数的类型应保持一致。如果两者不一致,则以函数类型为准,自动进行类型转换。

(2) 如函数值为整型,在函数定义时可以省去类型说明。

(3) 不返回函数值的函数,可以明确定义为"空类型",类型说明符为 void。如例 6.2 中 s()函数并不向主函数返回函数值,因此可定义如下:

```
void s(int n)
{
    n;
}
```

一旦函数被定义为空类型,就不能在主调函数中使用被调函数的函数值。例如,在定义 s()函数为空类型后,在主函数中写下述语句

```
sum=s(n);
```

是错误的。

为了使程序有良好的可读性并减少出错,只要不要求返回值的函数都应该定义为空类型。

6.4 函数的调用

6.4.1 函数调用的一般形式

前面已经说过,在程序中是通过对函数的调用来执行函数体,其过程与其他语言的子程序调用相似。

C 语言中,函数调用的一般形式如下:

函数名(实参表)

对无参函数调用时则无参表。实参表中的参数可以是常数、变量或其他构造类型数据及表达式。各实参之间用英文逗号分隔。

函数调用

6.4.2 函数调用的方式

在 C 语言中,可以用以下几种方式调用函数。

1. 函数表达式

函数作为表达式中的一项出现在表达式中,以函数返回值参与表达式的运算。这种方式要求函数有返回值。例如:

```
z=max(x,y);
```

这是一个赋值表达式,把 max()函数的返回值赋予变量 z。

2. 函数语句

函数调用的一般形式加上分号即构成函数语句。例如:

```
printf ("%d",a);
scanf ("%d",&b);
```

这都是以函数语句的方式调用函数。

3. 函数实参

函数作为另一个函数调用的实参出现。这种情况是把该函数的返回值作为实参传送,因此要求该函数必须是有返回值的。例如:

```
printf("%d",max(x,y));
```

这是把 max()函数调用的返回值作为 printf()函数的实参来使用。在函数调用中还应该注意求值顺序的问题。求值顺序是指对实参表中各量是自左至右使用,还是自右至左使用,对此,各系统的规定不一定相同。介绍 printf()函数时已提到过,这里从函数调用的角度再强调一下。

【例 6.3】　printf()函数参数求值顺序示例。

程序代码:

```
#include <stdio.h>
int main()
{
    int i=8;
    printf("%d\n%d\n%d\n%d\n",++i,--i,i++,i--);
}
```

如果按照从右至左的顺序求值,则程序运行结果应为

8
7
7
8

如果对 printf 语句中的++i、--i、i++、i--从左至右求值,则程序运行结果为

9
8
8
9

程序说明:应特别注意的是,无论是从左至右求值,还是自右至左求值,其输出顺序都是不变的,即输出顺序总是和实参表中实参的顺序相同。由于 Visual C++ 2019 限定是自右至左求值,所以结果为 8、7、7、8。

6.4.3　被调用函数的声明和函数原型

在主调函数中调用某函数之前应对该被调函数进行说明(声明),这与使用变量之前要先进行变量说明是一样的。在主调函数中对被调函数作说明的目的是使编译系统知道被调函数返回值的类型,以便在主调函数中按此种类型对返回值作相应的处理。

其一般形式如下:

类型说明符 被调函数名(类型 形参,类型 形参...);

或为

类型说明符 被调函数名(类型,类型...);

括号内给出了形参的类型和形参名,或只给出形参类型,这便于编译系统进行检错,以防止可能出现的错误。

例 6.1 中 main()函数中对 max()函数的说明如下:

```
int max(int a,int b);
```

或写为

```
int max(int,int);
```

C 语言规定在以下几种情况时可以省略主调函数中对被调函数的函数说明。

(1) 如果被调函数的返回值是整型或字符型,可以不对被调函数作说明,而直接调用。这时系统将自动对被调函数返回值按整型处理。例 6.2 的主函数中未对 s()函数作说明而直接调用,即属此种情形。

(2) 当被调函数的函数定义出现在主调函数之前时,在主调函数中也可以不对被调函数再作说明而直接调用。例如例 6.1 中,max()函数的定义放在 main()函数之前,因此可在main()函数中省去对 max()函数的说明 int max(int a,int b)。

(3) 在所有函数定义之前,如在函数外预先说明了各个函数的类型,则在以后的各主调函数中可不再对被调函数作说明。

对库函数的调用不需要再作说明,但必须把该函数的头文件用 include 命令包含在源文件前部。

6.5　函数的嵌套调用

C 语言不允许作嵌套的函数定义,因此各函数之间是平行的,不存在上一级函数和下一级函数的问题。但是 C 语言允许在一个函数的定义中出现对另一个函数的调用,这样就出现了函数的嵌套调用。即在被调函数中又调用其他函数。这与其他语言的子程序嵌套的情形类似。其关系表示如图 6.1 所示。

图 6.1 表示了两层嵌套的情形。其执行过程是：执行 main() 函数中调用 a() 函数的语句时，即转去执行 a() 函数；在 a() 函数中调用 b() 函数时，又转去执行 b() 函数；b() 函数执行完毕返回 a() 函数的断点继续执行；a() 函数执行完毕返回 main() 函数的断点继续执行。

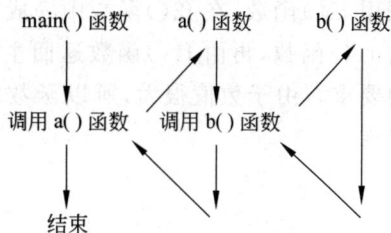

图 6.1 函数的嵌套调用关系

【例 6.4】 计算 $s = 2^2! + 3^2!$。

程序算法：本题可编写两个函数，一个是用来计算平方值的 f1() 函数，另一个是用来计算阶乘值的 f2() 函数。主函数先调用 f1() 函数计算出平方值；再在 f1() 函数中以平方值为实参，调用 f2() 函数计算其阶乘值；然后返回 f1() 函数；最后返回主函数，在循环程序中计算累加和。

程序代码：

```c
#include <stdio.h>
long f1(int p)
{
    int k;
    long r;
    long f2(int);
    k=p*p;
    r=f2(k);
    return r;
}
long f2(int q)
{
    long c=1;
    int i;
    for(i=1;i<=q;i++)
        c=c*i;
    return c;
}
int main()
{
    int i;
    long s=0;
    for (i=2;i<=3;i++)
        s=s+f1(i);
    printf("\ns=%ld\n",s);
}
```

程序运行结果：

362904

程序说明：在程序中，f1() 函数和 f2() 函数均为长整型，都在主函数之前定义，故不必在主函数中对 f1() 函数和 f2() 函数加以说明。在主程序中，执行循环程序依次把 i 值作为实参调用 f1() 函数求 i^2 值。在 f1() 函数中又调用 f2() 函数，这时是把 i^2 的值作为实参去调用 f2() 函数,在 f2() 函数中完成求 $i^2!$ 的计算。f2() 函数执行完毕把 c 值(即 $i^2!$)返回给 f1() 函数,再由 f1() 函数返回主函数实现累加。至此,由函数的嵌套调用实现了题目的要求。由于数值很大,所以函数和一些变量的类型都说明为长整型,否则会造成计算错误。

6.6　函数的递归调用

一个函数在它的函数体内调用它自身称为递归调用,这种函数称为递归函数。C 语言允许函数的递归调用。在递归调用中,主调函数又是被调函数。执行递归函数将反复调用其自身,每调用一次就进入新的一层。例如,f() 函数如下:

```
int f(int x)
{
    int y;
    z=f(y);
    return z;
}
```

函数与递归

这个函数是一个递归函数,但是运行该函数将无休止地调用其自身,这当然是不正确的。为了防止递归调用无休止地进行,必须在函数内有终止递归调用的手段。常用的办法是加条件判断,满足某种条件后就不再作递归调用,然后逐层返回。下面举例说明递归调用的执行过程。

【例 6.5】　用递归法计算 $n!$。

程序算法:用递归法计算 $n!$ 可用下述公式表示。

$$\begin{cases} n!=1 & (n=0,1) \\ n\times(n-1)! & (n>1) \end{cases}$$

程序代码:

```
#include <stdio.h>
long ff(int n)
{
    long f;
    if(n<0) printf("n<0,Input error.");
    else if(n==0||n==1) f=1;
    else f=ff(n-1) * n;
    return(f);
}
int main()
{
    int n;
    long y;
    printf("\nInput a integer number:\n");
    scanf("%d",&n);
    y=ff(n);
```

154

```
        printf("%d!=%ld",n,y);
}
```

程序运行结果：

```
Input a integer number:
5
```

输出结果：

```
5!=120
```

程序说明：程序中给出的 ff() 函数是一个递归函数。主函数调用 ff() 函数后即进入该函数中执行,如果 n≤1,则结束函数的执行,否则就递归调用 ff() 函数自身。由于每次递归调用的实参为 n−1,即把 n−1 的值赋予形参 n;最后当 n−1 的值为 1 时再作递归调用,形参 n 的值也为 1,将使递归终止,然后可逐层退回。

下面再举例说明该过程。设执行本程序时输入 5,即求 5!。在主函数中的调用语句即为 y=ff(5),进入 ff() 函数后,由于 n 等于 5,而不等于 0 或 1,故应执行语句 f=ff(n−1)*n,即 f=ff(5−1)*5。该语句对 ff() 函数作递归调用,即 ff(4)。

进行 4 次递归调用后,ff() 函数形参取得的值变为 1,故不再继续递归调用而开始逐层返回主调函数。ff(1) 的返回值为 1,ff(2) 的返回值为 1×2=2,ff(3) 的返回值为 2×3=6,ff(4) 的返回值为 6×4=24,最后 ff(5) 的返回值为 24×5=120。

例 6.5 也可以不用递归的方法来完成。比如可以用递推法,即从 1 开始乘以 2,再乘以 3……直到 n。递推法比递归法更容易理解和实现。但是有些问题则只能用递归算法才能实现,典型的问题是汉诺(Hanoi)塔问题。

【例 6.6】　Hanoi 塔问题。

一块板上有 3 根针为 A、B、C。A 针上套有 64 个大小不等的圆盘,大的在下,小的在上。要把这 64 个圆盘从 A 针移动到 C 针上,每次只能移动一个圆盘,移动可以借助 B 针进行。但在任何时候,任何针上的圆盘都必须保持大盘在下,小盘在上。求移动的步骤。

程序算法如下。

设 A 上有 n 个盘子。如果 $n=1$,则将圆盘从 A 直接移动到 C。如果 $n=2$,则:

(1) 将 A 上的 $n−1$(等于 1)个圆盘移到 B 上。

(2) 将 A 上的一个圆盘移到 C 上。

(3) 将 B 上的 $n−1$(等于 1)个圆盘移到 C 上。

如果 $n=3$,则:

(1) 将 A 上的 $n−1$(等于 2,令其为 n')个圆盘移到 B 上(借助于 C),步骤如下。

① 将 A 上的 $n'−1$(等于 1)个圆盘移到 C 上。

② 将 A 上的一个圆盘移到 B 上。

③ 将 C 上的 $n'−1$(等于 1)个圆盘移到 B 上。

(2) 将 A 上的一个圆盘移到 C 上。

(3) 将 B 上的 $n−1$(等于 2,令其为 n')个圆盘移到 C 上(借助 A),步骤如下。

① 将 B 上的 $n'−1$(等于 1)个圆盘移到 A 上。

② 将 B 上的一个圆盘移到 C 上。

③ 将 A 上的 $n'-1$(等于 1)个圆盘移到 C 上。

到此,完成了 3 个圆盘的移动过程。

从上面分析可以看出,当 $n \geqslant 2$ 时,移动的过程可分解为以下 3 个步骤。

第 1 步,把 A 上的 $n-1$ 个圆盘移到 B 上。

第 2 步,把 A 上的一个圆盘移到 C 上。

第 3 步,把 B 上的 $n-1$ 个圆盘移到 C 上。

其中第 1 步和第 3 步是类同的。

当 $n=3$ 时,第 1 步和第 3 步又分解为类同的 3 步,即把 $n'-1$ 个圆盘从一个针移到另一个针上,这里的 $n'=n-1$。显然这是一个递归过程。

程序代码:

```c
#include <stdio.h>
void move(int n,int x,int y,int z)
{
    if(n==1)
      printf("%c-->%c\n",x,z);
    else
      {
      move(n-1,x,z,y);
      printf("%c-->%c\n",x,z);
      move(n-1,y,x,z);
      }
}
int main()
{
    int h;
    printf("\nInput number:\n");
    scanf("%d",&h);
    printf("The step to moving %2d diskes:\n",h);
    move(h,'a','b','c');
}
```

程序运行结果:

```
Input number:
4
```

输出结果:

```
the step to moving %2d diskes:
a-->b
a-->c
b-->c
a-->b
c-->a
c-->b
```

```
a-->b
a-->c
b-->c
b-->a
c-->a
b-->c
a-->b
a-->c
b-->c
```

6.7　数组作为函数参数

数组可以作为函数的参数使用并进行数据传送。数组用作函数参数有两种形式：一种是把数组元素（下标变量）作为实参使用；另一种是把数组名作为函数的形参和实参使用。

1. 数组元素作函数实参

数组元素就是下标变量，它与普通变量并无区别。因此，它作为函数实参使用与普通变量是完全相同的，在发生函数调用时，把作为实参的数组元素的值传送给形参，实现单向的值传送。

【例 6.7】　判别一个整数数组中各元素的值，若大于 0，则输出该值；若小于或等于 0，则输出 0 值。

程序代码：

```
#include <stdio.h>
int nzp(int v)
{
    if (v>0)
        return v;
    else
        return 0;
}
int main()
{
    int a[5], i;
    printf("Input 5 numbers\n");
    for (i=0; i<5; i++)
    {
        scanf("%d", &a[i]);
        printf("%d\n", nzp(a[i]));
    }
}
```

程序运行结果（输入任意 5 个整数，输入的同时会输出）如表 6.1 所示。

表 6.1　输入与输出的对应关系

输入	输出	输入	输出
1	1	9	9
2	2	−10	0
−6	0		

程序说明：本程序中首先定义一个无返回值函数 nzp()，并说明其形参 v 为整型变量。在函数体中 v 值输出相应的结果。在 main() 函数中用一个 for 语句输入数组各元素，每输入一个元素，就以其作为实参并调用一次 nzp() 函数，即把 a[i] 的值传送给形参 v，供 nzp() 函数使用，同时输出对应的数值（输入的值有可能为 0）。

2. 数组名作为函数参数

用数组名作函数参数与用数组元素作实参有两点不同。

（1）用数组元素作实参时，只要数组类型和函数的形参变量的类型一致，那么作为下标变量的数组元素的类型也和函数形参变量的类型是一致的。因此，并不要求函数的形参也是下标变量。换句话说，对数组元素的处理是按普通变量对待。用数组名作函数参数时，则要求形参和相对应的实参都必须是类型相同的数组，且有明确的数组说明。当形参和实参二者不一致时，会发生错误。

（2）在普通变量或下标变量作函数参数时，形参变量和实参变量是由编译系统分配的两个不同的内存单元。在函数调用时发生的值传递是将实参变量的值赋给形参变量。在用数组名作函数参数时，不是进行值的传递，即不是把实参数组的每一个元素的值都赋给形参数组的各个元素。因为实际上形参数组并不存在，编译系统不为形参数组分配内存。那么，数据的传递是如何实现的呢？前面我们曾介绍过，数组名就是数组的首地址，因此在数组名作函数参数时所进行的传递只是地址的传递，也就是把实参数组的首地址赋给形参数组名。形参数组名取得该首地址之后，也就有了实际的数组。形参数组和实参数组为同一数组，共同拥有一段内存空间，如图 6.2 所示。

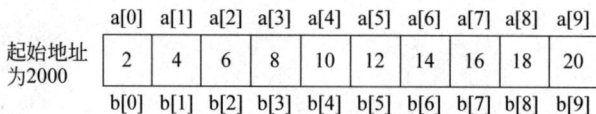
图 6.2　数组名作为函数参数

图 6.2 中设 a 为实参数组，类型为整型，且 a 占有以 2000 为首地址的一块内存区；b 为形参数组名。当发生函数调用时，进行地址传递，把实参数组 a 的首地址传递给形参数组名 b，于是 b 也取得该地址 2000。a、b 两数组共同占有以 2000 为首地址的一段连续内存单元。图 6.2 中 a 和 b 拥有下标相同的元素，实际上也占相同的两个内存单元（整型数组每个元素占 2 字节）。例如，a[0] 和 b[0] 都占用 2000 和 2001 单元，因此 a[0] 等于 b[0]。类推则有 a[i] 等于 b[i]。

【例 6.8】　数组 a 中存放了一个学生 5 门课程的成绩，求平均成绩。
程序代码：

```
#include <stdio.h>
float aver(float a[5])
{
    int i;
    float av,s=a[0];
    for(i=1;i<5;i++)
      s=s+a[i];
    av=s/5;
    return av;
}
int main()
{
    float sco[5],av;
    int i;
    printf("\nInput 5 scores:\n");
    for(i=0;i<5;i++)
      scanf("%f",&sco[i]);
    av=aver(sco);
    printf("Aerage score is %5.2f",av);
}
```

程序运行结果：

```
Input 5 scores::
80 90 70 88 85
```

输出结果：

```
Average score is 82.6
```

程序说明：本程序首先定义了一个实型函数 aver()，有一个形参为实型数组 a，长度为
5。在 aver() 函数中，把各元素值相加求出平均值，返回给主函数。主函数 main() 中首先完
成数组 sco 的输入，然后以 sco 作为实参调用 aver() 函数，函数返回值赋给 av，最后输出 av
值。从运行情况可以看出，程序实现了所要求的功能。

【例 6.9】 题目同例 6.7，改用数组名作函数参数。

程序代码：

```
#include <stdio.h>
void nzp(int a[5])
{
    int i;
    printf("\nValues of array a are:\n");
    for(i=0;i<5;i++)
    {
        if(a[i]<0) a[i]=0;
        printf("%d ",a[i]);
    }
}
int main()
{
```

```
    int b[5],i;
    printf("\nInput 5 numbers:\n");
    for(i=0;i<5;i++)
        scanf("%d",&b[i]);
    printf("Initial values of array b are:\n");
    for(i=0;i<5;i++)
        printf("%d ",b[i]);
    nzp(b);
    printf("\nLast values of array b are:\n");
    for(i=0;i<5;i++)
        printf("%d ",b[i]);
}
```

程序运行结果：

```
Input 5 numbers:
60 70 80 90 100
```

输出结果：

```
Initial values of array b are:
60 70 80 90 100
Values of array a are:
60 70 80 90 100
Last values of array b are:
60 70 80 90 100
```

程序说明：本程序中 nzp()函数的形参为整数组 a，长度为 5。主函数中实参数组 b 同样为整型，长度也为 5。在主函数中首先输入数组 b 的值，然后输出数组 b 的初始值。再以数组名 b 为实参调用 nzp()函数。在 nzp()函数中，按要求把负值单元清零，并输出形参数组 a 的值。返回主函数之后，再次输出数组 b 的值。从运行结果可以看出，数组 b 的初值和终值是不同的，数组 b 的终值和数组 a 是相同的。这说明实参与形参为同一数组，它们的值同时得以改变。

用数组名作为函数参数时还应注意以下两点。

(1) 形参数组和实参数组的类型必须一致，否则将出错。

(2) 形参数组和实参数组的长度可以不相同，因为在调用时，只传送首地址而不检查形参数组的长度。当形参数组的长度与实参数组不一致时，虽不至于出现语法错误(编译能通过)，但程序执行结果将与实际不符，这是应予以注意的。

【例 6.10】 题目同例 6.9，修改形参数组的长度。

程序代码：

```
#include <stdio.h>
void nzp(int a[8])
{
    int i;
    printf("\nValues of array a are:\n");
    for(i=0;i<8;i++)
    {
        if(a[i]<0)a[i]=0;
```

```
        printf("%d",a[i]);
    }
}
int main()
{
    int b[5],i;
    printf("\nInput 5 numbers:\n");
    for(i=0;i<5;i++)
        scanf("%d",&b[i]);
    printf("Initial values of array b are:\n");
    for(i=0;i<5;i++)
        printf("%d",b[i]);
    nzp(b);
    printf("\nLast values of array b are:\n");
    for(i=0;i<5;i++)
        printf("%d ",b[i]);
}
```

程序运行结果：

```
Input 5 numbers:
60 70 80 90 100
```

输出结果：

```
Initial values of array b are:
60 70 80 90 100
Values of array a are:
60 70 80 90 100 37814220 1964362944 0
Last values of array b are:
60 70 80 90 100
```

程序说明：本程序与例 6.9 程序比，nzp()函数的形参数组长度改为 8；函数体中，for 语句的循环条件也改为 i<8，因此，形参数组 a 和实参数组 b 的长度不一致。编译能够通过，但从结果看，数组 a 的元素 a[5]、a[6]、a[7]显然是无意义的。

在函数形参表中，允许不给出形参数组的长度，或用一个变量来表示数组元素的个数。例如，可以写为

```
int nzp(int a[])
```

或写为

```
int nzp(int a[],int n)
```

其中，形参数组 a 没有给出长度，而由 n 的值动态地表示数组的长度。n 的值由主调函数的实参进行传送。由此，例 6.10 又可改为例 6.11 的形式。

【例 6.11】　题目同例 6.9，修改形参。

程序代码：

```
#include <stdio.h>
void nzp(int a[],int n)
```

```
{
    int i;
    printf("\nValues of array a are:\n");
    for(i=0;i<n;i++)
    {
        if(a[i]<0) a[i]=0;
        printf("%d ",a[i]);
    }
}
int main()
{
    int b[5],i;
    printf("\nInput 5 numbers:\n");
    for(i=0;i<5;i++)
        scanf("%d",&b[i]);
    printf("Initial values of array b are:\n");
    for(i=0;i<5;i++)
        printf("%d ",b[i]);
    nzp(b,5);
    printf("\nLast values of array b are:\n");
    for(i=0;i<5;i++)
        printf("%d ",b[i]);
}
```

程序运行结果：

```
Input 5 numbers:
60 70 80 90 100
```

输出结果：

```
Initial values of array b are:
60 70 80 90 100
Values of array a are:
60 70 80 90 100
Last values of array b are:
60 70 80 90 100
```

程序说明：本程序中 nzp() 函数形参数组 a 没有给出长度，由 n 动态确定该长度。在 main() 函数中，函数调用语句为 nzp(b,5)，其中实参 5 将赋予形参 n 作为形参数组的长度。

多维数组也可以作为函数的参数。在函数定义时对形参数组可以指定每一维的长度，也可省去第一维的长度，因此，以下写法都是合法的。

```
int MA(int a[3][10])
```

或

```
int MA(int a[][10])
```

6.8　局部变量和全局变量

在讨论函数的形参变量时曾经提到,形参变量只在被调用期间才分配内存单元,调用结束立即释放。这一点表明,形参变量只有在函数内才是有效的,离开该函数就不能再使用。这种变量有效性的范围称为变量的作用域。不仅对于形参变量,C 语言中所有的量都有自己的作用域。变量说明的方式不同,其作用域也不同。C 语言中的变量按作用域范围可分为两种,即局部变量和全局变量。

6.8.1　局部变量

局部变量也称为内部变量。局部变量是在函数内作定义说明的。其作用域仅限于函数内,离开该函数后再使用这种变量是非法的。例如:

```
int f1(int a)            /* f1()函数 */
{
    int b,c;
    ...
}
```

以上代码中 a、b、c 有效。

```
int f2(int x)            /* f2()函数 */
{
    int y,z;
    ...
}
```

以上代码中 x、y、z 有效。

```
main()
{
    int m,n;
    ...
}
```

以上代码中 m、n 有效。

在 f1()函数内定义了三个变量,a 为形参,b、c 为一般变量。在 f1()函数的范围内 a、b、c 有效,或者说 a、b、c 变量的作用域限于 f1()函数内。同理,x、y、z 的作用域限于 f2()函数内,m、n 的作用域限于 main()函数内。关于局部变量的作用域还要说明以下几点。

(1) 主函数中定义的变量也只能在主函数中使用,不能在其他函数中使用。同时,主函数中也不能使用其他函数中定义的变量,因为主函数也是一个函数,它与其他函数是平行关系。这一点是与其他语言不同的,应予以注意。

(2) 形参变量是属于被调函数的局部变量,实参变量是属于主调函数的局部变量。

（3）允许在不同的函数中使用相同的变量名，它们代表不同的对象，分配不同的单元，互不干扰，也不会发生混淆。如在前例中形参和实参的变量名都为n，是完全允许的。

（4）在复合语句中也可定义变量，其作用域只在复合语句范围内。例如：

```
main()
{
    int s,a;
    …
    {
        int b;
        s=a+b;
        …/*b的作用域*/
    }
    …/*s、a的作用域*/
}
```

【例6.12】 使用变量的作用域。

程序代码：

```
#include <stdio.h>
int main()
{
    int i=2,j=3,k;
    k=i+j;
    {
        int k=8;
        printf("%d\n",k);
    }
    printf("%d,%d\n",j,k);
}
```

程序运行结果：

```
8
3,5
```

程序说明：本程序在main()函数中定义了i、j、k三个变量，其中k未赋初值。而在复合语句内又定义了一个变量k，并赋初值为8。应注意，这两个k不是同一个变量。在复合语句外由main()函数定义的k起作用，而在复合语句内则由在复合语句内定义的k起作用。程序第5行的k为main()函数所定义，其值应为5。第8行输出k值，该行在复合语句内，复合语句内定义的k起作用，其初值为8，故输出值为8。第10行输出j、k值。j是在整个程序中有效的，第4行对j赋值为3，故输出也为3。而第10行已在复合语句之外，输出的k应为main()函数所定义的k，此k值由第5行已获得为5，故输出也为5。

6.8.2　全局变量

全局变量也称为外部变量，它是在函数外部定义的变量。它不属于任何函数，而是属于一个源程序文件，其作用域是整个源程序。在函数中使用全局变量，一般应作全局变量说明。只有在函数内经过说明的全局变量才能使用。全局变量的说明符为 extern。但在一个函数之前定义的全局变量，在该函数内使用可不再加以说明，例如：

```
int a,b;                 /*外部变量*/
int f1()                 /*f1()函数*/
{ ... }
float x,y;               /*外部变量*/
int f2()                 /*f2()函数*/
{ ... }
main()                   /*主函数*/
{ ... }
```

从该例中可以看出 a、b、x、y 都是在函数外部定义的外部变量，都是全局变量。但 x、y 定义在 f1() 函数之后，而在 f1() 函数内又没有对 x、y 进行说明，所以它们在 f1() 函数内无效。a、b 定义在源程序最前面，因此在 f1() 函数、f2() 函数及 main() 函数内不加说明也可使用。

【例 6.13】 输入正方体的长宽高 l、w、h，求体积及三个面的面积。

程序代码：

```
#include <stdio.h>
int s1,s2,s3;
int vs(int a,int b,int c)
{
    int v;
    v=a*b*c;
    s1=a*b;
    s2=b*c;
    s3=a*c;
    return v;
}
int main()
{
    int v,l,w,h;
    printf("\nInput length,width and height\n");
    scanf("%d%d%d",&l,&w,&h);
    v=vs(l,w,h);
    printf("\nv=%d,s1=%d,s2=%d,s3=%d\n",v,s1,s2,s3);
}
```

程序运行结果：

```
Input length,width and height
1 2 3
```

输出结果：

```
v=6,s1=2,s2=6,s3=3
```

【例 6.14】 求两个数中较大者(外部变量与局部变量同名)。

程序代码：

```
#include <stdio.h>
int a=3,b=5;                /*a,b为外部变量*/
int max(int a,int b)        /*a,b为外部变量*/
{
    int c;
    c=a>b?a:b;
    return(c);
}
int main()
{
    int a=8;
    printf("%d\n",max(a,b));
}
```

程序运行结果:

8

程序说明:如果同一个源文件中外部变量与局部变量同名,在局部变量的作用范围内,外部变量则被"屏蔽",即它不起作用。

6.9　变量的存储类别

6.9.1　静态存储方式与动态存储方式

前面已经介绍了,从变量的作用域(即从空间)角度来分,变量可以分为全局变量和局部变量。另外,从变量值存在的时间(即生存期)角度来分,可以分为静态存储方式和动态存储方式。

静态存储方式是指在程序运行期间分配固定的存储空间的方式,而动态存储方式是在程序运行期间根据需要进行动态的分配存储空间的方式。

从内存中的供用户使用的存储空间情况来看,用户存储空间可以分为三个部分:程序区、静态存储区、动态存储区。数据分别存放在静态存储区和动态存储区中。

全局变量全部存放在静态存储区,在程序开始执行时给全局变量分配存储区,程序执行完毕就释放。在程序执行过程中它们占据固定的存储单元,而不动态地进行分配和释放。

动态存储区存放以下数据。

(1) 函数形式参数。在调用函数时给形式参数分配存储空间。

(2) 局部变量(未加static声明的局部变量)。

(3) 函数调用实现现场保护和返回地址等。

对以上这些数据,在函数开始调用时分配动态存储空间,函数结束时释放这些空间。在程序试行过程中,存储空间的分配和释放都是动态的,如果在一个程序中两次调用函数,分配给此函数中局部变量的存储空间地址可能是不相同的。如果一个程序包含若干个函数,每个函数中的局部变量的生存期并不等于整个程序的执行周期,它只是程序执行周期的一部分。根据函数调用的需要,动态分配和释放存储空间。

在 C 语言中的每一个变量和函数有两个属性，即数据类型和数据存储类别，数据类型前面已经详细介绍（如整型、字符型等）。存储类别指的是数据在内存中存储的方式。存储方式分为两大类：静态存储类和动态存储类。具体包含自动的（auto）、静态的（static）、寄存器的（register）、外部的（extern）四种，分别介绍如下。

6.9.2　auto 变量

函数中的局部变量，如不专门声明为 static 存储类别，都是动态地分配存储空间的，数据存储在动态存储区中。函数中的形参和在函数中定义的变量（包括在复合语句中定义的变量）都属此类，在调用该函数时，系统会给它们分配存储空间，在函数调用结束时就自动释放这些存储空间。这类局部变量称为自动变量。自动变量用关键字 auto 作存储类别的声明。

例如：

```
int f(int a)                    /* 定义 f() 函数,a 为参数 */
{
    auto int b,c=3;             /* 定义 b、c 为自动变量 */
    ...
}
```

a 是形参，b、c 是自动变量，对 c 赋初值 3。执行完 f() 函数后，自动释放 a、b、c 所占的存储单元。

关键字 auto 可以省略，auto 不写则隐含定为"自动存储类别"，属于动态存储方式。

6.9.3　用 static 声明局部变量

有时希望函数中的局部变量的值在函数调用结束后不消失而保留原值，即其占用的存储单元不释放，在下次调用该函数时，该变量已有值，就是上一次函数调用结束时的值。这时就应该指定局部变量为"静态局部变量"，用关键字 static 进行声明。

【例 6.15】　了解静态局部变量值的变化。

程序代码：

```
#include <stdio.h>
int f(int a)
{
    auto b=0;
    static int c=3;
    b=b+1;
    c=c+1;
    return(a+b+c);
}
int main()
{
    int a=2,i;
    for(i=0;i<3;i++)
```

```
    printf("%d",f(a));
}
```

程序运行结果：

```
789
```

程序说明：在自定义 f() 函数中定义静态局部变量 C，该变量只进行一次初始化赋值。当函数调用一次完毕，C 的值会保留，其值为 4。当再次调用 f() 函数时，变量 C 不会重新赋值，其初始值为上次调用后修改的值 4。经过 3 次调用 f() 函数，变量 C 的值分别为 4、5、6。

对静态局部变量的说明如下。

（1）静态局部变量属于静态存储类别，在静态存储区内分配存储单元。在程序整个运行期间都不释放。而自动变量（即动态局部变量）属于动态存储类别，占动态存储空间，函数调用结束即释放。

（2）静态局部变量在编译时赋初值，即只赋初值一次；而对自动变量赋初值是在函数调用时进行，每调用一次函数重新给一次初值，相当于执行一次赋值语句。

（3）如果在定义局部变量时不赋初值，则对静态局部变量来说，编译时自动赋初值 0（对数值型变量）或空字符（对字符变量）；而对自动变量来说，如果不赋初值，则它的值是一个不确定的值。

【例 6.16】 打印 1～5 的阶乘值。

程序代码：

```
#include <stdio.h>
int fac(int n)
{
    static int f=1;
    f=f * n;
    return(f);
}
int main()
{
    int i;
    for(i=1;i<=5;i++)
        printf("%d!=%d\n",i,fac(i));
}
```

程序运行结果：

```
1!=1
2!=2
3!=6
4!=24
5!=120
```

6.9.4　register 变量

一般情况下，变量的值存放在内存中。当程序中用到某个变量的值时，由控制器发出指令将内存中该变量的值送到运算器中。经过运算器进行运算,如果需要存数,再从运算器将数据送到内存中存放。

如果有一些变量使用频繁,为存取变量的值则要花不少时间。为了提高效率,C语言允许将局部变量的值放在 CPU 的寄存器中,需要用时直接从寄存器中取出参加运算,不必再到内存中去存取,这种变量叫"寄存器变量",用关键字 register 作声明。

【例 6.17】 使用寄存器变量实现打印 1~5 的阶乘值。

程序代码:

```
# include < stdio.h >
int fac(int n)
{
    register int i,f=1;
    for(i=1;i<=n;i++)
        f=f * i;
    return(f);
}
int main()
{
    int i;
    for(i=1;i<=5;i++)
        printf("%d!=%d\n",i,fac(i));
}
```

程序运行结果:

```
1!=1
2!=2
3!=6
4!=24
5!=120
```

程序说明:

(1) 只有局部自动变量和形式参数可以作为寄存器变量。

(2) 一个计算机系统中的寄存器数目有限,不能定义任意多个寄存器变量。

(3) 局部静态变量不能定义为寄存器变量。

6.9.5 用 extern 声明外部变量

外部变量(即全局变量)是在函数的外部定义的,它的作用域为从变量定义处开始,到本程序文件的末尾。如果外部变量不在文件的开头定义,其有效的作用范围只限于定义处到文件结束。如果在定义点之前的函数想引用该外部变量,则应该在引用之前用关键字 extern 对该变量作"外部变量声明"。表示该变量是一个已经定义的外部变量。有了此声明,就可以从"声明"处起合法地使用该外部变量。

【例 6.18】 用 extern 声明外部变量,扩展程序文件中的作用域。

程序代码:

```
#include <stdio.h>
int max(int x,int y)
{
    int z;
    z=x>y?x:y;
    return(z);
}
int main()
{
    extern int A,B;
    printf("%d\n",max(A,B));
}
int A=13,B=-8;
```

程序运行结果：

13

程序说明：在本程序文件的最后一行定义了外部变量 A、B，但由于外部变量定义的位置在 main() 函数之后，因此本来在 main() 函数中不能引用外部变量 A、B，而现在在 main() 函数中用 extern 对 A 和 B 进行"外部变量声明"，就可以从"声明"处起合法地使用该外部变量 A 和 B。

6.10　课　堂　案　例

6.10.1　案例 6.1：求两个整数的最大公约数问题

1. 案例描述

自定义一个函数，求两个整数的最大公约数。

2. 案例分析

（1）功能分析。根据案例描述，就是编写求两个数最大公约数的函数，然后通过函数调用方式输出它们的最大公约数。

（2）数据分析。根据功能要求，需要在主函数中定义两个整型实参，通过调用自定义函数将实参传递给形参，同样在自定义函数中也需要定义两个整型变量作为形参。

3. 设计思想

（1）编写自定义函数：定义形参及循环变量，求两个数的最大公约数，返回最大公约数的值。

（2）编写主函数：定义两个整型变量，分别输入它们的值，调用自定义函数并输出其值。

4. 程序实现

```
/*求两个数的最大公约数*/
#include <stdio.h>
int gcd(int m,int n)
{
    int i;
    int min=m<n?m:n;
    for(i=min; i>1;i--)
    {
        if(m%i==0&&n%i==0)
            break;
    }
    return i;
}
int main()
{
    int m, n;
    printf("请输入两个正整数: \n");
    scanf("%d%d", &m, &n);
    printf("它们的最大公约数为: %d", gcd(m, n));
}
```

5. 运行程序

该程序的运行结果如图 6.3 所示。

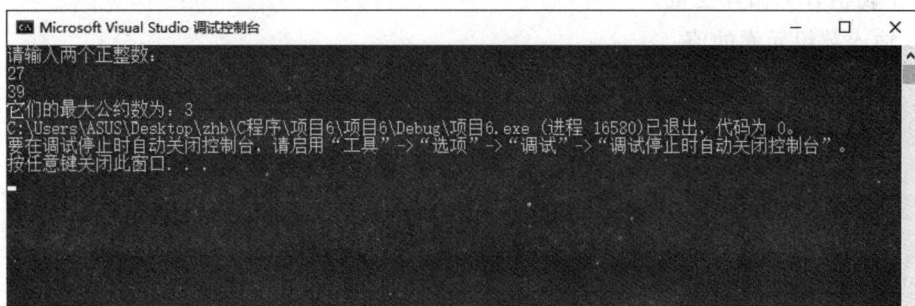

图 6.3　案例 6.1 的程序运行结果

6.10.2　案例 6.2：使用递归函数求 Fibonacci 数列问题

1. 案例描述

已知有一个一维数组，内放 5 名学生成绩，如表 6.2 所示，写一个函数，求出平均分、最高分和最低分。

表 6.2　学生成绩表

姓名	张三	李四	王五	孙一	赵六
成绩	90	80	70	65	95

2. 案例分析

（1）功能分析。给定 5 名学生的成绩，编写一个自定义函数，分别求 5 名学生成绩的最高分、最低分以及平均成绩。

（2）数据分析。根据功能要求，需要编写一个自定义函数，在此函数中定义一个一维数组。该数组为形式参数，其值从主函数中的实际参数中获取。在主函数中也需要定义一个一维数组，这个一维数组中有 5 个元素，分别用来存放 5 名学生的成绩。

3. 设计思想

（1）编写自定义函数。

① 定义数组和 5 个变量。数组名为 score，数组中有 5 个元素，变量 sum 是存放 5 名学生的总成绩，变量 aver 存放平均值，max 存放最高分，min 存放最低分，i 为循环变量。

② 分别给 max、min、sum 元素赋值。

③ 求 5 名学生的总成绩，赋值给变量 sum。

④ 求 5 名学生的平均成绩，赋值给变量 aver。

⑤ 分别求 5 名学生中的最高分、最低分，赋值给变量 max、min。

（2）编写主函数。

① 定义数组和两个变量。数组名为 score，数组中有 5 个元素；变量 ave 用于存放 5 名学生的平均值，i 为循环变量。

② 输入数组元素的值。

③ 调用自定义函数。

④ 分别输出最高分、最低分及平均分。

4. 程序实现

```
/*求 5 位学生的最高分、最低分、平均分问题*/
#include <stdio.h>
float max=0, min=0;
float average(float score[5])
{
    int i;
    float aver, sum=score[0];
    max=min=score[0];
    for (i=1; i<5; i++)
    {
        if (score[i]>max) max=score[i];
        else if(score[i] <min) min=score[i];
```

```
        sum=sum+score[i];
    }
    aver=sum/5;
    return(aver);
}
int main()
{
    float ave, score[5];
    int i;
    for (i=0; i<5; i++)
        scanf("%f",&score[i]);
    ave=average(score);
    printf("max=%6.2f\nmin=%6.2f\naverage=%6.2f\n",max,min,ave);
}
```

5. 运行程序

该程序的运行结果如图 6.4 所示。

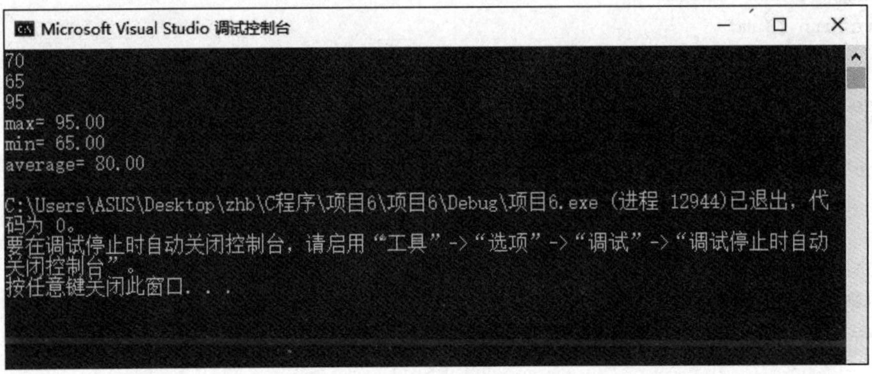

图 6.4　案例 6.2 的程序运行结果

6.11　项目实训

6.11.1　实训 6.1：基本能力实训

1. 实训题目

自定义函数的编程,递归函数编程实训。

2. 实训目的

掌握把常用的代码定义为函数、参数的传递、递归函数的基本原理等内容,了解 C 语言提供的常用的库函数。

3. 实训内容

（1）调试程序并观察结果。

程序 1：

```c
#include <stdio.h>
int iNum1=5;
int iNum2=7;
int fnPlus(int iNum1,int iNum2);
int main()
{
    int iNum1=4,iNum2=5,iSum;
    iSum=fnPlus(iNum1,iNum2);
    printf("A+B=%d\n",iSum);
}
int fnPlus(int iNum1,int iNum2)
{
    int iSum;
    iSum=iNum1+iNum2;
    return iSum;
}
```

程序 2：

```c
#include <stdio.h>
int fnFun()
{
    static int iNum=1;
    iNum=iNum+2;
    return iNum;
}
int main()
{
    printf("%d\n",fnFun()+fnFun());
}
```

程序 3：

```c
#include <stdio.h>
void palin(int n)
{
    char next;
    if(n<=1)
    {
        next=getchar();
        printf("\n\0:");
        putchar(next);
    }
    else
    {
        next=getchar();
```

```
      palin(n-1);
      putchar(next);
   }
}
int main()
{
   int i=5;
   printf("\40:");
   palin(i);
   printf("\n");
}
```

(2) 编写程序。

① 写一个函数,求下面数学函数的值。要求函数原型如下:

```
double fn(double x);
```

数学函数如下:

$$f(x)=\begin{cases} x^2+1 & (x>1) \\ x^2 & (-1\leqslant x\leqslant 1) \\ x^2-1 & (x<-1) \end{cases}$$

② 用函数调用的方法求 $f(k,n)=1^k+2^k+3^k+\cdots+n^k$,其中 k 和 n 从键盘输入。

6.11.2　实训 6.2:拓展能力实训

1. 实训题目

数组作为函数参数的编程、函数的嵌套调用编程。

2. 实训目的

通过训练让学生能熟练地运用数组作为函数参数的编程,了解函数的嵌套调用。

3. 实训内容

(1) 调试程序并观察结果。

程序 1:

```
#include <stdio.h>
int main()
{
    int max_4(int a, int b, int c, int d);
    int a,b,c,d,max;
    printf("Please enter 4 integer numbers:");
    scanf("%d%d%d%d", &a, &b, &c, &d);
    max=max_4 (a,b,c,d);
    printf("max=%d \n",max);
    return 0;
}
```

```
int max_4(int a,int b,int c,int d)
{
    int max(int,int);
    int m;
    m=max (a,b);
    m=max (m,c);
    m=max (m,d);
    return (m);
}
int max (int x,int y)
{
    if (x>y)
    return x;
    else
    return y;
}
```

程序2：

```
#include <stdio.h>
void replaceMax(int arr[],int value)
{
    int max=arr[0];
    int index=0;
    int i;
    for(i=1;i<5;i++)
    {
        if(arr[i]>max)
        {
            max=arr[i];        //将数组中较大的数赋值给 max
            index=i;           //记录当前索引
        }
    }
    arr[index]=value;
}
int main()
{
    int arr1[]={10,41,3,12,22};
    int arr2[]={1,2,3,4,5};
    int i;
    replaceMax(arr1,arr2[0]);  //将数组 arr1 和数组 arr2 的第一个元素传入函数中
    for(i=0;i<5;i++)
    {
        printf("%d ",arr1[i]);
    }
    return 0;
}
```

（2）编写程序。具体要求如下。

① 输入 10 个学生的姓名和学号。

程序代码如下：

```
void input(int num[], char name[N][8])
```

```
{
    int i;
    for (i =0; i <N; i++)
    {
        printf("input NO.: ");
        scanf("%d", &num[i]);
        printf("input name: ");
        getchar();
        gets(name[i]);
    }
}
```

② 按学号由小到大排序，姓名顺序也随之调整。

程序代码如下：

```
void sort(int num[], char name[N][8])
{
    int i, j, min, templ;
    char temp2[8];
    for (i =0; i <N -1; i++)
    {
        min =i;
        for (j =i; j<N; j++)
        if (num[min]>num[j]) min =j;
        templ =num[i];
        strcpy(temp2, name[i]);
        num[i] =num[min];
        strcpy(name[i], name[min]);
        num[min] =templ;
        strcpy(name[min], temp2);
    }
    printf("\n result:\n");
    for (i =0; i <N; i++)
        printf("\n %5d%10s", num[i], name[i]);
}
```

③ 要求输入一个学号，找出该学生的姓名。另外，从主函数输入要查找的学号，输出该学生的姓名。

程序代码如下：

```
void search(int n, int num[], char name[N][8])
{
    int top, bott, mid, loca, sign;
    top =0;
    bott =N -1;
    loca =0;
    sign =1;
    if ((n<num[0]) || (n>num[N -1]))
        loca =-1;
    while ((sign ==1) && (top <=bott))
    {
```

```
        mid = (bott + top) / 2;
        if (n == num[mid])
        {
            loca = mid;
            printf("NO. %d , his name is %s.\n", n, name[loca]);
            sign = -1;
        }
        else if (n < num[mid])
            bott = mid - 1;
        else
            top = mid + 1;
    }
    if (sign == 1 || loca == -1)
        printf("%d not been found.\n", n);
}


int main()
{
    int num[N], number, flag = 1, c;
    char name[N][8];

    input(num, name);
    sort(num, name);
    while (flag == 1)
    {
        printf("\ninput number to look for:");
        scanf("%d", &number);
        search(number, num, name);
        printf("continue ot not(Y/N)?");
        getchar();
        c = getchar();
        if (c == 'N' || c == 'n')
            flag = 0;
    }
    return 0;
}
```

6.12　拓展阅读　探索太空　逐梦航天——中国神州团队

　　"神舟"团队作为负责我国所有载人航天器研制设计工作的主力军，是我国创新发展载人航天的"国家队"。从工程立项开始，他们就牢固树立"国家利益至上"的使命感和责任感，以载人航天技术的创新和跨越来践行科技强国理念。

　　20 世纪 90 年代初，为了尽快发射我国第一艘神舟飞船，"神舟"团队采取并行工程方法，同时研制四艘初样船，分别考核飞船力学、机械、热和电性能。从那时起，团队几乎每周六都召开一次综合调度会,一起研究解决问题。仅 1998 年就开会 42 次,解决了 2000 多个问题。经过无数次的试验验证,神舟一号试验飞船在 1999 年 11 月 20 日凌晨 6 时 30 分直上云霄。

2003 年,神舟五号飞船已经运抵发射场,但航天员所用的座椅缓冲器还存在一些技术问题。上级决定用新型缓冲器代替原有型号。这是一个把安全留给航天员,把风险留给科研人员的方案。"神舟"团队临危受命,临时组织突击队集中攻关。从方案到生产,从部件测试到整舱试验,仅用两个月就研制出安全可靠、性能稳定的座椅缓冲器,并在发射前安装到位。

2016 年,为全面验证天宫二号补加系统的功能和性能,验证飞行器间的补加流程并获取关键数据,"神舟"团队组织搭建了系统间补加综合试验平台来模拟真实太空环境。为了吃透每一个细节,团队设计了极其详尽的方案,确保每个工况都能准确模拟太空环境,经过 20 多天的奋战,试验顺利完成,获取了极其宝贵的数据,团队也用自己的创新破解了许多关键技术难题。

每一份成就、每一次突破,都体现了"神舟"团队对初心的坚守和对事业的执着。太空探索永无止境,航天梦圆任重道远。为了建好中国的空间站,让中国人探索太空的脚步迈得更坚实,"神舟"团队将不断奋力前行。

本 章 小 结

C 语言是通过函数来实现模块化程序设计的,所以较大的 C 语言应用程序往往是由多个函数组成的,每个函数分别对应各自的功能模块。本章介绍了 C 语言中函数的定义、调用,如何将数组名作为函数参数,以及局部变量和全局变量的概念、变量的作用域等内容。

函数从用户角度可以分为标准函数(库函数)和用户自定义函数,按函数形式可分为无参函数和有参函数。

在 C 语言中,所有函数(包括主函数)都是平行的。一个函数的定义既可以放在程序中的任意位置,又可以放在主函数 main()之前或之后。但在一个函数的函数体内不能再定义另一个函数,即不能嵌套定义。

在程序中可以通过对函数的调用执行函数体,其过程与其他语言的子程序调用相似。C 语言中函数调用的一般形式为"函数名([实参表])"。

在 C 语言中,可以用以下几种方式调用函数。

(1) 函数表达式。函数作为表达式的一项出现在表达式中,以函数返回值参与表达式的运算。这种方式要求函数是有返回值的。

(2) 函数语句。C 语言中的函数可以只进行某些操作而不返回函数值,这时的函数调用可作为一条独立的语句。

(3) 函数实参。函数作为另一个函数调用的实参出现。这种情况是把该函数的返回值作为实参进行传递,因此要求该函数必须是有返回值的。

在 C 语言中每一个变量和函数都有存储类别。存储类别指的是数据在内存中的存储方法。存储方法分为两大类:静态存储类和动态存储类。

变量具体包含4种：自动(auto)、静态(static)、寄存器(register)和外部(extern)。

习　题

1. 选择题

(1) C语言总是从(　　)函数开始执行。

A. main()　　　　　B. 处于最前的　　　　C. 处于最后的　　　　D. 随机选一个

(2) 函数在定义时,省略函数类型说明符,则该函数值的类型为(　　)。

A. int　　　　　B. float　　　　　C. long　　　　　D. double

(3) 在C语言中,有关函数的说法,以下正确的是(　　)。

A. 函数可嵌套定义,也可嵌套调用

B. 函数可嵌套定义,但不可嵌套调用

C. 函数不可嵌套定义,但可嵌套调用

D. 函数不可嵌套定义,也不可嵌套调用

(4) 函数调用语句"fun((2,3),(4,5+6,7));"中,含有实参的个数为(　　)个。

A. 1　　　　　B. 2　　　　　C. 5　　　　　D. 6

(5) 函数调用可以在(　　)。

A. 函数表达式中　　B. 函数语句中　　C. 函数参数中　　D. 以上都是

(6) 被调函数返回给主调函数的值称为(　　)。

A. 形参　　　　　B. 实参　　　　　C. 返回值　　　　　D. 参数

(7) 可以不进行函数类型说明的是(　　)。

A. 被调函数的返回值是整型或字符型时

B. 被调函数的定义在主调函数定义之前时

C. 在所有函数定义前,已在函数外预先说明了被调函数类型

D. 以上都是

(8) 被调函数通过(　　)语句将值返回给主调函数。

A. if　　　　　B. for　　　　　C. while　　　　　D. return

(9) 被调函数调用结束后,返回到(　　)。

A. 主调函数中该被调函数调用语句处

B. 主函数中该被调函数调用语句处

C. 主调函数中该被调函数调用语句的前一语句

D. 主调函数中该被调函数调用语句的后一语句

(10) 以下对C语言函数的有关描述中,正确的是(　　)。

A. 在C语言中调用函数时,只能把实参的值传递给形参,形参的值不能传递给实参

B. C语言函数既可以嵌套定义,又可以递归调用

C. 函数必须有返回值,否则不能使用函数

D. C语言程序中有调用关系的所有函数必须放在同一个源程序文件中

（11）C 语言中函数的隐含存储类型是（　　）。

    A. auto   B. static   C. extern   D. 无存储类型

（12）能把函数处理结果的两个数据返回给主调函数，在下面的方法中不正确的是（　　）。

    A. 用 return 语句返回这两个数   B. 形参用两个元素的数组

    C. 形参用两个数据类型的指针   D. 用两个全局变量

2. 填空题

（1）变量的作用域主要取决于变量_____，变量的生存期既取决于变量_____，又取决于变量_____。

（2）说明变量时，若省略存储类型符，系统默认其为_____存储类别，该存储类别的类型符为_____。

（3）静态型局部变量的作用域是_____，生存期是_____。

（4）函数中的形参和调用时的实参都是数组名时，传递方式为_____；都是变量时，传递方式为_____。

（5）函数的形参的作用域为_____。全局的外部变量和函数体内定义的局部变量重名时，_____变量优先。

（6）若自定义函数要求返回一个值，则应在该函数体中有一条 _____语句；若自定义函数要求不返回一个值，则应在该函数说明时加一个类型说明符_____。

（7）若函数的形式参数是指针类型，则实参可以是_____、_____或_____。

（8）函数的参数为 char ＊类型时，形参与实参结合的传递方式为_____。

（9）函数的实参为常量时，形参与实参结合的传递方式为_____。

3. 程序题

（1）对数组按值从大到小的顺序排序后输出，请填空。

```c
#include <stdio.h>
int main()
{
    float a[7]={2,6,3,8,3,12,9};
    int i;
    int sort(float * ,int);
    _____;
    for(i=0;i<7;i++) printf("%f ",a[i]);
    printf("\n");
}
int sort(_____)
{
    int i,j,k; float t;
    for(i=0;i<n-1;i++)
    {
        k=i;
        for(j=i+1;j<n;j++)
```

```
        if(p[k]<p[j]) k=j;
        _____;
        {t=*(p+i); *(p+i)=*(p+k); *(p+k)=t;}
    }
}
```

(2) 下列函数在 n 个元素的一维数组中,找出最大值、最小值并传递到调用函数,请填空。

```
#include <stdio.h>
int find(float *p, float *max, float *min, int n)
{
    int k;
    _____;
    *max=*p; _____;
    for(k=1;k<n;k++)
    {
        t=*(p+k);
        if(_____) *max=t;
        if(t<*min) *min=t;
    }
}
```

4. 写出下列程序运行结果

程序1:

```
#include <stdio.h>
int fun(int a,int b);
int main()
{
    int i=1,p;
    p=fun(i,i+1);
    printf("%d\n",p);
}
int fun(int a,int b)
{
    int f;
    if(a>b)
        f=1;
    else if(a==b)
        f=0;
    else
        f=-1;
    return f;
}
```

输出:_____

程序 2：

```c
#include <stdio.h>
void fun()
{
    char c;
    if((c=getchar())!='\n')
        fun();
    putchar(c);
}
int main()
{fun();}
```

输入：abcdef＜CR＞。

输出：_____

程序 3：

```c
#include <stdio.h>
int c, a=4;
int func(int a, int b)
{
    c=a*b; a=b-1; b++;
    return (a+b+1);
}
int main()
{
    int b=2, p=0; c=1;
    p=func(b, a);
    printf("%d,%d,%d,%d\n", a,b,c,p);
}
```

输出：_____

程序 4：

```c
#include <stdio.h>
unsigned fun6(unsigned num)
{
    unsigned k=1;
    do {k*=num%10; num/=10; }
    while(num);
    return k;
}
int main()
{
    unsigned n=26;
    printf("%d\n", fun6(n));
}
```

输出：_____

第 7 章 指 针

【内容概述】

指针是 C 语言中广泛使用的一种数据类型。正确熟练地使用指针,可以编写出精练而高效的程序。指针极大地丰富了 C 语言的功能。学习指针是学习 C 语言中最重要的环节,能否正确理解和使用指针是我们是否掌握 C 语言的一个标志。本章主要介绍地址和指针、指针变量、指针与数组、指针与字符串、指针与函数等内容。

【学习目标】

通过本章的学习,要求掌握 C 语言指针变量的定义和初始化,理解指针变量的引用,掌握通过指针变量访问数组元素及指针变量与字符串的关系。

7.1 地址和指针的概念

在计算机中,所有的数据都存放在存储器中。一般把存储器中的 1 字节称为一个内存单元。不同的数据类型所占用的内存单元数不等,比如,在 Visual Studio 2019 中,short int 占 2 字节,int 和 float 占 4 字节,double 占 8 字节,char 占 1 字节等。为了正确地访问这些内存单元,必须为每个内存单元编号。根据一个内存单元的编号即可准确地找到该内存单元,该内存单元的编号也称为地址。因为根据内存单元的编号或地址就可以找到所需的内存单元,所以通常把这个地址称为指针。内存

指针与指针变量

单元的指针和内存单元的内容是两个不同的概念,可以用一个通俗的例子来说明它们之间的关系。我们到银行去存款或取款时,银行工作人员将根据账号去找我们的存款单,找到之后在存单上写入存款、取款的金额。在这里,账号就是存单的指针,存款数是存单的内容。对于一个内存单元来说,单元的地址即为指针,其中存放的数据才是该单元的内容。在 C 语言中,允许用一个变量来存放指针,这种变量称为指针变量。因此,指针变量存放地址,一个指针变量的值就是某个内存单元的地址或称为某内存单元的指针。

7.1.1 变量的内存地址

假设定义整型变量"int a=10;",系统为该变量分配相应的存储单元,假设其起始地址为 2000,如图 7.1 所示,我们可以通过该地址去访问变量 a。在这之前我们是通过变量名来引用变量的值。例如,"printf("%d",a);"实际上是通过变量名 a 找到其对应的存储单元的

地址 2000,从而对存储单元进行存取操作。程序在编译后已经将变量名转换为变量的地址,对变量值的存取都是通过地址进行的。这种直接按变量名进行的访问称为"直接访问"方式。

7.1.2　指针的概念

变量值的访问还可以采用另一种称为"间接访问"的方式,即将变量 a 的地址存放在另一个变量 p 中,然后通过访问变量 p 取出它的值,实际上其值为变量 a 的地址,通过地址可以访问变量 a。

图 7.1　内存地址

一个变量的地址称为该变量的指针,如地址 2000 是变量 a 的指针。有一种特殊的变量专门用于存放变量的地址(指针),则称它为指针变量。上述的 p 就是一个指针变量,专门用于存放变量的地址。指针变量的值就是地址。

请注意区分指针和指针变量这两个概念。上述指针是地址 2000;指针变量 p 是用于存放变量的地址,其值是指针。

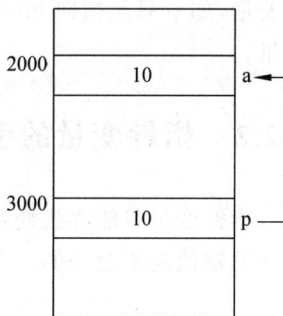

7.2　指　针　变　量

变量的指针就是变量地址。存放变量地址的变量称为指针变量。即在 C 语言中,允许用一个变量来存放指针,这种变量称为指针变量。因此,一个指针变量的值就是某个变量的地址或称为某个变量的指针。

7.2.1　指针变量的定义

C 语言规定所有变量在使用之前必须要先定义,指定其类型,并按照该类型分配存储单元。定义指针变量的形式如下:

基类型　*指针变量名;

例如:

```
int * p;      //p 是指向 int 型变量的指针变量,即 p 用于存放 int 型变量的地址
double * q;   //q 是指向 double 型变量的指针变量,即 q 用于存放 double 型变量的地址
```

对指针变量的定义包括以下三方面的内容。
- 指针类型说明,即定义变量为一个指针变量。
- 指针变量名。
- 必须指定基类型,指针变量所指向变量的数据类型。

其中的基类型是指指针变量 p 所指向的类型,即指针变量 p 能够存放该类型变量的地址。应该注意的是,p 是指针变量,指针变量不是 * p。另外,一个指针变量只能指向同类型

的变量,如 p 只能指向 int 型变量,不能时而指向一个 int 型变量,时而指向一个 double 型变量。

7.2.2 指针变量的引用

指针变量只能存放变量的地址,不能将一个非地址类型的数据赋值给一个指针变量。下面的赋值是不合法的。

```
int * p;
p=123;      //p 为指向 int 型的指针变量,不能赋值为 123 整数。但"p=0;"除外,表示 p 为空指针
```

以下两个运算符与指针变量有关。

(1) &:取地址运算符。&a 是变量 a 的地址。

(2) *:指针运算符(或称"间接访问"运算符)。*p 代表指针变量 p 指向的对象。

注意:一定要熟练掌握 & 和 * 运算符的使用。

【例 7.1】 通过指针变量访问 int 型变量。

程序代码:

```
/* ex7_1.c:通过指针变量访问 int 型变量 */
#include <stdio.h>
int main()
{
    int a, b;
    int * pa, * pb;
    a=10;
    b=20;
    pa=&a;         /* 把变量 a 的地址赋值给 pa */
    pb=&b;         /* 把变量 b 的地址赋值给 pb */
    printf("%d,%d\n", a, b);
    printf("%d,%d\n", * pa, * pb);
}
```

程序运行结果:

```
10,20
10,20
```

程序说明如下。

(1) 在程序开头处定义了两个指针变量 pa 和 pb,规定它们指向整型变量,但它们并未指向任何一个整型变量。此时的 pa 和 pb 的指向是不确定的。在程序中通过"pa=&a;"和"pb=&b;"语句赋值,使 pa 指向 a,pb 指向 b,如图 7.2 所示。

(2) 程序第 5、6 行的"pa=&a"和"pb=&b"是将变量 a 和 b 的地址分别赋值给指针变量 pa 和 pb,不能写成" * pa=&a"和" * pb=&b"。

(3) 最后一行使用 * pa 和 * pb 输出。* pa 是指指针变量 pa 所指向的对象,即 * pa 和 * pb 就是变量 a 和 b。最后两个 printf()

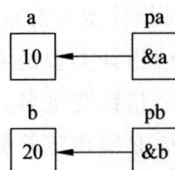

图 7.2 变量指针的指向

186

函数的作用是相同的。

(4) 程序中有两处出现 * pa 和 * pb,请区分它们的不同含义。程序的第 2 行的语句"int * pa, * pb;"中的 * 表示定义指针变量,而程序最后一行中的 * 分别表示 pa 和 pb 所指向的变量。

提示:关于 & 和 * 运算的说明如下。

(1) 假设各变量已经正确定义并有正确的指向"pa = &a;",那么 & * pa 的含义是什么?

由于 & 和 * 运算符优先级相同,按自右而左的方向结合,即先执行 * pa 的运算,它就是变量a,再执行 & 运算。因此,& * pa 与 &a 的作用相同,即代表变量的地址。

(2) * &a 的含义是什么?

根据优先级和结合性,可知先进行 &a 的运算,得到变量a 的地址。* &a 与 * pa 的作用相同,等价于变量a。

7.2.3　指针变量的初始化

程序中经常需要对一些变量预先设置初始值,C 语言允许指针变量在定义的同时使变量初始化。指针变量初始化的形式如下:

基类型　* 指针变量名=地址值;

说明:地址值可以是变量的地址、数组的首地址、数组元素的地址、执行同类型的指针变量等。

下面都是合法的指针变量的初始化。

```
int a;
int * p=&a;
int * q=p;
```

7.2.4　指针变量的运算

指针变量可以进行某些运算,但其运算的种类是有限的,它只能进行赋值运算和部分算术运算及关系运算。

1. 赋值运算

(1) 把一个变量的地址赋值给指向该数据类型的指针变量。例如:

```
int a, * pa;
pa=&a;              /* 把整型变量 a 的地址赋值给指向整型的指针变量 pa */
```

(2) 把一个指针变量的值赋值给指向相同类型变量的指针变量。例如:

```
int a, * p=&a, * q;
q=p;               /* 把指针变量 p 的值(地址)赋值给指针变量 q,则 q 也指向变量 a */
```

由于 p 和 q 均为指向整型变量的指针变量,因此可以相互赋值。

(3) 把数组的首地址赋值给指向数组的指针变量。例如:

```
int a[10], * pa;
pa=a;                /* 数组名 a 代表数组的首地址 */
```

也可写为

```
pa=&a[0];            /* 数组第一个元素的地址也是整个数组的首地址 */
```

(4) 把字符串的首地址赋值给指向字符类型的指针变量。例如:

```
char * pc;
pc="c language";     /* 将字符串在内存中的首地址赋值给指针变量 pc */
```

(5) 申请内存空间返回地址。例如:

```
int * p;
p=(int *)malloc(sizeof(int));       /* 通过 malloc 函数申请内存空间,并返回起始地址 */
```

2. 算术运算

(1) 与整数运算。对于指向数组的指针变量,可以加上或减去一个整数 n。设 pa 是指向数组 a 的指针变量,则 pa+n、pa−n、pa++、++pa、pa−−、−−pa 运算都是合法的。指针变量加或减一个整数 n 的意义是把指针指向的当前位置(指向某数组元素)向前或向后移动 n 个元素。

(2) 两指针变量相减。两指针变量相减所得之差是两个指针所指数组元素之间相差的元素个数。但是两个指针变量相加,如 pa+qa,则毫无实际意义。

3. 关系运算

指向同一数组的两指针变量之间可以进行关系运算,两指针变量的值对应它们所指数组元素之间的位置关系。

【例 7.2】 输入两个整数,按由小到大的顺序输出。

程序代码:

```
/* ex7_2.c:输入两个整数,按由小到大的顺序输出 */
#include <stdio.h>
int main()
{
    int a, b;
    int * pa, * pb, * p;
    pa=&a;
    pb=&b;
    scanf("%d%d", pa, pb);
    printf("a=%d,b=%d\n", a, b);
    printf(" * pa=%d, * pb=%d\n", * pa, * pb);
    if(a>b)
    {
```

```
        p=pa; pa=pb; pb=p;
    }
    printf("a=%d,b=%d\n", a, b);
    printf("*pa=%d,*pb=%d\n", *pa, *pb);
}
```

程序运行结果：

```
20 10
a=20,b=10
*pa=20,*pb=10
a=20,b=10
*pa=10,*pb=20
```

程序说明如下。

(1) 程序中定义了两个 int 型变量 a 和 b。另外定义了三个指向 int 型的指针变量。

(2) 程序中语句"pa=&a;pb=&b;"的作用分别是 pa 指向 a,pb 指向 b。

(3) 通过语句"scanf("%d%d",pa,pb);"输入数据并保存到 pa 和 pb 所指向的存储单元中,即使变量 a 和 b 有确定的值,如图 7.3(a)所示。

(4) 下面两个 printf 语句分别输出变量 a 和 b 的值及指针变量 pa 和 pb 所指向单元中的数据,输出结果相同。

(5) 通过 if 语句判断 a 和 b 的值,如果 a 大于 b,进行交互指针变量 pa 和 pb 的指向,而 int 型变量 a 和 b 的值不变,如图 7.3(b)所示。

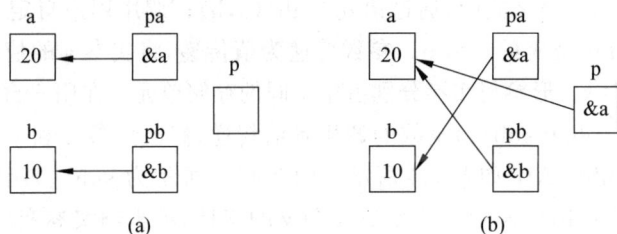

图 7.3　交换变量指针的指向

(6) 上面的 if 语句可以改写成 if(*pa>*pb),效果一样。

7.2.5　指针变量作为函数参数

函数的参数不仅可以是整型、实型、字符型等数据,也可以是指针类型。由于指针变量用于存放地址,所以它可将一个变量的地址通过函数参数传递到另一个函数中。

【例 7.3】 指针变量做函数参数。

程序代码：

```
/*ex7_3.c:指针变量做函数参数*/
#include <stdio.h>
void sub1(char x, char y)
{
    char t;
```

```
        t=x; x=y; y=t;
    }
    void sub2(char * x, char * y)
    {
        char t;
        t= * x; * x= * y; * y=t;
    }
    void sub3(char * x, char * y)
    {
        char * t;
        t=x; x=y; y=t;
    }
    int main()
    {
        char a, b;
        char * pa, * pb;
        a='A'; b='B'; sub1(a, b); printf("sub1--%c%c\n", a, b);
        a='A'; b='B'; pa=&a; pb=&b; sub2(pa, pb); printf("sub2--%c%c\n", a, b);
        a='A'; b='B'; pa=&a; pb=&b; sub3(pa, pb); printf("sub3--%c%c\n", a, b);
    }
```

程序运行结果:

```
sub1--AB
sub2--BA
sub3--AB
```

程序说明:在 main()函数中,通过语句"sub1(a,b);"调用用户自定义函数 sub1。函数调用时实参分别是 int 型变量 a 和 b。参数传递为值传递,将实参 a 的值赋值给形参 x,将实参 b 的值赋值给形参 y。形参与实参分别占用不同的存储单元。在用户自定义函数 sub1()中完成 x 和 y 的交换。由于 sub1()函数的调用是值传递,修改形参 x 和 y 不影响实参 a 和 b,所以输出结果为:sub1--AB,如图 7.4 所示。图 7.4(a)所示为 sub1()函数调用时的参数传递;图 7.4(b)所示为 sub1()函数完成变量 x 和 y 的交换,不影响实参变量 a 和 b。实参到形参单向值传递,实参变量与形参变量占用不同的存储单元,修改形参不影响实参。

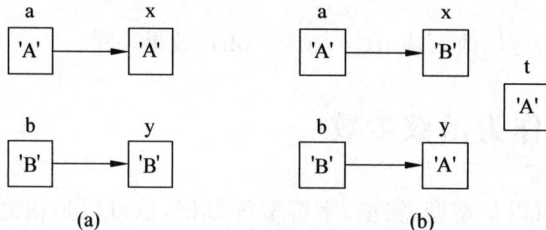

图 7.4 值传递调用函数

在 main()函数中,通过语句"sub2(pa,pb);"调用用户自定义函数 sub2()。函数调用时实参分别是 int 型变量 a、b 的地址。参数传递为传地址,将实参指针变量 pa 的值(地址)赋值给指向同类型的指针变量形参 x,将实参指针变量 pb 的值(地址)赋值给同类型的指针变量形参 y。这样用户自定义函数 sub2()的形参 x 和 y 分别指向 main()函数中的 a 和 b,在用户自定义函数 sub2()中完成 a 和 b 的交换。由于 sub2()函数的调用是地址传递,通过

修改形参来改变指针变量所指向单元中的值,这样在函数调用结束后,main()函数中 a 和 b
的值交换了。所以输出结果为"sub2--BA",如图 7.5 所示。图 7.5(a)所示为调用 sub2()函
数前指针变量 pa 和 pb 分别指向变量 a 和 b,图 7.5(b)所示为调用 sub2()函数时的参数传
递。传地址是指针变量 x 和 y 分别指向 a 和 b,图 7.5(c)所示为 sub2()函数在执行过程中
完成变量 a 和 b 的交换,图 7.5(d)所示为 sub2()函数调用结束后变量 a 和 b 交换后的值被
保留下来。

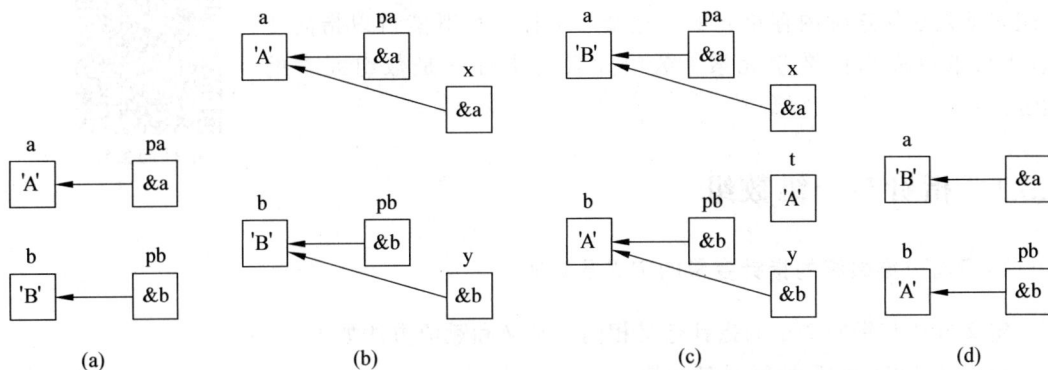

图 7.5　指针变量作为函数的参数

在 main()函数中通过"sub3(pa,pb);"语句调用用户自定义函数 sub3()。函数调用时
实参分别是 int 型变量 a 和 b 的地址。参数传递为传地址,将实参指针变量 pa 的值(地址)
赋值给指向同类型的指针变量形参 x,将实参指针变量 pb 的值(地址)赋值给同类型的指针
变量形参 y,这样用户自定义函数 sub3()的形参 x 和 y 分别指向 main()函数中的 a 和 b。
在用户自定义函数 sub3()中完成了两个形参指针 x 和 y 的交换,并没有交换形参 x 和 y 所
指向单元中的内容。虽然 sub3()函数的调用是地址传递,但是在函数指向过程中交换的是
形参 x 和 y 的值,即交换的是形参 x 和 y 的指向,这样在函数调用结束后,main()函数中的
a 和 b 的值不受影响,没有交换。所以输出结果为"sub3--AB",如图 7.6 所示。图 7.6(a)所
示为调用 sub3()函数前指针变量 pa 和 pb 分别指向变量 a 和 b;图 7.6(b)所示为调用 sub3()函
数时的参数传递,此时是传地址,是指针变量 x 和 y 分别指向 a 和 b;图 7.6(c)所示为 sub3()函
数在执行过程中完成形参 x 和 y 的交换;图 7.6(d)所示为 sub3()函数调用结束后变量 a 和
b 不受影响,没有交换。

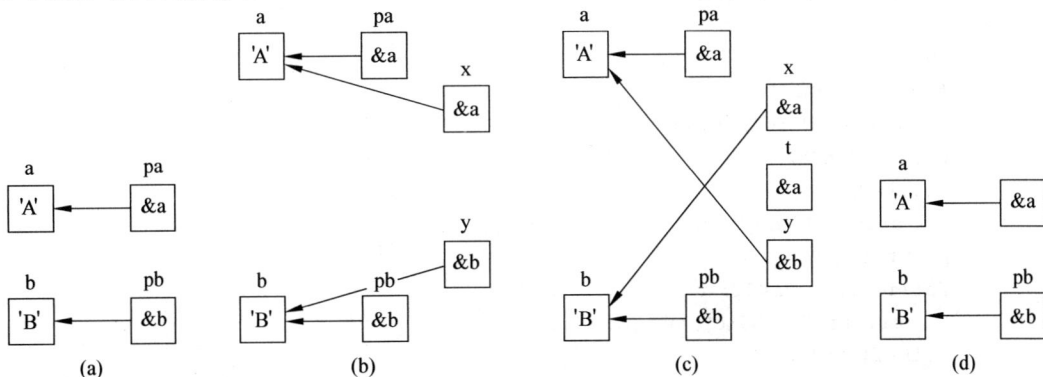

图 7.6　函数中交换指针变量的指向

7.3　指针与数组

　　一个变量有地址;一个数组包含若干个元素,每个数组元素都在内存中占用存储单元,它们都有相应的地址。由此可知一个数组占用一块连续的内存单元,数组名就是这块连续内存单元的首地址。指针变量既然可以指向变量,当然也可以指向数组元素。数组元素的指针就是数组元素的地址。

指针与数组

7.3.1　指针与一维数组

1. 指向一维数组的指针变量的定义及赋值

定义方法和指向变量的指针定义相同。定义和赋值方法如下。

(1) 定义指针变量的同时赋初值。

int a[10], * p=a;

(2) 定义指针变量后赋值。

int a[10], * p;
p=a;

　　说明:C 语言规定,数组名是数组的首地址,即元素 a[0] 的地址,因此,"p=a;"和"p=&a[0];"两条语句等价。

　　【例 7.4】　通过指针变量访问一维数组。

　　程序代码:

```
/* ex7_4.c: 通过指针变量访问一维数组 */
#include <stdio.h>
int main()
{
    int a[10]={1, 2, 3, 4, 5, 6, 7, 8, 9,10};
    int i;
    int * p;
    for(p=a; p<a+10; p++)
        printf("%5d", * p);
    printf("\n");
    for(i=0,p=a; i<10; i++)
        printf("%d,%d\t", * (a+i), * (p+i));
    printf("\n");
    for(i=0,p=a; i<10; i++)
        printf("%d,%d\t", a[i],p[i]);
    printf("\n");
}
```

程序运行结果：

```
1       2       3       4       5       6       7       8       9       10
1,1     2,2     3,3     4,4     5,5     6,6     7,7     8,8     9,9     10,10
1,1     2,2     3,3     4,4     5,5     6,6     7,7     8,8     9,9     10,10
```

程序说明如下。

(1) p＋＋即 p＝p ＋ 1，它不是 p 指针变量简单地加 1，而是使 p 指针变量指向下一个元素。如果数组元素是 int 型，在 Visual Studio 2019 中每个元素占 4 字节，则 p＝p＋1 的结果是增加 4 字节。

(2) 假设 p 指针开始指向数组的第 0 个元素，即"p＝a;"或"p＝&a[0];p＝p ＋ i;"使指针变量指向第 i 个元素，即"p＝&a[i];"。

(3) ＊(p＋i)和＊(a＋i)就是 p＋i 或 a＋i 所指向的数组元素，即 a[i]。

(4) 指向一维数组的指针也可以带下标，p[i]等价于＊(p＋i)。

(5) p＋＋是正确的，但 a＋＋是错误的，因为 a＋＋即 a＝a＋1。而 a 是数组名，代表数组的起始地址，是一个常量，不能给常量赋值。

2．一维数组元素地址和值的表示方法

一维数组元素地址和值的表示方法如表 7.1 所示。

表 7.1　一维数组元素地址和值的表示方法

方　法	地址	值
下标法	&a[i]	a[i]
指针法（地址法）	a＋i	＊(a＋i)
	p＋i	＊(p＋i)

3．用一维数组名作函数参数

第 6 章介绍过数组名作函数参数。例如：

```
int fun(int x[], int n)        /＊定义函数 fun()，使用数组名 x 作为函数参数＊/
{
    …
}
int main()
{
    int a[10];                 /＊定义数组 a＊/
        …
    fun(a, 10);                /＊调用函数 fun()，用数组名 a 作为实参＊/
        …
}
```

其中，a 为实参数组名；x 为形参数组名。实参数组名 a 是地址常量代表数组的起始地址，形参是用来接收从实参传递过来的数组起始地址。因此，形参应该定义为指针变量，只有指针变量才能存放地址值。实际上，C 编译时将形参数组名作为指针变量来处理。如 int fun(int x[],int n)在编译时是将 x 按指针变量处理的,相当于 int fun(int * x,int n)。在调用 fun()函数时,系统会在该函数中建立一个指针变量 x,用于存放从主调函数传递过来的实参数组的起始地址。

【**例 7.5**】 将一维数组 a 中的前 n 个元素逆序存放。

程序代码:

```
/* ex7_5.c: 将一维数组 a 中的前 n 个元素逆序存放 */
#include <stdio.h>
void input(int x[], int n)
{
    int i;
    for(i=0; i<n; i++)
        scanf("%d", &x[i]);
}
void output(int * x, int n)
{
    int i;
    for(i=0; i<n; i++)
        printf("%5d", x[i]);
    printf("\n");
}
void invert(int x[], int n)
{
    int * p, * q;
    int t;
    for(p=x,q=x+n-1; p<q; p++,q--)
    {
        t= * p; * p= * q; * q=t;
    }
}
int main()
{
    int a[10];
    int * p=a;
    input(a, 10);
    output(a, 10);
    invert(p, 10);
    output(p, 10);
}
```

程序运行结果:

```
1 2 3 4 5 6 7 8 9 10
    1    2    3    4    5    6    7    8    9   10
   10    9    8    7    6    5    4    3    2    1
```

程序说明如下。

(1) 该程序分别定义了 input()函数用于完成数组元素的输入,output()函数用于完成数组元素的输出,invert()函数用于完成数组元素的逆序。

（2）在 main()函数中首先定义 int 型数组 a，然后定义指针变量 p 并使其指向数组 a。

（3）通过"input(a,10);"语句调用 input()函数完成数组元素的输入。实参和形参都使用数组名，即形参数组名 x 接收了实参数组首元素 a[0]的地址，因此可以认为在函数调用期间，形参数组与实参数组共用同一段内存单元，如图 7.7 所示。

（4）通过"output(a,10);"语句调用 output()函数完成数组元素的输出。实参用数组名，形参用指针。实参 a 为数组名，形参为指向 int 型的指针变量。在调用函数后，形参 x 指向 a[0]，即 x=&a[0]，如图 7.8 所示，即通过指针变量 x 访问数组元素。

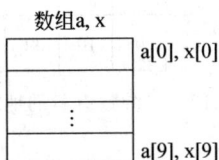

图 7.7　实参和形参使用的数组名　　　　图 7.8　实参使用指针变量而形参使用数组名(1)

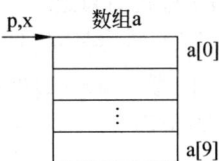

（5）通过"invert(p,10);"语句调用 invert()函数完成数组逆序的操作。实参为指针变量 p，它指向 a[0]。形参为数组名 x，编译系统把 x 作为指针变量处理，将 a[0]的地址传递给形参 x，使 x 也指向 a[0]。也可以理解为形参数组 x 和实参数组 a 共用同一段内存单元，如图 7.9 所示。

（6）通过"output(p,10);"语句调用 output()函数完成数组元素的输出。实参 p 和形参 x 都是指向 int 型的指针变量。先使指针变量 p 指向数组 a[0]，p 的值是 &a[0]，然后将 p 的值传递给形参指针变量 x，x 的初始值也是 &a[0]，如图 7.10 所示，即通过 x 访问数组元素。

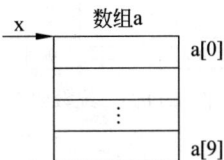

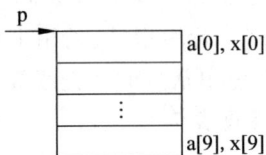

图 7.9　实参使用指针变量而形参使用数组名(2)　　图 7.10　实参和形参使用的指针变量

7.3.2　指针与二维数组

指针变量可以访问一维数组中的元素，同样也可以访问二维数组中的元素，但是在概念和使用方法上比一维数组更加灵活，同样也复杂得多。

首先复习二维数组的性质。

```
int a[3][4]={{1, 2, 3, 4}, {5, 6, 7, 8}, {9, 10, 11, 12}};
```

定义二维数组 a，含有 3 行 4 列，共 12 个元素。也可以理解为，数组 a 是一维数组，包含三个元素，分别是 a[0]、a[1]、a[2]，而其中每个元素又是一个一维数组，分别包含四个元素，如 a[0]包含 a[0][0]、a[0][1]、a[0][2]、a[0][3]。a[0]是行元素，代表一维数组，如图 7.11 所示，可以认为二维数组是"数组的数组"。二维数组 a 是由三个一维数组组成的。

从二维数组的角度出发,a 数组名代表二维数组的首地址,是所对应的首元素 a[0] 的地址 &a[0];a+1 指向下一个元素,即 a[1] 的地址 &a[1],是二维数组 a 第 1 行的地址。如果二维数组 a 的首地址为 2000,在 Visual Studio 2019 中 int 型占 4 字节,则 a+1 为 2016,如图 7.12 所示。

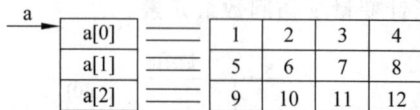

图 7.11 二维数组名的含义

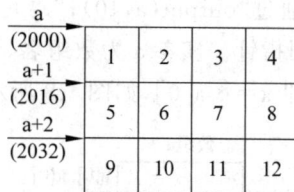

图 7.12 二维数组名的地址运算

a[0]、a[1]、a[2] 分别是一维数组名。在 C 语言中,数组名代表数组首元素的地址,因此,a[0] 代表一维数组 a[0] 中第 0 列元素的地址,a[0][0] 元素的地址即 &a[0][0]。同样可得 a[1] 的值是 &a[1][0],a[2] 的值是 &a[2][0]。

元素 a[i][j] 的地址如何表示(假定 i,j 为合法数值)? 该元素位于第 i 行第 j 列,即 a[i] 表示第 i 行的首地址,则 a[i]+j 与 &a[i][j] 等价,如图 7.13 所示。

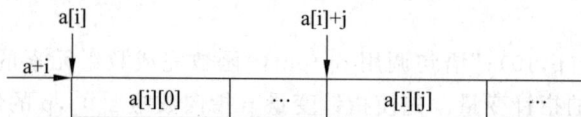

图 7.13 二维数组元素的地址

在一维数组中,我们知道 a[i] 和 *(a+i) 等价。对于二维数组元素 a[i][j] 存在以下多种表示方法:行用下标、列用指针时可表示为 *(a[i]+j),行用指针、列用下标时可表示为 (*(a+i))[j]。注意,*(a+i) 外面的括号不能省略,因为中括号的优先级高于 *。行用指针、列用指针可表示为 *(*(a+i)+j),具体表示形式参见表 7.2。

表 7.2 二维数组元素的多种表示方法

表 示 形 式	含　义	地　址
a	二维数组名,指向一维数组 a[0],即 0 行首地址	2000
a[0], *a(+0), *a	0 行 0 列元素的地址	2000
a+1, &a[1]	1 行首地址	2016
a[1], *a+1	1 行 0 列元素 a[1][0] 的地址	2016
a[1]+2, *(a+1)+2, &a[1][2]	1 行 2 列元素 a[1][2] 的地址	2024
*(a[1]+2), *(*(a+1)+2), a[1][2]	1 行 2 列元素 a[1][2] 的值	元素值为 7

从表 7.2 中可以看到有行地址和元素地址两种级别的区分。a+1 是行地址,通过 * 运算可以将其变为元素地址 *(a+1),对元素地址通过 * 运算可以得到元素的值 *(*(a+1)+0),这也是元素 a[1][0] 的值。同样,对 0 列的元素地址进行 & 运算得到行地址,&a[1] 等价于 &(*(a+1)),化简后得 a+1,即二维数组第 1 行的首地址。应注意区分 a 和 *a 的地

址值，尽管都是 2000，但所代表的含义不同，分别代表行地址和元素地址。

【例 7.6】 使用指针访问二维数组。

```
/* ex7_6.c: 使用指针访问二维数组 */
#include <stdio.h>
int main()
{
    int a[3][4]={ {1, 2, 3, 4}, {5, 6, 7, 8}, {9, 10, 11, 12} };
    int i, j, *p;
    for(i=0; i<3; i++)
    {
        for(j=0; j<4; j++)
            printf("%5d,%d,%d,%d", a[i][j], *(a[i]+j), (*(a+i))[j], *(*(a+i)+j));
        printf("\n");
    }
    for(p=a[0]; p<a[0]+12; p++)
    {
        if((p-a[0]) %4==0)
            printf("\n");
        printf("%5d", *p);
    }
    printf("\n");
}
```

程序运行结果：

```
1,1,1,1      2,2,2,2      3,3,3,3      4,4,4,4
5,5,5,5      6,6,6,6      7,7,7,7      8,8,8,8
9,9,9,9      10,10,10,10  11,11,11,11  12,12,12,12

1    2    3    4
5    6    7    8
9    10   11   12
```

程序说明如下。

(1) 该程序首先定义二维数组 a，3 行 4 列共 12 个元素。分别使用不同的变化方式输出二维数组 a 的全部元素。

(2) 第 2 个 for 循环，首先通过"p=a[0];"语句使指针变量指向二维数组 a[0][0]元素，以指针变量 p 小于 a[0]+12 作为循环的终止条件。通过"printf("%5d", *p);"输出每个元素的值。在输出过程中通过判断当前 p 的地址与数组元素 a[0][0]的地址之差，决定每 4 个元素为一行。

7.3.3 指向由多个元素组成的一维数组的指针变量

int *p 定义指针变量 p，它指向于 int 型，给 p 的赋值可以是 p=a[0]或 p=&a[0][0]，p+1 指向其下一个元素，那么 a 的值赋给什么样的指针呢？首先，a 是行地址，a+1 指向下一行，a 的值可以赋值给行指针，该指针不是指向 int 型变量的，形式如下：

基类型 (* 指针变量名)[m];

例如,"int (* p)[4];"表示定义 p 为一个指针变量,它指向包含 4 个 int 型元素的一维数组。

程序说明如下。

(1) * p 两端的括号不能省略,如果写成"int * p[4];",由于中括号的优先级高,所以 p 先与[4]结合,p[4]是一维数组的形式;再与前面的 * 结合, * p[4]就是指针数组。

(2) p 是指向一维数组的指针,如图 7.14 所示。p 只能指向一个包含 4 个 int 型元素的一维数组,p 为行指针;p+1 移到下一行,一次跳过 4 个元素。

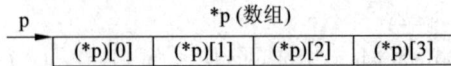

图 7.14   行指针

【例 7.7】 指向由 4 个元素组成的一维数组的指针变量。

```
/ * ex7_7.c:指向由 4 个元素组成的一维数组的指针变量 * /
#include <stdio.h>
int main()
{
    int a[3][4]={ {1, 2, 3, 4}, {5, 6, 7, 8}, {9, 10, 11, 12} };
    int i, j;
    int ( * p)[4];
    p=a;
    for(i=0; i<3; i++)
    {
        for(j=0; j<4; j++)
            printf("%5d", p[i][j]);
        printf("\n");
    }
    printf("\n");
    for(p=a; p<a+3; p++)
    {
        for(j=0; j<4; j++)
            printf("%5d", p[0][j]);
        printf("\n");
    }
}
```

程序运行结果:

```
1     2     3     4
5     6     7     8
9    10    11    12

1     2     3     4
5     6     7     8
9    10    11    12
```

程序说明如下。

（1）该程序首先定义二维数组 a，为 3 行 4 列共 12 个元素。int（ * p）[4]定义 p 是指向由 4 个元素组成的一维数组的指针变量。p 为行指针。

（2）通过语句"p＝a;"使行指针 p 指向二维数组的第 0 行，通过 p[i][j]输出数组中的每个元素。

（3）第 2 个 for 循环嵌套，首先通过"p＝a;"使指针变量指向二维数组的第 0 行，以 p 小于 a＋3 作为终止条件，p＋＋中 p 不是简单地加 1，而是加 1 后跳过 1 行，指向下一行的首地址，如图 7.15 所示。p 是行指针，不能指向某个元素，通过 p[0][i]引用该行中的每个元素。

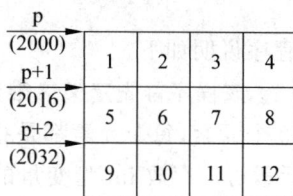

p (2000)	1	2	3	4
p+1 (2016)	5	6	7	8
p+2 (2032)	9	10	11	12

图 7.15　使用行指针访问二维数组

7.3.4　指针数组

一个数组的元素值为指针则是指针数组，指针数组是一组有序指针的集合。指针数组的所有元素都必须是具有相同存储类型和指向相同数据类型的指针变量。

指针数组说明的一般形式如下：

类型说明符 * 数组名[数组长度]

其中，类型说明符为指针值所指向的变量的类型。例如：

int * p[4];

由于中括号的优先级高于 * ，p 先与[4]结合，形成 p[4]一维数组的形式，表示 p 是数组名含有 4 个元素；然后与 p 前面的 * 结合， * 表示此数组是指针型的。每个数组元素可以指向 int 型变量。

【例 7.8】　指针数组的使用。

```
/ * ex7_8.c: 指针数组 * /
#include <stdio.h>
int main()
{
    int a[3][4]={ {1, 2, 3, 4}, {5, 6, 7, 8}, {9, 10, 11, 12} };
    int i, j;
    int * p[3];
    for(i=0; i<3; i++)
    {
        p[i]=a[i];
    }
    for(i=0; i<3; i++)
    {
        for(j=0; j<4; j++)
            printf("%5d", p[i][j]);
        printf("\n");
    }
}
```

程序运行结果：

```
1    2    3    4
5    6    7    8
9   10   11   12
```

程序说明如下。

(1) 该程序首先定义二维数组 a,为 3 行 4 列共 12 个元素。int * p[3]定义指针数组 p,含有 3 个元素,每个元素都是指向 int 型的指针变量,即 3 个元素可以存放 int 型变量的地址。

(2) 通过在 for 循环中使用 p[i]=a[i]语句,将二维数组 a 的每一行第 0 列元素的地址存放在指针数组 p 中的 3 个元素中,使每个元素指向二维数组对应的每行的第 0 列,如图 7.16 所示。

指针数组

a[0]	→	1	2	3	4
a[1]	→	5	6	7	8
a[2]	→	9	10	11	12

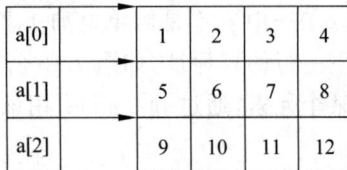

图 7.16   指针数组访问二维数组

(3) 程序最后通过 for 循环嵌套,使用 p[i][j]语句输出二维数组 a 中的每一个元素。

7.3.5   指向指针数据的指针

如果一个指针变量存放的又是另一个指针变量的地址,则称这个指针变量为指向指针的指针变量。

通过指针访问变量称为间接访问。由于指针变量直接指向变量,所以称为"单级间址"。通过指向指针的指针变量来访问变量则构成"二级间址",如图 7.17 所示。

如例 7.8 所示,p 为指针数组,数组中的每个元素存放地址,数组名 p 代表该指针数组的首元素的地址。p+i 是 p[i]的地址,是指向指针型数据的指针。还可以设置一个指针变量 dp,用于指向指针数组的元素,如图 7.18 所示。

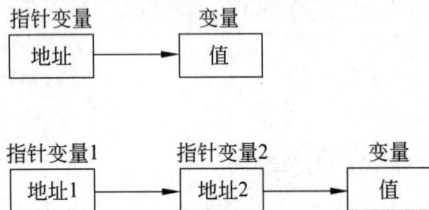

指针变量   变量
| 地址 | → | 值 |

指针变量1   指针变量2   变量
| 地址1 | → | 地址2 | → | 值 |

图 7.17   指向指针的指针

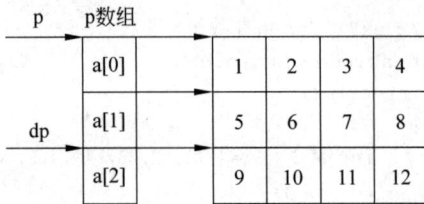

p   p数组
| a[0] | → | 1 | 2 | 3 | 4 |
| a[1] | → | 5 | 6 | 7 | 8 |
dp
| a[2] | → | 9 | 10 | 11 | 12 |

图 7.18   用指向指针的指针访问二维数组

【例 7.9】 指向指针数据的指针。

```c
/* ex7_9.c: 指向指针数据的指针 */
#include <stdio.h>
int main()
{
    int a[3][4]={ {1, 2, 3, 4}, {5, 6, 7, 8}, {9, 10, 11, 12} };
    int i, j;
    int *p[3];
    int * * dp;
    for(i=0; i<3; i++)
```

```
    {
        p[i]=a[i];
    }
    dp=p;
    for(i=0; i<3; i++)
    {
        for(j=0; j<4; j++)
            printf("%5d", dp[i][j]);
        printf("\n");
    }
}
```

程序运行结果：

```
1     2     3     4
5     6     7     8
9    10    11    12
```

程序说明如下。

（1）该程序首先定义二维数组 a，为 3 行 4 列共 12 个元素。指针数组 p 中的 3 个元素分别指向二维数组 a 的每一行的第 0 列。

（2）int＊＊dp 定义 dp 指向 int 型指针变量的指针，即 dp 只能存放指向 int 型指针变量的地址。"dp＝p;"表示 dp 指向指针数组的首元素。在 for 循环中通过 dp[i][j]输出二维数组 a 的每一个元素。

7.4　指针与字符串

字符数组可以用来存放字符串，使用指向字符类型的指针变量也可以访问字符串。

用指针变量访问字符串分两步：①先定义一个指向字符型的指针变量；②将一个字符串的首地址赋值给该指针变量。

【例 7.10】　字符指针的定义和使用。

程序代码：

指针与字符串、函数

```
/＊ex7_10.c：字符指针的定义和使用＊/
#include <stdio.h>
int main()
{
    char ＊p="This is a string";
    printf("%s\n", p);
}
```

程序运行结果：

This is a string

程序说明如下。

（1）C 语言对字符串常量是按字符数组处理的，在内存中会开辟一段连续的存储单元。"char＊p＝"This is a string";"语句是在定义指针变量的同时给 p 初始化，实际上是将字符串在内存中的首地址赋给指针变量 p，而不是把一个字符串赋给指针变量。

（2）"char＊p＝"This is a string";"语句等价于"char＊p; p＝"This is a string""。

下面介绍字符串指针变量与字符数组的区别。

用字符串指针变量和字符数组都可以实现字符串的存储和运算，但是两者是有区别的。在使用时应注意以下几个问题。

（1）存储形式不同。字符串指针变量本身是一个变量，用于存放字符串的首地址；字符串本身是存放在以该首地址为首的一块连续的内存空间中并以'\0'作为串的结束；字符数组是由若干个数组元素组成的，它可用来存放整个字符串。

（2）初始化形式不同。对指向字符类型的指针变量初始化形式如下：

char＊p="This is a string";

对字符数组的初始化形式如下：

char s[]={"This is a string"};

（3）赋值方式不同。对指向字符类型的指针变量可以赋值，例如：

char＊p; p="This is a string";

而对于字符数组只能逐个元素赋值，例如：

char s[20]; for(i=0; i<20; i++) s[i]='a';

不能写为

char s[20]; s={"This is a string"};

s 是数组名，为地址常量，不能给常量赋值。只能在数组定义时整体赋值，或者使用语句"strcpy(s,"This is a string");"。不能在赋值语句中整体赋值。

（4）字符串的输入。定义一个字符数组，在编译时分配存储单元，有确定的地址。

例如，"char st[20];"可以使用"scanf("%s",st);"输入字符串。定义指向字符类型的指针变量时，如"char＊p;"，只是给指针变量分配存储单元，但是 p 没有确切的指向，此时使用"scanf("%s",p);"是错误的。因此，应当首先使指针变量 p 有确定的指向。例如，"p=st;"，然后使用 scanf()函数来输入字符串。

（5）数组名运算。指针变量的值可以改变。

【例 7.11】 指向字符类型的指针变量。

程序代码：

```
/＊ex7_11.c:指向字符类型的指针变量＊/
#include <stdio.h>
int main()
{
    char＊p="01234567";
    p+=3;
    printf("%c,%s", ＊p, p);
```

```
    printf("\n");
}
```

程序运行结果：

3,34567

程序说明如下。

(1) 定义指向字符类型的指针变量 p，用于存放字符串"01234567"在内存中的首地址。注意不是存放字符串的值。

(2)"p+=3;"使指针变量 p 指向元素 3。

(3) 使用%c 格式字符输出指针变量所指向的元素，结果为 3。使用%s 格式字符时，从指针变量 p 所指的元素开始往后输出，直到遇到'\0'结束，结果为 34567。

(4) 用指针变量指向一个格式字符串，可以代替 printf()函数中的格式字符串。例如：

```
int a=10, b=20;
char * p="a=%d,b=%d\n";
printf(p, a, b);
```

7.5　指针与函数

7.5.1　函数指针变量

在 C 语言中，一个函数总是占用一段连续的内存区，而函数名就是该函数所占内存区的首地址。我们可以把函数的这个首地址（或称入口地址）赋值给一个指针变量，使该指针变量指向该函数，然后通过指针变量就可以找到并调用这个函数。我们把这种指向函数的指针变量称为"函数指针变量"。

函数指针变量定义的一般形式如下：

类型说明符 (* 指针变量名)(形参类型表);

其中，"类型说明符"表示被指函数的返回值的类型，"(* 指针变量名)"表示"*"后面的变量是定义的指针变量，最后的空括号表示指针变量所指的是一个函数。例如：

int (* pf)();

其中，pf 是一个指向函数入口的指针变量，该函数的返回值（函数值）是整型。

【例 7.12】　使用指针形式实现对函数调用的方法。

程序代码：

```
/ * ex7_12.c: 函数指针变量 * /
#include <stdio.h>
int max(int a, int b)
{
    return a>b ? a : b;
}
```

```
int min(int a, int b)
{
    return a<b ? a : b;
}
int main()
{
    int x, y, z;
    int (*pf)(int, int);
    printf("请输入两个整数\n");
    scanf("%d%d", &x, &y);
    pf=max;
    z=(*pf)(x, y);
    printf("最大值是%d\n", z);
    pf=min;
    z=(*pf)(x, y);
    printf("最小值是%d\n", z);
}
```

程序运行结果：

```
请输入两个整数
10 20
最大值是 20
最小值是 10
```

程序说明如下。

(1) main()函数中 int (*pf)(int,int)定义 pf 为函数指针变量,可以指向含有两个 int 类型的形参且返回值为 int 类型的函数。

(2) 把被调函数的入口地址(函数名)赋值给该函数指针变量。例如,"pf＝max;"中只需给出函数名即可,不需要写括号和形参。同样,pf 也可以指向求最小值的函数 min(),如"pf＝min;"。

(3) 用函数指针变量形式调用函数,调用函数的一般形式如下：

(*指针变量名) (实参表);

例如：

z=(*pf)(x,y);

(4) 使用函数指针变量还应注意以下两点。

① 函数指针变量不能进行算术运算,这与数组指针变量是不同的。数组指针变量加减一个整数可使指针移动指向后面或前面的数组元素,而函数指针的移动,如"pf＋＋;"或"pf－－;"是毫无意义的。

② 函数调用中"(*指针变量名)"两边的括号不可少,其中的"*"不应该理解为求值运算,在此处它只是一种表示符号。

7.5.2 指针型函数

一个函数可以返回一个整型、实型、字符型等,也可以返回指针型数据,即返回一个地

址。这种返回指针值的函数称为指针型函数,一般定义形式如下:

```
类型说明符 * 函数名(形参表)
{
    ...              /* 函数体 */
}
```

其中,函数名之前加了"*"号表明这是一个指针型函数,即返回值是一个指针。类型说明符表示了返回的指针值所指向的数据类型。

【例 7.13】　本程序是通过指针函数求数组中的最大值。

程序代码:

```
/* ex7_13.c: 本程序是通过指针函数求数组中的最大值 */
#include <stdio.h>
int * max(int a[], int n)
{
    int i, * p;
    p=a;
    for(i=1; i<n; i++)
        if(a[i]> * p)
            p=&a[i];
    return p;
}
int main()
{
    int a[]={10, 20, 15, 30, 24};
    int * m;
    m=max(a, 5);
    printf("最大值是%d\n", * m);
}
```

程序运行结果:

最大值是 30

程序说明如下。

(1) 本例中定义了一个指针型函数 max(),它的返回值指向数组元素中的最大值。在 main()函数中,通过语句"m=max(a,5);"调用指针型函数。在 max()函数中通过比较,将最大值元素的地址赋值给指针变量 p,最终通过"return p;"语句返回。

(2) 应注意函数指针变量和指针型函数两者在写法和意义上的区别,如 int(*p)()和 int * p()是两个完全不同的量。

① int (*p)()是一个变量说明,说明 p 是一个指向函数入口的指针变量,该函数的返回值是整型量,"(*p)"两边的括号不能少。

② int * p()则不是变量说明而是函数说明,说明 p 是一个指针型函数,其返回值是一个指向整型量的指针,* p 两边没有括号。作为函数说明,在括号内最好写入形式参数,这样便于与变量说明区别。

7.6　课　堂　案　例

7.6.1　案例7.1：完成行列式基于行或列的求和运算问题

1. 案例描述

编程实现一个数据表,用户可以向系统中动态地输入一批正整数,并能完成基于行或列的求和运算。

2. 案例分析

(1) 功能分析。根据案例描述,需要创建一个二维数组,用于存放输入的行列式的值,然后实现不同方式的求和运算。

(2) 数据分析。根据功能要求,需要定义一个二维数组,同时定义一个指向二维数组的指针变量,通过指针读取数组中的数据。

3. 设计思想

(1) 创建一个二维数组,使用循环语句为其赋值。

(2) 在循环结构中使用指针读取数组中的数据并输出。

(3) 根据案例要求,在程序中使用两个函数分别实现不同方式的求和运算。

(4) 同时在主函数中创建函数指针,当用户做出选择之后,根据选择结果调用函数。

4. 程序实现

```c
/*数据表格的处理*/
#include<stdio.h>
void sumbyrow(int(*arr)[4],int row,int *sum);
void sumbycol(int(*arr)[4],int col,int *sum);
int main()
{
  int dataTable[5][4]={0};          //定义数据表
  int i,j;
  int(*p)[4]=dataTable;             //定义数组指针
  printf("录入数据中...\n");
  for(i=0;i<5;i++)
  {
    for(j=0;j<4;j++)
      dataTable[i][j]=i*4+j;
  }
  printf("录入完毕\n");
  printf("输出数据:\n");
  for(i=0;i<5;i++)
  {
    for(j=0;j<4;j++)
```

```
      printf("\t%d",*(*(p+i)+j));
    printf("\n");
  }
  int select,pos,sum;
  void(*q)(int (*)[4],int ,int *);//定义函数指针
  //求和计算
  printf("请输入求和方式(行:0/列:1)");
  scanf("%d",&select);
  printf("选择行/列:");
  scanf("%d",&pos);
  if(select==0)
  {
    printf("按行求和,第%d行数据",pos);
    q=sumbyrow;
  }
  else if(select==1)
  {
    printf("按列求和,第%d列数据",pos);
    q=sumbycol;
  }
  (*q)(dataTable,pos,&sum);
  printf("求和结果为:%d\n",sum);
  return 0;
}
//按行求和
void sumbyrow(int (*arr)[4],int row,int *sum)
{
  int i=0;
  *sum=0;
  for(i=0;i<4;i++)
    *sum+=*(*(arr+row-1)+i);
}
//按列求和
void sumbycol(int (*arr)[4],int col,int *sum)
{
  int i=0;
  *sum=0;
  for(i=0;i<5;i++)
    *sum+=*(*(arr+i)+col-1);
}
```

5. 运行程序

程序运行结果如图 7.19 所示。

7.6.2　案例 7.2：字符串排序问题

1. 案例描述

输入 5 个国名,并按字母顺序排列后输出。

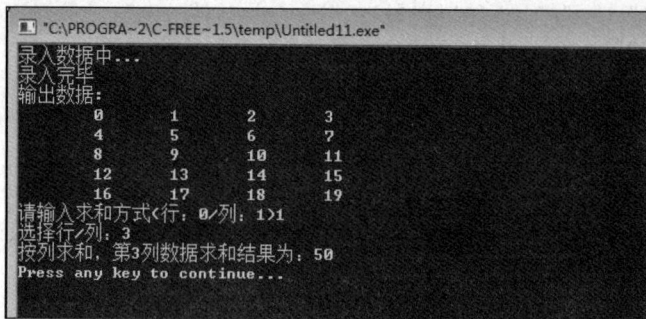

图 7.19　案例 7.1 的程序运行结果

2. 案例分析

根据描述,程序实现的功能是对输入的字符串进行排序。

3. 设计思想

(1) 定义一个 sort() 函数完成排序,其形参为指针数组 name,即为待排序的各字符串数组的指针;形参 n 为字符串的个数。在 sort() 函数中采用了 strcmp() 函数对两个字符串比较,该函数允许参与比较的字符串以指针方式出现。

(2) 定义另一个 print() 函数,用于输出排序后的字符串,其形参与 sort() 函数的形参相同。

(3) 主函数 main() 中定义了指针数组 name 并做了初始化赋值,然后分别调用 sort() 函数和 print() 函数完成字符串的排序和输出。

4. 程序实现

```c
/* 输入 5 个国名并按字母顺序排列后输出 */
#include <string.h>
#include <stdio.h>
void sort(char * name[],int n){
  char * pt;
  int i,j,k;
  for(i=0;i<n-1;i++)
  {
      k=i;
      for(j=i+1;j<n;j++)
          if(strcmp(name[k],name[j])>0) k=j;
      if(k!=i)
      {
          pt=name[i];
          name[i]=name[k];
          name[k]=pt;
      }
  }
}
void print(char * name[],int n)
```

```
{
  int i;
  for (i=0;i<n;i++) printf("%s\n",name[i]);
}
int main()
{
  void sort(char * name[],int n);
  void print(char * name[],int n);
  static char * name[]={"CHINA","AMERICA","AUSTRALIA","FRANCE","GERMAN"};
  int n=5;
  sort(name,n);
  print(name,n);
}
```

5. 运行程序

程序运行结果如图 7.20 所示。

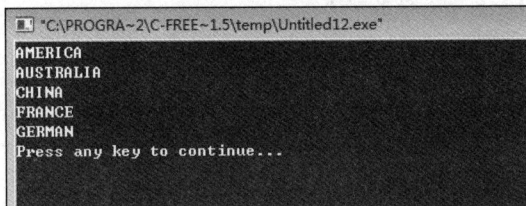

图 7.20　案例 7.2 的程序运行结果

7.7　项　目　实　训

7.7.1　实训 7.1：基本能力实训

1. 实训题目

指针变量的定义及使用指针变量作为函数的参数。

2. 实训目的

掌握指针变量的定义,熟练使用指针变量访问数组。

3. 实训内容

(1) 调试程序并观察结果。

① 执行下列程序后,a 的值为_____,b 的值为_____,n 的值为_____。

```
#include <stdio.h>
int main()
{
```

```
    int a, b, k=2, m=4, n=6;
    int * pk=&k, * p2=&m, * p3;
    a= * pk;
    b=4 * (- * pk)/( * p2)+5;
    * (p3=&n)= * pk * ( * p2);
    printf ("%d  %d  %d\n", a, b, n);
}
```

② 程序的运行结果是_____。

```
#include <stdio.h>
void fun(int * s,int n1,int n2)
{
    int i,j,t;
    i=n1;
    j=n2;
    while(i<j)
    {
        t=s[i]; s[i]=s[j]; s[j]=t;
        i++;j--;
    }
}
int main()
{
    int a[10]={1,2,3,4,5,6,7,8,9,0},k;
    fun(a,0,3);
    fun(a,4,9);
    fun(a,0,9);
    for(k=0;k<10;k++)
        printf("%d",a[k]);
    printf("\n");
}
```

③ 程序的运行结果是_____。

```
#include <stdio.h>
void change (int k[])
{
    k[0]=k[5];
}
int main()
{
    int x[10]={1,2,3,4,5,6,7,8,9,10},n=0;
    while (n<=4)
    {
        change(&x[n]);
        n++;
    }
    for(n=0;n<5;n++)
        printf("%d", x[n]);
    printf("\n");
}
```

④ 程序的运行结果是_____。

```c
#include <stdio.h>
int main()
{
    static int a[3][2]={{12},{14,16},{1,2}};
    int *p=a[1];
    printf("%d\n", *(p+1));
    printf("%d\n", *(p+3));
}
```

⑤ 程序的运行结果是_____。

```c
#include <stdio.h>
int main()
{
    char *p, *q;
    char str[]="Hello,World\n";
    q=p=str;
    p++;
    printf("%s\n",q);
    printf("%s\n",p);
}
```

(2) 编写程序,使用指针实现。

① 输入三个整数,按由大到小的顺序输出。

程序代码如下:

```c
#include <stido.h>
int main()
{
    void sort(int *p1, int *p2, int *p3);
    int a, b, c;
    int *p1=0, *p2=0, *p3=0;
    printf("请输入三个整数:");
    scanf_s("%d %d %d", &a, &b, &c);
    p1 =&a;
    p2 =&b;
    p3 =&c;
    sort(p1, p2, p3);
    printf("%d %d %d", a, b, c);
    return 0;
}
void sort(int *p1, int *p2, int *p3)
{
    if (*p1> *p2)
    {
        int temp;
        temp = *p1;
        *p1 = *p2;
        *p2 =temp;
```

211

```
    }
    if ( * p1 > * p3)
    {
        int temp;
        temp = * p1;
        * p1 = * p3;
        * p3 =temp;
    }
    if ( * p2> * p3)
    {
        int temp;
        temp = * p2;
        * p2 = * p3;
        * p3 =temp;
    }
}
```

② 编写一个函数，实现两个字符串的比较。

```
int strcmp(char * p1,char * p2)
{
    int i=0;
    while( * (p1+i)== * (p2+i))
        if( * (p1+i++)=='\0')
            return 0;
    return * (p1+i)- * (p2+i);
}
```

（3）编程第一小题下面的程序代码。（输入 10 个整数，将其中最小的数和第一个数对换，把最大的数与最后一个数对换。）

程序代码如下：

```
#include<stdio.h>
void max(int * p)
{
    int max,temp;
    int i,j;
    int index;
    for(i=0;i<9;i++)
    {
        max = * (p+i);
        index =i;
        for(j=1;j<10;j++)
        {
            if(max < * (p+j))
            {
                max = * (p+j);
                index =j;
            }
        }
    }
    temp = * (p +index);
    * (p +index) = * (p +9);
    * (p +9) =temp;
```

```
}
void min(int * p)
{
    int min,temp;
    int i,j;
    int index;
    for(i=0;i<10;i++)
    {
        min = * (p+i);
        index =i;
        for(j=1;j<10;j++)
        {
            if(min > * (p+j))
            {
                min = * (p+j);
                index =j;
            }
        }
    }
    temp = * (p +index);
    * (p +index) = * (p +0);
    * (p +0) =temp;
}

int main(int argc, const char * argv[])
{
    int a[10];
    int i;
    for(i=0;i<10;i++)
    {
        scanf("%d",&a[i]);
    }
    min(a);
    max(a);
    for(i=0;i<10;i++)
    {
        printf("%d\t",a[i]);
    }
    printf("\n");
    return 0;
}
```

7.7.2 实训 7.2：拓展能力实训

1. 实训题目

指针变量作为函数参数。

2. 实训目的

熟练使用函数传地址的方法。

3. 实训内容

（1）输入 10 个整数，将其中最小的数和第一个数对换，把最大的数与最后一个数对换。编写程序，并分别定义以下 3 个函数。

```c
#include <stdio.h>
void max(int * p)
{
    int max,temp;
    int i,j;
    int index;
    for(i=0;i<9;i++)
    {
        max = * (p+i);
        index =i;
        for(j=1;j<10;j++)
        {
            if(max < * (p+j))
            {max = * (p+j);index =j; }
        }
    }
    temp = * (p +index);
    * (p +index) = * (p +9); * (p +9) =temp;
}

void min(int * p)
{
    int min,temp;
    int i,j;
    int index;
    for(i=0;i<10;i++)
    {
        min = * (p+i);
        index =i;
        for(j=1;j<10;j++)
        {
            if(min > * (p+j))
            {min = * (p+j);index =j; }
        }
    }
    temp = * (p +index);
    * (p +index) = * (p +0);
    * (p +0) =temp;
}
int main(int argc, const char * argv[])
{
    int a[10];
```

```
    int i;
    for(i=0;i<10;i++)
    {
        scanf("%d",&a[i]);
    }
    min(a);
    max(a);
    for(i=0;i<10;i++)
    {
        printf("%d\t",a[i]);
    }
    printf("\n");return 0;
}
```

（2）有 n 个整数，使其前面各数顺序向后移 m 个位置，最后 m 个数变成最前面 m 个数。

7.8　拓展阅读　细节决定成败

人们常说"细节决定成败"，这句话在指针的学习中尤为明显。" $*$ p"和" $\&$ p"之间可谓"失之毫厘，谬以千里"。

1961 年 4 月 12 日，苏联宇航员加加林乘坐 4.75 吨重的"东方 1 号"航天飞船进入太空遨游了 89 分钟，成为世界上第一位进入太空的宇航员。他为什么能够从 20 多名宇航员中脱颖而出？原来，在确定人选前一个星期，航天飞船的主设计师罗廖夫发现，在进入飞船前，只有加加林一个人脱下鞋子并只穿袜子进入座舱。就是这个细小的举动，一下子赢得了罗廖夫的好感，他感到这个 27 岁的青年既懂规矩，又如此珍爱他为之倾注心血的飞船，于是决定让加加林执行人类首次太空飞行的神圣使命。加加林通过一个不经意的细节，表现了他珍爱他人劳动成果的修养和素质，也使他成为遨游太空的第一人。

推而广之，同学们在将来走上自己的工作岗位时同样如此。做一项工作，不仅要考虑清楚工作的目的、内容、内外部制约因素，还需要考虑好工作时可能涉及的各种细节。周恩来总理曾经说过一句话："世间的事情，大道理管着小道理。"许多事情看起来风马牛不相及，但究其本质才会发现，事物之间是相通的，就像" $*$ p"和" $\&$ p"。细节决定程序结果是否正确，细节同样决定你的工作成败。

本 章 小 结

指针是 C 语言的精华。指针使用较为灵活，可以提高程序的运行效率。本章介绍了指针的概念和变量内存地址的关系、指针变量的定义、通过指针引用数组或引用字符串、指针与函数的关系等内容。

（1）明确指针的含义。指针就是地址，变量的指针就是变量的地址，存放变量地址的变量称为指针变量。

(2) 正确地定义指针变量和赋值运算。如"int a, * p;"在定义时,* 不做任何运算说明,则后面的变量 p 是指针变量,它指向 int 型,即 p 只能存放 int 型变量的地址,即"p＝&a;"。注意区分指针和指针变量,在这里指针变量是 p 而不是 * p,指针变量 p 中存放的值 &a 是指针。

(3) 指针变量的运算包括以下几类。

① 指针变量的赋值运算。

取变量的地址:

```
int a, * p; p=&a;
```

取数组的首地址:

```
int a[10], * p; p=a; p=&a[0];
```

指向相同类型的指针变量相互赋值:

```
int a, * p, * q; p=&a; q=p;
```

申请内存空间获取首地址:

```
int * p; p=(int * )malloc(sizeof(int));
```

指针变量赋空值:

```
int * p; p=NULL;
```

其中,NULL 是一个符号常量,代表整数 0。在 stdio.h 头文件中对 NULL 进行了如下定义:

```
#define NULL 0
```

"p＝NULL;"的作用与"p＝0;"相同。

② 指针变量的算术运算。指向一维数组的指针可以与整数进行运算,如"p＋＋;p－－;p＋＝1;p－＝1;"等。"p＋＋;p＝p＋1;"不是简单地将字节数加 1,而是指向下一个元素。

指向同一个数组的两个指针变量可以做减法运算。如"int a[10], * p, * q; p＝a; q＝a＋5;"如果两个指针变量做减法运算,即"q－p",则结果是整数,表示两个指针之间相差的元素个数。

③ 指针变量的关系运算。指向同一个数组的两个指针变量可以比较大小,确定彼此的位置。

(4) 深入理解通过指针变量访问一维数组的方法。访问数组元素有两种方法:下标法为"a[i],p[i];",指针法为" * (a+i), * (p+i)"。

(5) 通过指针访问二维数组,方法更为灵活,需要加强练习。

本章介绍了指针的基本概念和初步应用。指针的使用非常灵活,需要多练习及多上机调试程序,弄清细节并积累经验。

习　题

1. 选择题

(1) 已知"int ＊p,a;",则语句"p＝&a;"中的 & 运算符的含义是(　　)。
　　A. 位与运算　　　　　　　　　　　　B. 逻辑与运算
　　C. 取指针内容　　　　　　　　　　　D. 取变量地址

(2) 已知"int x;",则下面说明指针变量 pb 的语句中(　　)是正确的。
　　A. int pb＝&x;　　　　　　　　　　B. int ＊pb＝x;
　　C. int ＊pb＝&x;　　　　　　　　　D. ＊pb＝＊x;

(3) 已知"int a,＊p＝&a;",则下列函数调用中错误的是(　　)。
　　A. scanf("%d",&a);　　　　　　　　B. scanf("%d",p);
　　C. printf("%d",a);　　　　　　　　 D. printf("%d",p);

(4) 已知"int i＝0,j＝1,＊p＝&i,＊q＝&j;",错误的语句是(　　)。
　　A. i＝＊&j;　　　B. p＝&＊&i;　　　C. j＝＊p++;　　　D. i＝＊&q;

(5) 已知"int a[]＝{1,2,3,4,5,6,7,8,9,10,11,12},＊p＝a;",则值为 3 的表达式是(　　)。
　　A. p+＝2,＊(p++.)　　　　　　　　B. p+＝2,＊++p
　　C. p+＝3,＊p++　　　　　　　　　D. p+＝2,++＊p

(6) 已知"int a[]＝{1,2,3,4},y,＊p＝&a[1];",则执行语句 y＝(＊--p++)之后,变量 y 的值为(　　)。
　　A. 1　　　　　　　B. 2　　　　　　　C. 3　　　　　　　D. 4

(7) 已知"int a[10]＝{1,2,3,4,5,6,7,8,9,10},＊p＝a;",则不能表示数组 a 中元素的表达式是(　　)。
　　A. ＊p　　　　　　B. a[10]　　　　　C. ＊a　　　　　　D. a[p-a]

(8) 已知"char b[5],＊p＝b;",则正确的赋值语句是(　　)。
　　A. b＝"abcd";　　B. ＊b＝"abcd";　　C. p＝"abcd";　　D. ＊p＝"abcd";

(9) 已知"char s[100];int i;",则在下列引用数组元素的语句中错误的表示形式是(　　)。
　　A. s[i+10]　　　B. ＊(s+i)　　　　C. ＊(i+s)　　　　D. ＊((s++)+i)

(10) 已知"char s[10],＊p＝s;",则在下列语句中错误的语句是(　　)。
　　A. p＝s+5;　　　B. s＝p+s;　　　C. s[2]＝p[4];　　 D. ＊p＝s[0];

(11) 语句"int (＊p)();"的含义是(　　)。
　　A. p 是一个指向一维数组的指针变量
　　B. p 是指针变量,指向一个整型数据
　　C. p 是一个指向函数的指针,该函数的返回值是一个整型
　　D. 以上都不对

(12) 已知函数说明语句"int ＊f();",则它的含义是(　　)。

A. f()函数的返回值是一个 int 型的指针

B. f()函数的返回值可以是任意的数据类型

C. f()函数无返回值

D. f()指针指向一个函数,该函数无返回值

(13) 下列对字符串的定义中,错误的是(   )。

    A. char str[7]="FORTRAN"

    B. char str[]="FORTRAN"

    C. char * str="FORTRAN"

    D. char str[]={'F','O','R','T','R','A','N',0}

(14) 已知"int b[]={1,2,3,4},y, * p=b;",则执行语句"y= * p++;"之后,变量 y 的值为(   )。

    A. 1   B. 2   C. 3   D. 4

(15) 若有定义语句"double x[5]={1.0,2.0,3.0,4.0,5.0}, * p=x;",则错误引用 x 数组元素的是(   )。

    A. * p   B. p[5]   C. * (p+1)   D. * x

(16) 语句"int a=10, * point=&a;",(   )其值不为地址。

    A. point   B. &a   C. &point   D. * point

(17) 若 p 为指针变量,y 为变量,则"y= * p++;"的含义是(   )。

    A. y= * p;p++   B. y=(* p)++

    C. y=p;p++   D. p++;y= * p

(18) 下列说明或赋值语句,不正确的是(   )。

    A. char * p;p="Visual C++ ";

    B. char p1[12]={'v','i','s','u'};

    C. char p2[12];p2="Visual C++ "

    D. char p3[]="Visual";

(19) 已知"char str[]="OK!";",对指针变量 ps 的说明和初始化是(   )。

    A. char ps=str;   B. .char * ps=str;

    C. char ps=&str;   D. char * ps=&str;

(20) 设有说明语句"char * s[]={"student","Teacher","Father","Month"}, * ps=s[2];",执行语句"printf("%c,%s,%c", * s[1],ps, * ps);",则输出为(   )。

    A. T,Father,F   B. Teacher,F,Father

    C. Teacher,Father,Father   D. 语法错,无输出

2. 填空题

(1) 对于变量 x,其地址可以写成_____;对于数组 y[10],其首地址可以写成_____或_____;对于数组元素 y[3],其地址可以写成_____或_____。

(2) 设有定义语句"int k, * p1=&k, * p2;",能完成"p2=&k"功能的表达式可以写成_____。

(3) 设有下列定义语句"int x[3]={1,2,3}, * p1= x,**p2=&p1;",则表达式"**p2"

的值是＿＿＿＿＿，表达式"＊(＊p2＋1)"的值是＿＿＿＿＿。

(4) 设有定义语句"int x[3]＝{1,2,3},＊p1＝ x,**p2＝&p1;",则表达式"**p2"的值是＿＿＿＿＿，表达式"＊(＊p2＋1)"的值是＿＿＿＿＿。

(5) 有程序段"int ＊p,a＝10,b＝1;p＝&a; a＝＊p＋b;",执行该程序段后,a 的值为＿＿＿＿＿。

(6) 有语句"int a[10]＝{1,2,3,4,5,6,7,8,9,10},＊p＝a;",则表达式 ＊(p＋8)的数值为＿＿＿＿＿。

(7) 下列程序的输出结果是＿＿＿＿＿。

```
point(char * p){p+=3;}
int main(){ char b[4]={'a','b','c','d'}, * p=b;point(p); printf("%c\n", * p);}
```

(8) 若有定义和语句"int a[3][4],(＊q)[4];q＝a;",则"＊(q＋2);"的正确含义是＿＿＿＿＿。

(9) 若有变量定义和函数调用语句"int a＝25;print_value(&a);",则函数"int print_value(int ＊ x){printf("%d\n",＋＋＊x);}"的正确输出结果是＿＿＿＿＿。

(10) 设有定义和语句为"int a[3][2]＝{10,20,30,40,50,60},(＊p)[2]; p＝a;",则 ＊(＊(p＋2)＋1)的值为＿＿＿＿＿。

第8章 结构体和共用体

【内容概述】

前面介绍了使用基本数据类型(如整型、字符型等)变量存储数据的方法,然而在实际应用中,有时需要将不同类型但相关的数据组合成一个整体,并使用一个变量来描述和引用。C 语言提供了名为"结构体"的数据类型来描述这类数据。本章主要介绍结构体的定义、赋值和引用,并通过对结构体与数组、结构体与函数的结合来提高学生对结构体的综合应用能力。

【学习目标】

通过本章的学习,要求学生掌握结构体类型和变量的定义,结构体类型的变量、结构体类型的数组及结构体类型的指针的应用,以及共用体类型的定义和使用。

8.1 结 构 体

数组是同类型数据元素的集合,用于解决大量同类型数据处理问题。但在实际应用中,通常要处理的对象只用一种简单的数据类型是不能描述完整的,可能要处理多种类型结合在一起的复杂的数据结构。例如,对学生基本情况的描述,包含学号、姓名、考试成绩、平均成绩等,这些构成学生属性的数据不属于同一类型。如果用简单变量来分别代表各个属性,则难以反映出它们的内在联系,而且使程序冗长难读,用数组又无法容纳不同类型的元素。C 语言提供了一种称为结构体的构造数据类型用于解决上述问题,与之相近的另一种数据类型为共用体。

在 C 语言中,结构体(struct)指的是一种数据结构,是 C 语言中聚合数据类型的一类。结构体可以被声明为变量、指针或数组等,用以实现较复杂的数据结构。结构体同时也是一些元素的集合,这些元素称为结构体的成员(member),且这些成员可以为不同的类型。成员一般用名字访问。

8.1.1 结构体的定义

结构体是一个用同一名字引用的变量集合体,它提供了将相关信息组合在一起的手段。结构体是用户自定义的数据类型,结构体的定义是定义结构体名字和组成结构体的成员属性,也是建立一个可用于定义结构体类型变量的模型。

定义一个结构体类型的一般格式如下:

```
struct 结构体名
{
    类型名　成员变量名 1;
    类型名　成员变量名 2;
    …
};
```

结构体类型定义与变量

功能:定义一个结构体类型。

说明如下。

(1) struct 是关键字。结构体名是用户自定义的标识符,其命名规则与变量相同。

(2) 大括号中是组成该结构体类型的数据项,或称为结构体中的成员。每个类型后面可以定义多个不同类型的成员。

(3) 结构体成员的数据类型可以是简单的类型、数组、指针或已定义过的结构体类型等。

(4) 结构体类型的定义部分一般是放在函数外。

(5) 定义后使用分号结束。构成结构体的每一个类型变量称为结构体成员,它像数组的元素一样。但数组中元素是以下标来访问,而结构体是按成员变量名字来访问成员。定义一个结构体类型与定义一个变量不同,定义结构体时系统不会分配内存单元来存放各数据项成员,而是告诉系统它由哪些类型的成员构成,各是什么数据类型,并把它们当作一个整体来处理。

例如,在描述学生成绩时,通常需要了解他们的学号、姓名、成绩以及平均分等信息。比如一个学生的情况可以如表 8.1 所示。

表 8.1　学生成绩表

num	name	sex	course	score
20172101	Li Xiaoming	M	Java	87

下面就是一个结构体类型 student 的定义。

```
struct student
{
    int num;
    char name[10];
    char sex;
    char course[20];
    int score[2];
};
```

其中,struct 是定义结构体类型的关键字;student 是结构体类型的名字,5 个成员变量组成一个结构体类型(student)。结构体类型定义了之后,student 相当于系统提供的 int、float 和 char 等类型说明符。

8.1.2 结构体变量的定义

通过用户定义的结构体类型 student 来定义结构体变量,系统为结构体变量分配存储单元,可以将数据存放在结构体变量单元中。结构体变量的定义可以采用下面三种方法。

(1) 在定义了一个结构体类型之后定义结构体变量。例如:

```
struct student
{
    int num;
    char name[10];
    char sex;
    char course[20];
    int score[2];
};
struct student stu1,stu2;
```

上面定义了两个结构体变量 stu1、stu2,它们是已定义的 student 结构体类型,系统为每个结构体变量分配存储单元。使用 student 结构体类型定义结构体变量时,要在前面加上 struct 关键字。

定义 stu1 和 stu2 为 struct student 类型变量,即它们是具有 struct student 类型的结构,如表 8.2 所示。

表 8.2 stu1 和 stu2 的成员表

stu1					stu2				
num	name	sex	course	score	num	name	sex	course	score
20172101	Li Xiaoming	M	Java	87	20172102	Zhang Li	F	PHP	92

在实际应用中,为了使用方便,通常用一个符号常量代表一个结构体类型。在程序开始处可使用如下语句。

```
#define STUDENT struct student
```

这样 STUDENT 与 struct student 等价。可以使用 STUDENT 定义变量,例如:

```
STUDENT stu1,stu2;
```

(2) 在定义了一个结构体类型时可以定义结构体变量。例如:

```
struct student
{
    int num;
    char name[10];
    char sex;
    char course[20];
    int score[2];
}stu1,stu2;
```

在定义结构体类型时可以直接定义结构体变量 stu1 和 stu2。

（3）直接定义结构体类型的变量。例如：

```
struct
{
    int num;
    char name[10];
    char sex;
    char course[20];
    int score[2];
}stu1,stu2;
```

如果直接定义了 stu1 和 stu2 两个结构体变量，结构体类型的名字可以缺省。在内存中，stu1 占连续的一片存储单元，可以用 sizeof(student) 表达式测出一个结构体类型数据的字节长度。

说明如下。

① 该方法称为无名定义结构体类型，在这种情况下定义的结构体变量没有结构体类型名，所以该类型的结构体变量只能使用一次。

② 结构体中的成员可以单独使用，它的作用与地位相当于普通变量。

③ 结构体类型不允许嵌套定义，但可以在结构体成员表中出现另一个结构体类型变量的定义，而不能出现自身结构体变量的定义。

例如：

```
struct time
{
    int hour;
    int min;
    int sec;
};
struct date
{
    int year;
    int month;
    int day;
    struct time t;
};
```

在 date 结构体类型的定义中使用 struct time t 定义结构体变量是合法的。struct time 类型代表"时间"，包括三个成员：hour(时)、min(分)、sec(秒)。定义 struct date 时，成员 t 的类型定义为 struct time 类型。struct date 的结构如表 8.3 所示。

表 8.3　struct date 的结构

year	month	day	t		
			hour	min	sec

下面嵌套定义是非法的。

223

```
struct date
{
    int year;
    int month;
    int day;
    struct time
    {
        int hour;
        int min;
        int sec;
    };
};
```

下面递归定义也是不允许的。

```
struct date
{
    int year;
    int month;
    int day;
    struct date d;
};
```

8.1.3　结构体变量的赋值和初始化

结构体变量的赋值就是给各成员赋值,可用输入语句或赋值语句来完成。语法格式如下:

```
struct 结构体名
{
    成员表;
}变量名={数据项表};
```

或

```
struct 结构体名 变量名={数据项表};
```

【例 8.1】　给结构体变量赋值并输出其值。

程序代码:

```
# include < stdio.h>
int main()
{
    struct stu                    /*定义结构体类型 stu */
    {
        int num;
        char * name;
        char sex;
        float score;
    } boy1,boy2;
```

```
    boy1.num=102;
    boy1.name="Zhang ping";
    printf("input sex and score\n");
    scanf("%c %f",&boy1.sex,&boy1.score);        /*通过输入语句实现结构体变量赋值*/
    boy2=boy1;
    printf("Number=%d\nName=%s\n",boy2.num,boy2.name);
    printf("Sex=%c\nScore=%f\n",boy2.sex,boy2.score);
}
```

程序运行结果如图 8.1 所示。

本程序中用赋值语句给 num 和 name 两个成员赋值,name 是一个字符串指针变量。用 scanf() 函数动态地输入 sex 和 score 成员值,然后把 boy1 所有成员的值整体赋值给 boy2。最后分别输出 boy2 的各个成员值。

【例 8.2】　将结构体变量 a 初始化为一个学生的记录,然后输出。

程序代码:

```
#include <stdio.h>
struct studinf                    /*定义结构体类型 studinf*/
{
    int num;
    char name[20];
    char sex;
    float score;
}a={2017001, "Li Lin", 'M', 98};        /*定义结构体变量 a 并直接初始化*/
int main()
{
    printf("No:%d\n name:%s\n sex:%c \n score:%f\n", a.num, a.name, a.sex, a.
        score);
}
```

程序运行结果如图 8.2 所示。

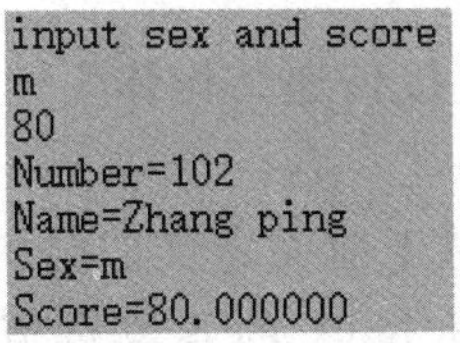

```
input sex and score
m
80
Number=102
Name=Zhang ping
Sex=m
Score=80.000000
```

```
No.:2017001
name:Li Lin
sex:M
score:98.000000
```

图 8.1　例 8.1 的程序运行结果 　　　　　图 8.2　例 8.2 的程序运行结果

8.1.4　结构体变量的引用

1. 结构体变量的引用格式

在程序中使用结构体变量时,往往不把它作为一个整体来使用。在 ANSI C 中除了允许具有相同类型的结构体变量相互赋值以外,一般对结构体变量的使用,包括赋值、输入、输出、运算等都是通过结构体变量的成员来实现的。

表示结构体变量成员的一般形式为

结构体变量名.成员名

其中，"."是结构体的成员运算符，它在所有运算符中优先级最高。因此，上述引用结构体成员的写法在程序中被作为一个整体看待。

这样结构体变量 t 中的 3 个成员可分别表示为 t.hour、t.min、t.sec。

如果成员本身又是一个结构，则必须逐级找到最低级的成员才能使用。只能对最低一级的成员进行赋值、存取或运算，如 date.year、date.month、date.t.hour、date.t.min、date.t.sec。

2. 结构体变量的引用规则

在定义了结构体变量以后，就可以使用这个变量进行操作。但应该遵守以下规则。

（1）只能对结构体变量中的各成员分别进行输入和输出。例如：

```
printf("%d,%d \n", stu.score[0], stu.score[1]);
```

（2）结构体变量中的每个成员都可以像普通变量一样进行各种运算。例如，stu.score 表示 stu 变量中的 score 成员，即成绩项。可以用下面的语句对该变量成员赋值。

```
stu.num=10001;
stu.score[0]=78;
stu.score[1]=75;
```

又如，结构体变量可以进行运算操作。

```
stu.aver=(stu.score[0]+stu.score[1])/2.0;
```

（3）可以引用成员的地址，也可以引用结构体变量的地址。例如：

```
scanf("%c %f",&boy1.sex,&boy1.score);
                           //输入 boy1.sex 和 boy1.score 的值,引用成员地址
printf("%d",&boy1);        //输入 boy1 的首地址,引用结构体变量的地址
```

结构体变量的地址主要用作函数参数，这样做比直接传递结构体变量有更高的程序运行效率。

（4）同类型的结构体变量可以整体赋值。例如，对于前面定义的结构体变量 boy1 和 boy2，可以有"boy2＝boy1;"，其作用是将结构体变量 boy1 的各成员值在 boy2 中复制一份。

【例 8.3】 结构体成员的使用。

程序代码：

```
#include <stdio.h>
#include <string.h>
struct student
{
    int num;
    char name[10];
    int score[2];
    float aver;
```

```
};
int main()
{
    struct student stu;
    stu.num=10001;
    strcpy(stu.name,"Li Ming");
    stu.score[0]=78;
    stu.score[1]=75;
    stu.aver=(stu.score[0]+stu.score[1])/2.0;
    printf("%d\n",stu.num);
    printf("%s\n",stu.name);
    printf("%d,%d \n", stu.score[0], stu.score[1]);
    printf("%f\n", stu.aver);
}
```

```
10001
Li Ming
78,75
76.500000
```

图 8.3 例 8.3 的程序运行结果

程序运行结果如图 8.3 所示。

程序说明：在结构体变量与它的成员之间用成员运算符分开，并把它作为一个"变量"来使用。

8.1.5 结构体与数组

1. 结构体与数组的定义

一个结构体变量只能存放一个对象的一组相关信息，结构体数组可以存放多个同类型对象的信息。8.1.4 小节定义的结构体类型只能存放一名学生的信息，如果使用结构体数组就可以存放多名学生的信息。定义结构体数组与定义一个一般的结构体变量一样，可采用直接定义、同时定义或先定义结构体类型再定义结构体变量的方法。下面是含有 30 名学生成绩的结构体数组的定义。

方法一：直接定义法，其一般格式如下。

结构体变量与数组

```
struct
{
    成员列表；
}数组名[元素个数]；
```

例如：

```
struct
{
    int num;
    char name[10];
    int score[2];
    float aver;
}stu[30];
```

方法二：先定义结构体类型，再定义结构体变量法，其一般格式如下。

```
struct 结构体名
{
```

```
        成员列表;
    };
    struct 结构体名 数组名[元素个数];
```

例如:

```
struct student
{
    int num;
    char name[10];
    int score[2];
    float aver;
};
struct student stu[30];  //定义一个有 30 个元素的数组 stu,其元素为 struct student 类型
```

方法三:同时定义结构体类型和结构体数组,其一般格式如下。

```
struct 结构体名
{
    成员列表;
}数组名[元素个数];
```

例如:

```
struct student
{
    int num;
    char name[10];
    int score[2];
    float aver;
}stu[30];
```

2. 结构体数组的初始化

结构体数组的每个元素相当于一个结构体变量,包括结构体中的各个成员项,它们在内存中也是连续存放的。结构体数组的应用非常普遍,对它进行初始化与对二维数组进行初始化方法类似,只是在第二层大括号内的值为对应于结构体中各成员的不同数据类型的值。

结构体数组初始化的一般格式如下:

```
struct 结构体名
{
    成员列表;
}数组名[元素个数]={{数据项表 1},{数据项表 2},...};
```

或者

```
    struct 结构体名 数组名[元素个数]={{数据项表 1},{数据项表 2},...};
```

例如:

```
struct student        /*定义结构体类型*/
```

```
{
    int num;
    char name[10];
    int score[2];
    float aver;
}stu[2]={{101,"Li Ming",{75,87},0},{102,"Wang Li",{70,80},0}};  //结构体数组初始化
```

或者

```
struct student stu[2]={{101,"Li Ming",{75,87},0},{102,"Wang Li",{70,80},0}};
```

注意：定义了结构体数组以后，要通过结构体数组元素访问其成员。例如，结构体数组 stu 中第二名学生的平均成绩为 stu[1].aver。

3. 程序举例

【**例 8.4**】　计算全班每个学生两门课的平均考试成绩，并在屏幕上显示学生学号、姓名及其平均成绩。假设全班共有 5 名学生。

程序代码：

```
#include <stdio.h>
#define N 5
int main()
{
    struct student
    {
        int num;
        char name[10];
        int score[2];
        float aver;
    }stu[N];
    int i;
    printf("输入%d名学生姓名及2门考试成绩。\n",N);
    for(i=0;i<N;i++)
    {
        printf("学号: ");
        scanf("%d",&stu[i].num);
        printf("姓名: ");
        scanf("%s",stu[i].name);
        printf("成绩1,成绩2: ");
        scanf("%d,%d",&stu[i].score[0], &stu[i].score[1]);
        stu[i].aver=(stu[i].score[0]+stu[i].score[1])/2.0;
    }
    for(i=0;i<N;i++)
    printf("%d,%s,%f\n", stu[i].num,stu[i].name,stu[i].aver);
}
```

程序运行结果如图 8.4 所示。

程序说明：把学生的信息定义为结构体类型，要处理多个学生的信息属同一结构体类型，所以应该用学生结构体类型数组的方式解决此题。

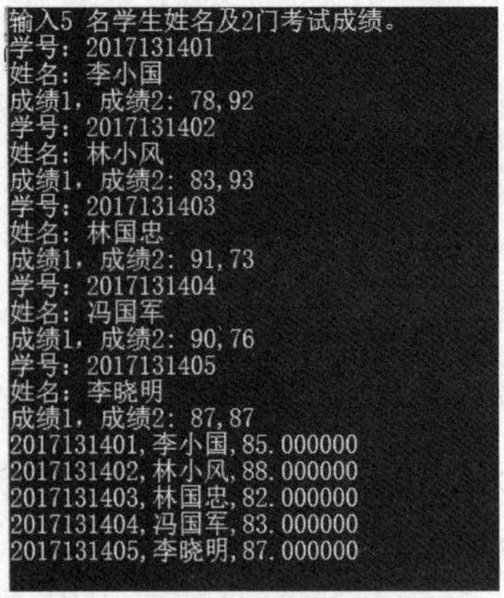

图 8.4　例 8.4 的程序运行结果

【例 8.5】　使用 C 语言编写程序，实现对候选人选票的统计。假设有 3 个候选人，每次输入一个候选人的名字，要求最后统计输出每人的得票结果。

程序代码：

```c
#include <stdio.h>
#include <string.h>
struct person
{
    char name[20];
    int count;
}
leader[3]={"li", 0, "han", 0, "ma", 0};          /* 初始化 */
main()
{
    int i, j;
    char name[20];
    printf("Please input :\n");
    for(i=1;i<=10;i++)                            /* 假设共 10 张票 */
    {
        printf("%2d:",i);
        scanf("%s", name);
        for(j=0;j<3;j++)                          /* 计票 */
            if(!strcmp(strlwr(name), leader[j].name))
                                                  /* 输入名字以便与候选人名比较 */
                leader[j].count++;                /* 票数累加 */
    }
    printf("\n");
    for(i=0;i<3;i++)
        printf("%5s: %d\t", leader[i].name, leader[i].count);
}
```

程序运行结果如图 8.5 所示。

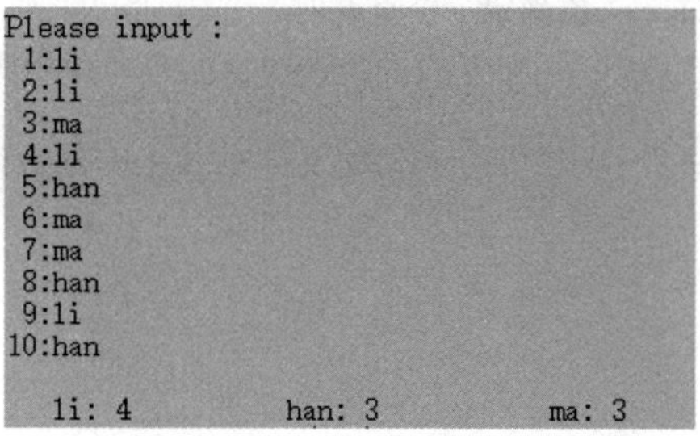

```
Please input :
1:1i
2:1i
3:ma
4:1i
5:han
6:ma
7:ma
8:han
9:1i
10:han

  1i: 4          han: 3          ma: 3
```

图 8.5 例 8.5 的程序运行结果

8.1.6 结构体与函数

结构体的合法操作只有几种：作为一个整体复制和赋值，通过 & 运算符取地址，访问其成员。其中，复制和赋值包括向函数传递参数以及从函数中返回值。结构体之间不可以进行比较，但可以用一个常量成员值列表初始化结构体，结构体也可以通过赋值进行初始化。

首先来看一下函数。

程序代码：

```
#include <stdio.h>
struct tree
{
    int x;
    int y;
} t;
int func(struct tree t)
{
    t.x=10;
    t.y=20;
}
main()
{
    t.x=1;
    t.y=2;
    func(t);
    printf("%d,%d\n", t.x, t.y);
}
```

运行结果：

1,2

为了更进一步理解结构体与函数，编写一个对点和矩形进行操作的函数。至少可以通过三种方法传递结构体：一是分别传递各个结构体成员，二是传递整个结构体，三是传递指向结构体的指针。

以下的 makepoint() 函数带有两个整型参数，并返回一个 point 类型的结构。

```
/* makepoint()函数通过 x、y 值确定一个点 */
struct point makepoint(int x, int y) //makepoint()是结构体 point 的变量,此变量为函数
{
    struct point temp;                 //定义一个 point 结构体变量 temp
    temp.x=x;
    temp.y=y;
    return temp;
}
```

注意：参数名和结构成员同名不会引起冲突。事实上,使用重名强调了两者之间的关系。

现在可以用 makepoint 动态初始化任意结构,也可以向函数提供结构类型的参数。例如：

```
struct rect screen;
struct point middle;
struct point makepoint(int, int);
screen.pt1=makepoint(0, 0);
screen.pt2=makepoint(XMAX, YMAX);
middle=makepoint((screen.pt1.x+screen.pt2.x)/2,
(screen.pt1.y+screen.pt2.y)/2);
```

下面通过一系列的函数对点进行算术运算。例如：

```
/* addpoint()函数将两个点相加 */
struct point addpoint(struct point p1, struct point p2)
{
    p1.x+=p2.x;
    p1.y+=p2.y;
    return p1;
}
```

其中,函数的参数和返回值都是结构体类型。之所以直接将相加所得的结果赋值给 p1,而没有使用显式的临时变量存储,是为了强调结构类型的参数和其他类型的参数一样,都是通过值传递的。

8.1.7 结构指针变量的说明和使用

当定义了结构体变量后,系统会给该变量在内存分配一段连续的存储空间。结构体变量名就是该变量所占据内存区的起始地址。可以定义指向结构体类型的指针变量,通过该指针变量可以指向结构体变量的成员或结构体数组中的元素。

1. 指向结构变量的指针

一个指针变量用来指向一个结构变量时,被称为结构指针变量。结构指针变量中的值是所指向结构变量的首地址。通过结构指针即可访问该结构变量,这与数组指针和函数指针的情况是相同的。

结构指针变量说明的一般形式如下：

```
struct 结构名 * 结构指针变量名
```

例如,在前面的例题中定义了 student 结构,如要说明一个指向 student 的指针变量 pstu,可写为

```
struct student * pstu;
```

当然也可在定义 student 结构时同时说明 pstu。与前面讨论的各类指针变量相同,结构指针变量也必须要先赋值后才能使用。赋值是把结构变量的首地址赋予该指针变量,不能把结构名赋予该指针变量。如果 stu 是被说明为 student 类型的结构变量,则 pstu = &stu 是正确的,而 pstu = & student 是错误的。

结构名和结构变量是两个不同的概念,不能混淆。结构名只能表示一个结构形式,编译系统并不对它分配内存空间。只有当某变量被说明为这种类型的结构时,才对该变量分配存储空间。因此上面 &student 这种写法是错误的,不可能去取一个结构名的首地址。有了结构指针变量,就能更方便地访问结构变量的各个成员。其访问的一般形式如下:

```
(*结构指针变量).成员名
```

或者

```
结构指针变量->成员名
```

例如:

```
(*pstu).num
```

或者

```
pstu->num
```

应该注意(*pstu)两侧的括号不可少,因为成员符"."的优先级高于"*"。如去掉括号而写作*pstu.num,则等效于*(pstu.num),这样意义就完全不对了。下面通过例子来说明结构指针变量的具体说明和使用方法。

【例 8.6】 应用结构体指针处理学生的基本信息。

程序代码:

```
#include <stdio.h>
struct stu
{
    int num;
    char * name;
    char sex;
    float score;
}boy1={102,"Zhang Ping",'M',78.5}, * pstu;
int main()
{
    pstu=&boy1;
    /*下面分别使用三种结构体成员运算符输出数据*/
    printf("Number=%d\nName=%s\n",boy1.num,boy1.name);
    printf("Sex=%c\nScore=%f\n\n",boy1.sex,boy1.score);
```

```
        printf("Number=%d\nName=%s\n",( * pstu).num,( * pstu).name);
        printf("Sex=%c\nScore=%f\n\n",( * pstu).sex,( * pstu).score);
        printf("Number=%d\nName=%s\n",pstu->num,pstu->name);
        printf("Sex=%c\nScore=%f\n\n",pstu->sex,pstu->score);
}
```

程序运行结果如图 8.6 所示。

本程序定义了一个结构 stu，定义了 stu 类型结构变量 boy1 并做了初始化赋值，还定义了一个指向 stu 类型结构的指针变量 pstu。在 main()函数中 pstu 被赋给 boy1 的地址，因此 pstu 指向 boy1。然后在 printf 语句内用三种形式输出 boy1 的各个成员值。

从运行结果可以看出：

```
结构变量.成员名
( * 结构指针变量).成员名
结构指针变量->成员名
```

```
Number=102
Name=Zhang Ping
Sex=M
Score=78.500000

Number=102
Name=Zhang Ping
Sex=M
Score=78.500000

Number=102
Name=Zhang Ping
Sex=M
Score=78.500000
```

图 8.6　例 8.6 的程序运行结果

以上三种用于表示结构成员的形式是完全等效的。

2. 指向结构数组的指针

指针变量可以指向一个结构数组，这时结构指针变量的值是整个结构数组的首地址。结构指针变量也可指向结构数组的一个元素，这时结构指针变量的值是该结构数组元素的首地址。

假设 ps 为指向结构数组的指针变量，则 ps 也指向该结构数组的 0 号元素，ps+1 指向 1 号元素，ps+i 则指向 i 号元素。这与普通数组的情况是一致的。

【例 8.7】　用指针变量输出结构数组。

程序代码：

```
#include <stdio.h>
struct stu
{
    int num;
    char * name;
    char sex;
    float score;
}boy[5]={
    {101,"Zhou Ping",'M',45},
    {102,"Zhang Ping",'M',62.5},
    {103,"Liu Fang",'F',92.5},
    {104,"Cheng Ling",'F',87},
    {105,"Wang Ming",'M',58},
};
int main()
{
    struct stu * ps;
    printf("No\tName\t\t\tSex\tScore\t\n");
```

```
        for(ps=boy;ps<boy+5;ps++)
        printf("%d\t%s\t\t%c\t%f\t\n",ps->num,ps->name,ps->sex,ps->score);
}
```

程序运行结果如图 8.7 所示。

```
No      Name                    Sex     Score
101     Zhou Ping               M       45.000000
102     Zhang Ping              M       62.500000
103     Liu Fang                F       92.500000
104     Cheng Ling              F       87.000000
105     Wang  Ming              M       58.000000
```

图 8.7　例 8.7 的程序运行结果

在程序中定义了 stu 结构类型的外部数组 boy 并做了初始化赋值。在 main()函数内定义 ps 为指向 stu 类型的指针。在循环语句 for 的表达式 1 中,ps 被赋给 boy 的首地址,然后循环 5 次,输出 boy 数组中各成员值。

注意:一个结构指针变量虽然可以用来访问结构变量或结构数组元素的成员,但是,不能使它指向一个成员。也就是说不允许取一个成员的地址来赋给它。因此,下面的赋值是错误的。

```
ps=&boy[1].sex;
```

而只能是

```
ps=boy;(赋给数组首地址)
```

或者是

```
ps=&boy[0];(赋给 0 号元素首地址)
```

3. 用指向结构体的指针作函数参数

结构体类型的数据也可以作为实参传递到另一个函数中。结构体类型的数据作实参,通常有以下三种形式。

(1) 结构体变量的成员作实参。结构体变量的成员作实参与普通变量作实参的情况一样,属于"值传递"。下面的函数调用语句显示了结构体变量的成员作实参的使用方法。

```
add(student[i].score[0], student[i].score[1], student[i].score[2]);
```

(2) 结构体变量作实参。用结构体变量作实参,形参应与实参类型相同。参数传递时,按顺序把实参的各个成员依次传递给形参对应的成员,属于值传递。在函数调用期间,形参也要占用内存单元。这种传递方式在空间和时间上开销较大,如果结构体的规模很大时,开销是很可观的,一般较少用这种方法。

(3) 指向结构体变量的指针(或数组名)作实参。该形式属于地址传递。函数被调用时,不仅可以访问实参的结构体变量各个成员的数据,而且被调用函数可以修改实参的数据。这种参数传递方式效率较高,比较常用。

【例 8.8】 计算一组学生的平均成绩和不及格人数。

解题思路：用结构指针变量作函数参数编程。

程序代码：

```c
#include <stdio.h>
struct stu
{
    int num;
    char * name;
    char sex;
    float score;
}boy[5]={
    {101,"Li Ping",'M',45},
    {102,"Zhang Ping",'M',62.5},
    {103,"He Fang",'F',92.5},
    {104,"Cheng Ling",'F',87},
    {105,"Wang Ming",'M',58},
};
int main()
{
    struct stu * ps;
    int ave(struct stu * ps);
    ps=boy;
    ave(ps);
}
int ave(struct stu * ps)
{
    int c=0,i;
    float ave,s=0;
    for(i=0;i<5;i++,ps++)
    {
        s+=ps->score;
        if(ps->score<60) c+=1;
    }
    printf("s=%f\n",s);
    ave=s/5;
    printf("average=%f\ncount=%d\n",ave,c);
}
```

程序运行结果如图 8.8 所示。

程序说明：本程序中定义了 ave() 函数，其形参为结构指针变量 ps。boy 被定义为外部结构数组，因此在整个源程序中有效。在 main() 函数中定义说明了结构指针变量 ps，并把 boy 的首地址赋给它，使 ps 指向 boy 数组。然后以 ps 作实参调用 ave() 函数，在该函数中完成计算平均成绩和统计不及格人数的工作并输出结果。由于本程序全部采用指针变量作运算和处理，故速度更快，程序效率更高。

```
s=345.000000
average=69.000000
count=2
```

图 8.8 例 8.8 的程序运行结果

8.2　共　用　体

在进行某些 C 语言程序设计时,可能需要使几种不同类型的变量存放到同一段内存单元中,使几个变量互相覆盖,也就是使用覆盖技术。比如,可以把 int、char、float 类型的数据存放在同一个地址开始的内存单元中,这种几个不同类型的变量共同占用一段内存的结构,C 语言称之为共用体类型结构,简称共用体。使用共用体的目的是为了节省存储空间,把不同类型的几个变量共同存放在同一地址单元中,然后分阶段先后使用。共用体类型各成员变量所占用的内存空间不是其所有成员所需存储空间的总和,而是其中所需存储空间大的那个成员所占的空间。

共用体

8.2.1　共用体类型的定义和共用体变量的说明

共用体类型的定义形式如下:

```
union［共用体名］        /＊共用体名可以省略＊/
{
    成员项表;
};
```

在定义共用体的同时,也可以定义共用体变量,形式如下:

```
union［共用体名］        /＊共用体名可以省略＊/
{
    成员项表;
}共用体变量名表;
```

或

```
union 共用体名
{
    成员项表;
};
union 共用体名 共用体变量名表;
```

例如:

```
union student
{
    int num;
    char name[8];
    char sex;
    int age;
    float score;
}stu1,stu2;
```

237

或者进行无名定义：

```
union
{
    int num;
    char name[8];
    char sex;
    int age;
    float score;
} stu1,stu2;
```

也可以在定义共用体类型的同时,分开定义相应的变量,例如：

```
union student               /*先定义共用体类型*/
{
    int num;
    char name[8];
    char sex;
    int age;
    float score;
};
union student stu1,stu2;    /*后定义共用体类型变量*/
```

可以看到,"共用体"与"结构体"的定义形式相似,但含义不同。结构体变量所占内存长度是各成员所占内存长度之和,每个成员分别有自己的内存单元。共用体变量所占的内存长度是最长的成员所占的长度。

例如：

```
#include <stdio.h>
union data
{
    int a;
    float b;
    double c;
}n,m;
struct stud
{
    int a;
    float b;
    double c;
};
int main()
{
    struct stud student;
    printf("%d, %d",sizeof(struct stud),sizeof(union data));
}
```

运行结果：

```
16,8
```

8.2.2　共用体类型变量的赋值和使用

可以引用共用体变量的成员,其用法与结构体完全相同。引用时不能直接引用共用体变量,只能引用变量的成员。若定义共用体类型为

```
union data        /*共用体*/
{
    int a;
    float b;
    double c;
    char d;
}n,m;
```

其成员引用方法为 n.a、m.b、n.c、m.d。

但是要注意的是,不能同时引用 4 个成员,在某一时刻只能使用其中之一,如下面的程序。

程序代码:

```
#include <stdio.h>
int main()
{
    union student
    {
        int a;
        float b;
        double c;
        char d;
    }stu;
    stu.a=6;
    printf("stu.a=%d\n",stu.a);
    stu.c=67.2;
    printf("stu.c=%5.1lf\n",stu.c);
    stu.d='W';
    stu.b=34.2;
    printf("stu.b=%5.1f,stu.d=%c\n",stu.b,stu.d);
}
```

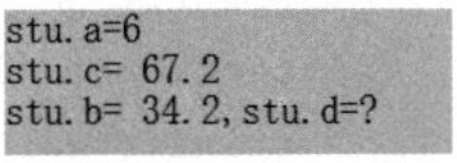

```
stu.a=6
stu.c= 67.2
stu.b= 34.2, stu.d=?
```

图 8.9　程序运行结果

程序运行结果如图 8.9 所示。

程序最后一行的输出是我们无法预料的,其原因是连续使用 stu.d='W'和 stu.b=34.2 两个赋值语句,最终使共用体变量的成员 stu.b 所占 4 字节被写入 34.2,而写入的字符被覆盖,输出的字符变成了符号"?"。事实上,字符的输出是无法得知的,由写入内存的数据决定。例子虽然很简单,但却说明了共用体变量的正确用法。

共用体类型变量还有以下特点。

（1）同一个内存段可以存放几种不同类型的成员，但是在每一瞬间只能存放其中的一种，而不是同时存放几种。换句话说，每一瞬间只有一个成员起作用，其他的成员不起作用，即不是同时都存在和起作用。

（2）共用体变量中起作用的成员是最后一次存放的成员，在存入一个新成员后，原有成员就失去作用。

（3）共用体变量的地址和它的各成员的地址都是同一地址。

（4）不能对共用体变量名赋值，也不能企图引用变量名来得到一个值，更不能在定义共用体变量时对它初始化。

（5）共用体类型可以出现在结构体类型的定义中，也可以定义共用体数组。反之，结构体也可以出现在共用体类型的定义中，数组也可以作为共用体的成员。

（6）共用体变量也可以作为函数的参数和返回值。

【例 8.9】 结构体和共用体的混合使用。

本题的目的是加深对结构体和共用体的区别，以及结构体和共用体混合使用时的认识与理解。

程序代码：

```c
#include <stdio.h>
struct ctag
{
    char low;
    char high;
};
union utag
{
    struct ctag bacc;
    short wacc;
}uacc;
int main()
{
    uacc.wacc=(short)0x1234;
    printf("Word value is:%04x\n",uacc.wacc);
    printf("High byte is:%02x\n",uacc.bacc.high);
    printf("Low byte is:%02x\n",uacc.bacc.low);
    uacc.bacc.high=(char)0xFF;
    printf("Word value is: %04x\n",uacc.wacc);
}
```

程序运行结果如图 8.10 所示。

```
Word value is : 1234
High byte is : 12
Low byte is : 34
Word value is : ffffff34
```

图 8.10 例 8.9 的程序运行结果

8.3　课　堂　案　例

8.3.1　案例 8.1：求一组学生中成绩最高者的相关信息问题

1. 案例描述

有 4 个学生，每个学生包括学号、姓名、成绩。要求找出成绩最高者的姓名和成绩。

2. 案例分析

（1）功能分析。根据案例描述，可以定义一个结构体类型的数组，用于存放 4 个学生的相关信息。通过循环语句输入 4 个学生的数据，然后找出分数最高者的姓名和成绩。

（2）数据分析。根据功能要求，可以定义一个数组 stu[4]，该数组为 struct student 类型。该数组用于存放 4 个学生的学号、姓名、成绩。同时定义一个指向 stu student 类型数据的指针变量 p。

3. 设计思想

（1）首先定义结构体 struct student，该结构体包含 3 个成员 num、name、score；接着定义结构体 struct student 类型数组 stu[4]；然后定义指向 stu student 类型数据的指针变量 p；最后定义循环变量 i、中间变量 temp 及存放最高分变量 max。

（2）使用第 1 个 for 循环语句输入 4 个学生的数据；再使用第 2 个 for 循环语句求出 4 个学生成绩的最高分并存放于变量 max 中，同时通过指针变量 p 定位成绩最高分的数组位置。

（3）最后输出最高分 max 的值及 p 指针所指出的元素中各个成员的值。

4. 程序实现

```
/*求 4 个学生的最高分及学生的相关信息 */
#include <stdio.h>
int main()
{
  struct student
  {
    int num;
    char name[20];
    float score;
  };
  struct student stu[4];
  struct student * p;
  int i,temp=0;
  float max;
  for(i=0;i<4;i++)
    scanf("%d%s%f",&stu[i].num,stu[i].name,&stu[i].score);
```

```
for(max=stu[0].score,i=1;i<4;i++)
  if(stu[i].score>max)
    {max=stu[i].score;temp=i;}
p=stu+temp;
printf("\nThe maximum score:\n");
printf("NO.:%d\nname:%s\nscore:%4.1f\n",p->num,p->name,p->score);
}
```

5. 运行程序

程序运行结果如图 8.11 所示。

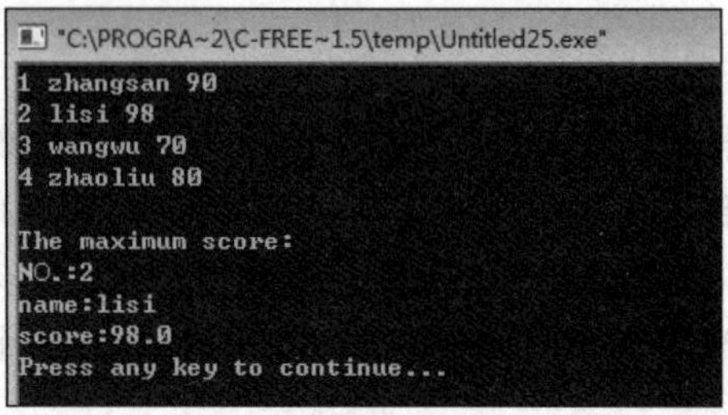

图 8.11　案例 8.1 的程序运行结果

8.3.2　案例 8.2：循环输入/输出个人信息问题

1. 案例描述

循环读入 3 个人的姓名、性别、角色、班级或者办公室信息，并循环输出这 3 个人的信息。

2. 案例分析

（1）功能分析。根据功能描述，定义一个具有姓名、性别、角色和部门的结构体数组，该数组包含 3 个元素。先使用循环结构分别读入 3 个人的相关信息，再使用循环结构输出 3 个人的信息。

（2）数据分析。本程序定义的结构体数组中的成员"部门"为共用体类型。成员"角色"如果是学生就填写班级，如果是教师则填写办公室。

3. 设计思想

（1）定义了一个具有姓名、性别、角色和部门的结构体数组 person[3]，其成员 dept 为共用体类型，该共用体包含 classname 及 office[10]两个成员。

（2）利用 for 循环语句分别读取这 3 个人的名字、性别、角色、班级或者办公室等信息。在读入信息的过程中对元素的成员角色进行判断，如果角色是学生就填写班级，否则填写办公室。

（3）最后使用 for 循环语句输出 3 个人的信息。

242

4. 程序实现

```c
/* 循环读入 3 个人的姓名、性别、角色、班级或者办公室信息，并循环输出这 3 个人的信息 */
#include <stdio.h>
struct
{
    int num;
    char name[20];
    char gender;
    char role;
    union
    {
      int classname;
      char office[10];
    }dept;
}person[3];
int main()
{
  int i;
  for(i=0;i<3;i++)
  {
  printf("Please input the information of NO.%d\n",i+1);
  printf("Name:");
  scanf("%s",person[i].name);
  getchar();
  printf("Gender:");
  scanf("%c",&person[i].gender);
  getchar();
  printf("Role:");
  scanf("%c",&person[i].role);
  if(person[i].role=='s')
  {
    printf("Classname:");
    scanf("%d",&person[i].dept.classname);         //共用体中的办公室班级
  }
  else
  {
    printf("Office:");
    scanf("%s",&person[i].dept.office);           //共用体中的办公室
  }
  }
  printf("Name Gender Role Dept\n");                //表头
  for(i=0;i<3;i++)
  {
    if(person[i].role=='s')
      printf("%6s%6c%6c%10d\n",person[i].name,person[i].gender,person[i].role,
      person[i].dept.classname);
    else
      printf("%6s%6c%6c%10s\n",person[i].name,person[i].gender,person[i].role,
      person[i].dept.office);
```

```
    }
    return 0;
}
```

5. 运行程序

程序运行结果如图 8.12 所示。

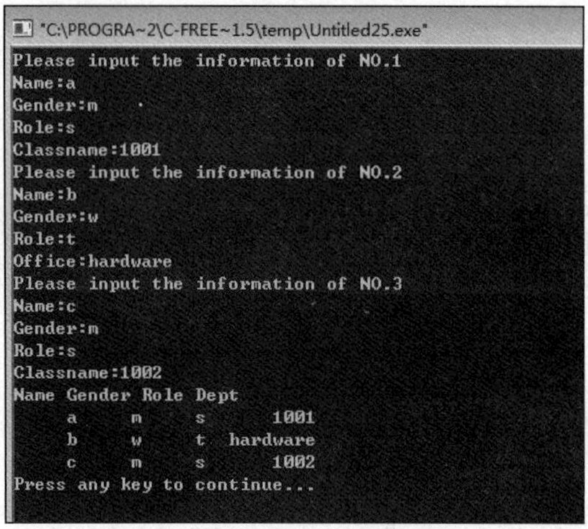

图 8.12　案例 8.2 的程序运行结果

8.4　项　目　实　训

8.4.1　实训 8.1：基本能力实训

1. 实训题目

编程实现结构体变量成员项的输入、输出，并通过说明指针引用该变量。

2. 实训目的

掌握结构体的定义，熟练使用指针变量访问结构体成员。

3. 实训内容

（1）定义一结构体，成员项包括一个字符型、一个整型。编程实现结构体变量成员项的输入、输出，并通过说明指针引用该变量。

程序代码如下：

```
#include <stdio.h>
int main()
{
    struct a
```

```
    {
        char b;
        int c;
    }d, * p;
    p=&d;
    printf("输入: \n");
    scanf("%c",&(* p).b);
    scanf("%d",&p->c);
    printf("输出: \n");
    printf("%c\n",(* p).b);
    printf("%d\n",p->c);
}
```

（2）建立一结构体，其中包括学生的姓名、性别、年龄和一门课程的成绩。建立的结构体数组通过输入存放全班（最多 45 人）学生信息，输出考分最高的学生的姓名、性别、年龄和课程的成绩。

程序代码如下：

```
#include <stdio.h>
int main()
{
    int i,b,n;
    float a;
    printf("请输入班级的人数: ");
    scanf("%d",&n);
    getchar();
    struct person
    {
        char name[20];
        char sex[10];
        int year;
        float score;
    }stu[45];
    for(i=0;i<n;i++)
    {
        printf("请输入第%d个学生的名字、性别、年龄及成绩\n",i+1);
        gets(stu[i].name);
        gets(stu[i].sex);
        scanf("%d",&stu[i].year);
        scanf("%f",&stu[i].score);
        getchar();
    }
    for(b=0,a=stu[0].score,i=0;i<n;i++)
        if(a<stu[i].score)
        {
            a=stu[i].score;
            b=i;
        }
    printf("成绩最优秀的是第%d个学生\n",b+1);
    printf("名字: %s 性别: %s 年龄: %d 成绩: %f\n",stu[b].name,stu[b].sex,stu[b].
```

```
        year,stu[b].score);
    }
```

8.4.2　实训 8.2：拓展能力实训

1. 实训题目

结构体的定义、结构体与数组、指针和函数的结合使用。

2. 实训目的

熟练掌握结构体类型变量的定义，结构体与数组、指针和函数的结合使用。

3. 实训内容

已知一个班有 45 人，本学期有两门课程的成绩，求：

(1) 所有课程中的最高成绩，以及对应的姓名、学号和课程编号。

(2) 课程 1 和课程 2 的平均成绩，并求出两门课程都低于平均成绩的学生姓名和学号。

(3) 对编号 1 的课程从高分到低分排序（注意其他成员项应保持对应关系）。

提示：要求定义结构体，第一成员项为学生姓名，第二成员项为学号；另外两个成员项为两门课成绩，并要求分别用函数完成。

另外，由于人数太多，程序设计时可把总人数改为 4 人。

8.5　拓展阅读　精益求精

结构体是用户自己建立、由不同类型数据组成的复合型数据结构。只有先声明结构体类型，才能定义结构体类型变量。也就是说 C 语言允许用户自行创建新的数据结构类型，其中可以包括不同类型的数据组合，这种声明后的结构体数据类型定义可以使变量更加规范。

科学家爱迪生用电灯的发明给予了我们最好的说明。铂、钡、钛、铟等多种稀有金属及 1600 多种耐热材料要分门别类地进行试验，爱迪生和他的助手不知试验了多少次，失败了多少次，但是他们从不气馁、从不放弃。正是因为做事精益求精，爱迪生最终发明了可以点亮 1200 小时的电灯。

鲁班学艺，3 年未下终南山。青年时期孔子拜师老子，并虚心向他人求教，潜心研读，才创立了对中国有深远影响的儒家学说。无数的名人事例都说明了在规范的基础上精益求精、一丝不苟的坚持与不懈的重要性。

本 章 小 结

本章主要介绍了结构体和共用体的使用，包括以下内容。

(1) 引入结构体的目的是把不同类型的数据组合成一个整体对象来处理。

（2）结构体变量的定义和使用与其他变量一样，要先定义后使用。在定义结构体类型时，系统不为各成员分配存储空间。结构体变量被定义说明后，结构体变量虽然也可以像其他类型的变量一样进行运算，但是结构体变量以成员作为基本变量。结构成员的表示方式如下：

结构体变量.成员名；

在使用时将"结构体变量.成员名"看作一个整体，这个整体的数据类型与结构中该成员的数据类型相同，结构体变量中的每个成员都可以像普通变量一样进行各种运算。

（3）结构体数组是具有相同结构类型的变量集合，结构体数组可以存放多个同类型对象的信息，定义结构体数组与定义一个一般的结构体变量一样，可采用直接定义、同时定义或先定义结构体类型再定义结构体变量的方法。结构体数组成员的访问是以数组元素为结构体变量的，其形式如下：

结构体数组元素.成员名；

可以把结构体数组看作一个二维结构，第一维是结构数组元素，每个元素是一个结构体变量；第二维是结构成员。

（4）结构体指针是指向结构体的指针，通过该指针变量可以指向结构体变量的成员或结构体数组中的元素，它由一个加在结构体变量名前的" * "操作符来定义。结构指针变量说明的一般形式如下：

struct 结构名 *结构指针变量名

使用结构体指针对结构成员的访问方法如下：

结构指针名->结构成员

（5）共用体与结构体的定义与使用方法类似，但共用体是为节省数据占用的内存空间而采用的成员变量互相覆盖技术，即某一时刻只有一个成员起作用。

（6）共用体类型变量有以下特点。

① 同一个内存段可以用来存放几种不同类型的成员，但是在每一瞬间只能存放其中的一种，而不是同时存放几种。换句话说，每一瞬间只有一个成员起作用，其他的成员不起作用，即不是同时都存在和起作用。

② 共用体变量中起作用的成员是最后一次存放的成员，在存入一个新成员后，原有成员就失去了作用。

③ 共用体变量的地址和它的各成员的地址都是同一地址。

④ 不能对共用体变量名赋值，也不能企图引用变量名来得到一个值，更不能在定义共用体变量时对它初始化。

⑤ 共用体类型可以出现在结构体类型的定义中，也可以定义共用体数组。反之，结构体也可以出现在共用体类型的定义中，数组也可以作为共用体的成员。

⑥ 共用体变量也可以作为函数的参数和返回值。

习 题

1. 选择题

(1) 设有以下说明语句,则下面的叙述不正确的是( )。

```
struct stu
{
    int a;
    float b;
}stutype;
```

　　A. struct 是结构体类型的关键字

　　B. struct stu 是用户定义的结构体类型

　　C. stutype 是用户定义的结构体类型名

　　D. a 和 b 都是结构体成员名

(2) 当定义一个结构体类型时,系统分配给它的内存是( );当定义一个结构体变量时,系统分配给它的内存是( );当定义一个共用体变量时,系统分配给它的内存是( )。

　　A. 各成员所需内存量的总和　　　　　　B. 成员中占内存最大者所需的容量

　　C. 其中第一个成员所占的容量　　　　　　D. 不分配

(3) 结构体变量在其生存期内( );共用体变量在其生存期内( )。

　　A. 没有成员存于内存中　　　　　　　　B. 只有一个成员驻留在内存中

　　C. 全部成员驻留在内存中　　　　　　　　D. 只有最后一次的赋值在内存中

(4) 下面对 scanf()函数的调用中,不正确的有( )。

```
struct student{char name[30]; int age;char * address;}s;
```

　　A. scanf("%d",&s.age);　　　　　　　　B. scanf("%s",&s.name);

　　C. scanf("%s",s.name);　　　　　　　　D. scanf("%s",address);

(5) 在目前流行的 32 位 Windows 下运行VC++ 6.0程序时,下面的变量 tun 占用内存的字节数是( )。

```
union test{int i; char ch;}tun;
```

　　A. 1　　　　　　　　B. 2　　　　　　　　C. 4　　　　　　　　D. 8

(6) 关于结构体和共用体的说法,不正确的是( )。

　　A. 结构体中可以使用共用体变量作为成员

　　B. 共用体中可以有结构体成员

　　C. 结构体和共用体可以嵌套定义

　　D. 结构体和共用体可以交叉定义

2. 简答题

(1) 结构体类型与以前的标准数据类型有什么区别?

248

（2）结构体类型与共用体类型有什么异同？

3. 写出运行程序结果

（1）以下程序的运行结果是_____。

```
#include <stdio.h>
struct data
{
    char c;
    int x;
};
void fun(struct data dat)
{
    dat.x=20;
    dat.c='b';
}
int main()
{
    struct data dat={'a',100};
    fun(dat);
    printf("%c,%d",dat.c,dat.x);
}
```

（2）以下程序的运行结果是_____。

```
#include <stdio.h>
struct test
{
    int a;
    float b;
    char * p;
};
int main()
{
    struct test st={21,87,"zhang"}, * ps;
    ps=&st;
    printf("%d %.1f %s\\n",st.a,st.b,st.p);
    printf("%d %.1f %s\\n",ps->a,ps->b,ps->p);
    printf("%c %s\\n", * (ps->p),ps->p+1);
}
```

（3）以下程序的运行结果是_____。

```
#include <stdio.h>
struct studinf
{
    char * name;
    float grad;
} * p;
int main()
{
    struct studinf a; p=&a;
    p->grad=95.5;
```

```
    p->name=(char * )malloc(20);
    strcpy(p->name, "Wang Wei");
    printf("%s\t%2f\n", p->name, p->grad);
}
```

(4) 以下程序的运行结果是_____。

```
#include <stdio.h>
int main()
{
    struct test
    {
        union {int x, y;}un;
        int a,b;
    }st;
    st.a=1;st.b=2;
    st.un.x=st.a+st.b;
    st.un.y=st.a * st.b;
    printf("%d,%d",st.un.x,st.un.y);
}
```

第 9 章 C 语言文件操作

【内容概述】

    文件对于今天的计算机系统至关重要。它们用于存储程序、文档、数据、通信、表单、图形和无数的其他信息。C 语言操作文件时,使用 C 语言的标准 I/O 函数系统处理文件。本章主要介绍 C 语言中文件的概念,以及操作文件的库函数 fopen( )、getc( )、putc( )、fread( )、fwrite( )等,并介绍了如何使用 C 语言的标准 I/O 函数系统处理文件,如何打开与关闭文件,以及顺序和随机访问文件的方法等内容。

【学习目标】

    通过本章的学习,要求学生理解 C 语言中文件的概念,掌握 C 语言文件中的库函数,掌握 C 语言打开与关闭文件的方法,以及如何顺序和随机访问文件。

9.1 文件的基本概念

    文件其实是磁盘上一个命名的存储区。例如,可以将 stdio.h 作为包含一些有用信息的文件的名称。然而,对于操作系统来说,文件就有点复杂。例如,一个大文件可能会存储在几个分散的碎片中,或者它可能包含允许操作系统确定它是什么样的文件的附加数据。但是,这些是操作系统的关注点,而不是程序员要考虑的事(除非正在编写操作系统)。本章的重点是 C 语言程序中的文件处理。

文件的基本概念

    文件名是为了区分磁盘上不同的文件,对文件的存取操作是通过文件名来找到某文件。磁盘文件名一般表示为:文件路径\文件名.扩展名。

9.1.1 文本文件与二进制文件

    在 C 语言中文件可分为两类:文本文件和二进制文件。文本文件又称为 ASCII 文件,它的每一字节放一个 ASCII 代码,代表一个字符。有一个整数 1357,如果按二进制文件存放,则需 2 字节;按文本文件形式存放,则需 4 字节,如图 9.1 所示。用 ASCII 码形式输出与字符一一对应,1 字节代表一个字符,因而便于对字符进行逐个处理,也便于输出字符,但一般占存储空间较多,而且要花费转换时间。用二进制形式输出数值,可以节省磁盘空间和转换时间,主要用于程序内部数据的保存和重新装入使用,在保存或装入大批数据时有速度优势,但 1 字节并不对应一个字符,这种保存形式不适合阅读。

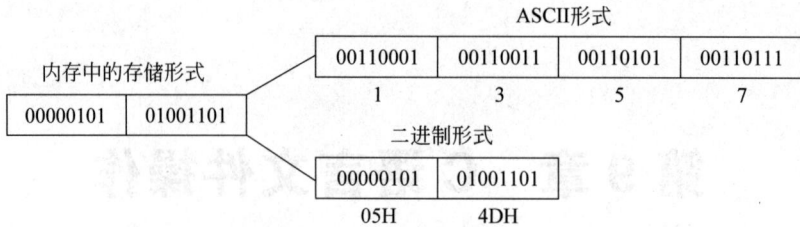

图 9.1　二进制形式与 ASCII 码形式存放整数示意

9.1.2　标准文件

C 语言程序有 3 个标准文件，这 3 个文件被称为标准输入（standard input）、标准输出（standard output）和标准错误输出（standard error output）。默认的标准输入是系统的一般输入设备，通常为键盘；默认的标准输出和标准错误输出是系统的一般输出设备，通常为显示器。

9.1.3　文件类型指针

在 C 语言中，无论是磁盘文件还是设备文件，都可以通过文件结构类型的数据集合进行输入/输出操作。该结构类型是由系统定义的，取名为 file。在 stdio.h 中有如下的文件结构类型声明。

```
typedef struct
{
    int level;
    unsigned flags;
    char fd;
    unsigned char hold;
    int bsize;
    unsigned char * buffer;
    unsigned char * curp;
    unsigned istemp;
    short token;
}FILE;
```

这时就可对文件指针所指的文件进行各种操作。定义说明文件指针的一般形式如下：

FILE * 指针变量标识符;

其中，FILE 应为大写，它实际上是由系统定义的一个结构，该结构中含有文件名、文件状态和文件当前位置等信息。在编写源程序时不必关心 FILE 结构的细节。例如：

FILE * fp;

fp 是指向 FILE 结构的指针变量，通过 fp 可先找到存放某个文件信息的结构变量，然后按结构变量提供的信息找到该文件，再实施对文件的操作。习惯上也笼统地把 fp 称为指向一个文件的指针。

9.2　打开与关闭

文件在进行读/写操作之前要先打开,使用完毕要关闭。打开文件,实际上是建立文件的各种有关信息,并使文件指针指向该文件,以便进行其他操作。关闭文件则断开指针与文件之间的联系,也就是禁止再对该文件进行操作。

9.2.1　文件打开函数 fopen( )

程序使用 fopen( )函数打开文件,这一函数在 stdio.h 中声明。它的第 1 个参数是要打开的文件名,更确切地说,是包含该文件名的字符串的地址;第 2 个参数是用于指定文件打开模式的一个字符串。C 语言库提供了一些可能的模式,如表 9.1 所示。

表 9.1　fopen( )函数的模式字符串

模式	含　义
r	打开一个文本文件,可以读取文件
w	打开一个文本文件,可以写入文件,先将文件的长度截为 0,如果该文件不存在,则先创建
a	打开一个文本文件,可以写入文件,向已有文件尾部追加内容,如果该文件不存在,则创建
r+	打开一个文本文件,可以进行更新,也可以读取和写入文件
w+	打开一个文本文件,可以进行更新,如果该文件存在,则首先将其长度截为 0;如果不存在,则先创建
a+	打开一个文本文件,可以进行更新,向已有文件的尾部追加内容,如果不存在则先创建。可以读取整个文件,但写入时只能追加内容

注意:此外,还有"rb""wb""ab""ab+""a+b""wb+""w+b""ab+""a+b",与前面的模式相似,只是使用二进制非文本模式打开文件。

对于文件使用方式有以下几点说明。

(1) 若要用 r 打开一个文件,则该文件必须已经存在,且只能从该文件读出。

(2) 若用 w 打开文件,则只能向该文件写入。若打开的文件不存在,则以指定的文件名建立该文件。

(3) 若要向一个已存在的文件追加新的信息,则只能用 a 方式打开文件,但此时该文件必须存在,否则将会出错。

(4) 在打开一个文件时如果出错,fopen( )函数将返回一个空指针 NULL。在程序中可以用这一信息来判别是否完成打开文件的工作,并做相应的处理。因此,常用以下程序段打开文件。

```
if((fp=fopen("c:\myfile.dat","rb"))==NULL)     //检查是否打开 myfile.dat 文件
{
```

```
    printf("\n error on open c:\myfile.dat  \n")
    exit(0);                                    //退出
}
```

9.2.2　文件关闭函数 fclose()

文件一旦使用完毕,就应该用关闭文件函数把文件关闭,以避免发生文件的数据丢失等错误。fclose()函数调用的一般形式如下:

```
fclose(文件指针);
```

例如:

```
fclose(fp);
```

其中,fp 是已有确定指向的文件指针。该函数在关闭前清除与文件有关的所有缓冲区,正常完成关闭文件操作时,fclose()函数返回值为 0;如返回非零值,则表示有错误发生。一般来说,fopen()函数和 fclose()函数是成对出现的。

9.3　常用文件读/写函数

文件打开之后就可以对它进行读/写,C 语言中常用的读/写函数如下:字符读/写函数 getc()和 putc();整数读/写函数 getw()和 putw();二进制读/写函数 fread()和 fwrite();格式化读/写函数 fscanf()和 fprintf();字符串读/写函数 fgets()和 fputs()。使用以上函数时都要求包含头文件 stdio.h。下面重点介绍数据块读/写以及格式化读/写函数。

9.3.1　字符读/写函数 getc()和 putc()

最简单的文件读/写函数是 getc()和 putc()。它们类似于 getchar()和 putchar()函数,一次处理一个字符。假设文件以 w 方式打开,文件指针为 fp1,那么语句"put(c,fp1);"把字符变量 c 包含的字符写入 fp1 指向的文件中。同样,getc()函数用于从以读取方式打开的文件中读取一个字符。例如,语句"c＝getc(fp2);"从文件指针 fp2 指向的文件中读取一个字符。

每次用 getc()函数和 putc()函数进行操作后,文件指针就移动一个字符的位置。当到达文件末尾时,getc()函数将返回文件末尾标记符 EOF。因此,当遇到 EOF 标记符时,读取工作将停止。

【例 9.1】　请编写一个程序,从键盘读取数据,并把数据写入名为 INPUT 的文件中。当输入 0 时,按 Enter 键后,表示停止输入,然后从 INPUT 文件中读取出相同的数据,并显示到屏幕上。

程序代码：

```
#include <stdio.h>
int main()
{
    FILE * f1;
    char c;
    printf("Data input\n\n");
    /* 打开 INPUT 文件 */
    f1=fopen("INPUT","w");
    /* 从键盘获取一个字符 */
    while((c=getchar())!='0')
    /* 把一个字符写入 INPUT 文件 */
        putc(c,f1);
    fclose(f1);
    printf("\nData output\n\n");
    /* 再次打开 INPUT 文件 */
    f1=fopen("INPUT","r");
    /* 从文件读取一个字符 */
    while((c=getc(f1))!=EOF)
        printf("%c",c);
    fclose(f1);
    return 0;
}
```

常用文件读/写函数

程序运行结果如图 9.2 所示。

程序说明：首先定义文件指针 f1，指向文件 INPUT，通过 while 循环并用 putc()函数逐个地把字符写入 INPUT 文件。输入 0 并按 Enter 键表示数据输入结束。getc()函数再逐个读取文件的内容，并显示在屏幕上。当 getc()函数遇到文件结束符 EOF 时，读取工作终止。

图 9.2　例 9.1 的程序运行结果

9.3.2　整数读/写函数 getw( )和 putw( )

类似于 getc()函数和 putc()函数，getw()函数和 putw()函数是基于整数的函数，用于读取和写入整数值。当只处理整数数据时，这些函数用处很大。getw()函数和 putw()函数的一般形式如下：

```
getw(fp);
putw(integer,fp);
```

【例 9.2】　在 data.txt 文件中写入一个整数序列，当输入 −1 时停止写入，然后读取文件的内容，并显示到屏幕上。

程序代码：

```
#include <stdio.h>
int main()
```

```
{
    FILE * f1, * f2;
    int number,i;
      printf("Input integer\n\n");
    f1=fopen("data.txt","w");              //创建 data.txt 文件
    for(i=1;i<=30;i++)
    {
        scanf("%d",&number);
        if(number==-1) break;
        putw(number,f1);                   //写入 data.txt 文件
    }
    fclose(f1);
    f2=fopen("data.txt","r");
    printf("Contents of data file\n\n");
    while((number=getw(f2))!=EOF)          //读取文件,并判断是否到文件尾
    printf("%d",number);
    return 0;
}
```

程序运行结果如图 9.3 所示。

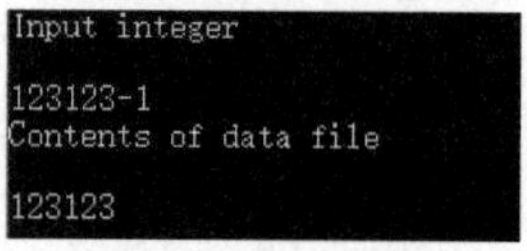

程序说明:首先通过 fopen()函数创建 data.txt 文件,从键盘获取整数值,并使用 putw()函数写入,当输入-1 时,写入终止,关闭文件。再利用 getw()函数读取文件内容并输出。

图 9.3 例 9.2 的程序运行结果

9.3.3 二进制读/写函数 fread( )和 fwrite( )

实际上,所有的数据都是以二进制的方式进行存储的,甚至字符也都是使用字符编码的二进制来存储。

fread()函数和 fwrite()函数是 ANSI C 文件系统提供的用于二进制方式读/写的函数,可用来读/写一组数据,如一个数组元素、一个构变量的值等。

它们的一般调用形式如下:

```
fread(buffer,size,n,fp);
fwrite(buffer,size,n,fp);
```

各参数作用如下。

buffer:这是一个指针。对 fread()函数来说,它是读入数据的存放地址。对于 fwrite()函数来说,是要输出数据的地址(以上指的是起始地址)。

size:这是读/写的字节数。

n:这是进行读/写多少个 size 字节的数据项。

fp:文件型指针。

fread()函数和 fwrite()函数都有返回值。fread()函数和 frwite()函数返回读入或写出的项数 n;如果出错或者到达文件的尾部,则返回值小于 n,也可能返回 0。例如:

```
fread(fa,4,5,fp);
```

其中,fa 是一个实型数组名,一个实型变量占 4 字节。这个函数从 fp 所指向的文件读入 5 个(每次读 4 字节)数据,存储到数组 fa 中。

【例 9.3】 将几个变量中所存放的数字写入一个文件中,然后读出并显示在屏幕上。

程序代码:

```c
#include <stdio.h>
#include <stdlib.h>
int main()
{
    FILE * fp;
    char c='a',c1;
    int i=123,i1;
    long l=2004184001L,l1;
    double d=4.5678,d1;
    //检查是否以读/写方式打开或建立文本文件 text1.txt
    if((fp=fopen("test1.txt","wt+"))==NULL)
    {
        printf("不能打开文件");
        exit(1);
    }
    //通过 fwrite()函数将几个变量所存放的数据写入文件
    fwrite(&c,sizeof(char),1,fp);
    fwrite(&i,sizeof(int),1,fp);
    fwrite(&l,sizeof(long),1,fp);
    fwrite(&d,sizeof(double),1,fp);
    //重新定位指针到文件首部
    rewind(fp);
    //通过 fread()函数将数据从文件中读出
    fread(&c1,sizeof(char),1,fp);
    fread(&i1,sizeof(int),1,fp);
    fread(&l1,sizeof(long),1,fp);
    fread(&d1,sizeof(double),1,fp);
    //输出
    printf("c1=%c\n",c1);
    printf("i1=%d\n",i1);
    printf("l1=%ld\n",l1);
    printf("d1=%f\n",d1);
    fclose(fp);
}
```

程序运行结果如图 9.4 所示。

程序说明:定义 4 个不同类型的变量,通过 fwrite()、fread()函数写入和读取文件。fread(&c1,sizeof(char),1,fp)函数中的 c1 为读入文件数据的内存存储地址,fp 为指定要读取的文件,"sizeof(char),1"表示读取一个 char 值。

```
c1=a
i1=123
l1=2004184001
d1=4.567800
```

图 9.4 例 9.3 的程序运行结果

【例 9.4】 从键盘输入两名学生的数据,写入一个文件中,再读出这两名学生的数据并显示在屏幕上。

程序代码:

```c
#include <stdio.h>
#include <stdlib.h>
#include <conio.h>
struct stu{
    char name[10];
    int num;
    int age;
    char addr[15];
};
int main()
{
    FILE * fp;
    struct stu boya[2],boyb[2], * pp, * qq;
    int i;
    pp=boya;
    qq=boyb;
    //以读/写方式打开二进制文件
    if((fp=fopen("stu_list.dat","wb+"))==NULL)
    {
        printf("不能打开文件,按任意键推出\n");
        getchar();
        exit(1);
    }
    //输入两名学生的数据
    printf("\n Input data\n");
    for(i=0;i<2;i++,pp++)
    scanf("%s%d%d%s",pp->name,&pp->num,&pp->age,&pp->addr);
    //写数据到文件
    pp=boya;
    fwrite(pp,sizeof(struct stu),2,fp);
    fclose(fp);
    //再次以只读形式打开文件
    if((fp=fopen("stu_list.dat","rb"))==NULL)
    {
        printf("不能打开文件,按任意键退出");
        getchar();
        exit(1);
    }
    //把文件内部位置指针移到文件首,读出两名学生数据后在屏幕上显示
    rewind(fp);
    fread(qq,sizeof(struct stu),2,fp);
    printf("\n\nname\tnumber age addr\n");
    for(i=0;i<2;i++,qq++)
    {
        printf("%s\t%5d\t",qq->name,qq->num);
        printf("%7d\t%s\n",qq->age,qq->addr);
    }
    fclose(fp);
    return 0;
}
```

程序运行结果如图 9.5 所示。

图 9.5　例 9.4 的程序运行结果

程序说明：本程序定义了一个结构 stu,两个指针分别指向 boya 和 boyb。程序以读/写方式打开二进制文件 stu_list.dat,输入两个学生的数据后,写入文件中,然后把文件内部指针移动到文件首,读出两个学生数据后在屏幕上显示。

9.3.4　格式化读/写函数 fscanf( )和 fprintf( )

fscanf( )函数和 fprintf( )函数与前面使用的 scanf( )函数和 printf( )函数的功能相似,都是格式化读/写函数。二者的区别在于 fscanf( )函数和 fprintf( )函数的读/写对象不是键盘和显示器,而是磁盘文件。

【例 9.5】　使用 fprintf( )函数将整型值 88 以字符形式写入文件。

程序代码：

```c
#include <stdio.h>
#include <process.h>
int main()
{
    FILE * fp;
    int i=88;
    char filename[30];          /*定义一个字符型数组*/
    printf("Please input filename:\n");
    scanf("%s",filename);       /*输入文件名*/
    fp=fopen(filename,"w+");    /*判断文件打开是否失败*/
    fprintf(fp,"%c",i);         /*将 88 以字符形式写入 fp 所指的磁盘文件中*/
    fclose(fp);
}
```

程序运行结果如图 9.6 所示,最后查看 1.txt 文件内容为字母 X。

程序说明：使用 fopen 以 w+方式打开文件,如文件不存在则创建,然后用 fprintf(fp,"%c",i)函数把整型值 88 以字符形式写入文件中。

图 9.6　例 9.5 的程序运行结果

【例 9.6】　通过键盘输入字符到文件中,当输入一个空行时结束,并显示文件内容到显示器中。

程序代码：

```
#include <stdio.h>
#include <stdlib.h>
#define MAX 40
int main (void)
{
    FILE * fp;
    char words[MAX];
    if ((fp=fopen ("words", "a+"))==NULL)
    {
        fprintf (stdout, "Can't open \"words\" file.\n");
        exit(1);
    }
    puts ("Enter words to add to the file; press the Enter");
    while (gets(words) !=NULL && words[0] !='\0')
    fprintf (fp, "%s", words);                  //把内容输出到文件中
    puts ("File conterts :");
    rewind(fp);
    while (fscanf (fp, "%s", words)==1)          //从文件中获取内容
    puts (words);
    if (fclose(fp) !=0)
    fprintf (stderr, "Error closing file\n");
    return 0;
}
```

程序运行结果如图 9.7 所示。输入值为 hello。

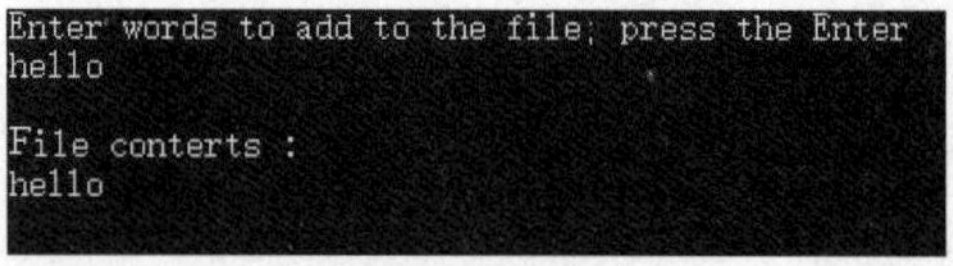

图 9.7 例 9.6 的程序运行结果

程序说明：通过 fprintf()函数并以%s 的格式像文件 words.txt 添加内容,采用已追加的方式;fscanf()函数用于读取文件的内容。while (gets(words) !=NULL && words[0] !='\0')语句表示如果输入了一个空行,程序终止循环。

9.3.5 字符串读/写函数 fgets()和 fputs()

fgets()函数用来从文件中读入字符串。fgets()函数的调用形式为"fgets(str,n,fp);",此处,fp 是文件指针,str 是存放在字符串中的起始地址,n 是一个 int 类型变量。函数的功能是从 fp 所指文件中读入 n−1 个字符,放入 str 为起始地址的空间内;如果在未读满 n−1 个字符时,已读到一个换行符或一个 EOF(文件结束标志),则结束本次读操作,读入的字符串中最后包含读到的换行符。因此,确切地说,调用 fgets()函数时,最多只能读入 n−1 个字符。读入结束后,系统将自动在最后加'\0',并以 str 作为函数值返回。fgets()函数的用法如下：

```
fgets(buf,MAX,fp);
```

这里 buf 是一个 char 数组的名称,MAX 是字符串的最大长度,fp 是一个 FILE 指针。

fputs()函数有两个参数,它们依次是一个字符串的地址和一个文件指针,它把字符串地址指针所指的字符串写入指定文件。

```
fputs (buf, fp);
```

这里 buf 是字符串地址;fp 指定目标文件。

【例 9.7】　通过键盘输入一段字符,当输入回车符时写入文件。

程序代码:

```
#include <stdio.h>
const int LENGTH=80;
int main(void)
{
    char more[LENGTH];
    FILE * pfile=NULL;
    pfile=fopen("d:\\myfile.txt", "a+");
    printf("Enter proverbs of less than 80 characters or press Enter to end:\n");
    fgets(more, LENGTH, stdin);          /* 从键盘读取字符串到数组中 */
    fputs(more, pfile);                  /* 写入文件 */
    fclose(pfile);
    return 0;
}
```

程序运行结果如图 9.8 所示。

图 9.8　例 9.7 的程序运行结果

通过键盘输入内容后,D 盘 myfile.txt 文件中就有相应的内容,如图 9.9 所示。

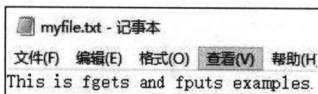

图 9.9　myfile.txt 文件内容

程序说明:fgets(more,LENGTH,stdin)函数中的 stdin 表示从键盘输入,数据保存在数组中,再使用 fputs()函数写入相应的文件。

9.4　文件的随机读/写

前面介绍的文件读/写方式都是顺序读/写的,即读/写文件只能从头开始顺序读/写各个数据。但在实际问题中常要求只读/写文件中某一指定的部分。解决这个问题的方法是移动文件内部的位置指针到需要读/写的位置,再进行读/写,这种读/写称为随机读/写。

9.4.1　文件定位函数 rewind( )和 fseek( )

实现随机读/写的关键是按要求移动位置指针,这称为文件的定位。文件定位时,移动文件内部位置指针的函数主要有两个,即 rewind( )函数和 fseek( )函数。前面已多次使用过 rewind( )函数,其调用形式如下:

```
rewind(文件指针);
```

它的功能是把文件内部的位置指针移到文件首。下面主要介绍 fseek( )函数,fseek( )函数用来移动文件内部位置指针,其调用形式如下:

```
fseek(文件指针,位移量,起始点);
```

其中,文件指针指向被移动的文件;位移量表示移动的字节数,要求位移量是 long 型数据,以便在文件长度大于 64KB 时不会出错,当用常量表示位移量时,要求加后缀 L;起始点表示从何处开始计算位移量,规定的起始点有三种:文件首、当前位置和文件尾。其表示方法如表 9.2 所示。

表 9.2　文件"起始点"的表示

起始点	表示符号	数字表示
文件首	SEEK-SET	0
当前位置	SEEK-CUR	1
文件尾	SEEK-END	2

例如,fseek(fp,100L,0)的用作是把位置指针移到离文件开始的 100 字节处。

【例 9.8】　创建一个 double 类型的文件,然后允许随机读取并返回读取的内容。
程序代码:

```
#include <stdio.h>
#include <stdlib.h>
#define ARSIZE 1000
int main ()
{
    double numbers[ARSIZE];
    double value;
    const char * file="numbers.dat";
    int i;
    long pos;
    FILE * iofile;
    /*创建一组 double 类型的值 */
    for (i=0; i<ARSIZE; i++)
        numbers[i]=100.0 * i+1.0/(double(i+1));
    /*尝试打开文件 */
    if ((iofile=fopen (file, "wb"))==NULL)
    {
        fprintf (stderr, "Can not open %s for output \n", file);
```

文件的随机读/写

```
        exit(1);
    }
    /* 把数组中的数据以二进制方式写入文件中 */
    fwrite (numbers, sizeof (double), ARSIZE, iofile);
    fclose(iofile);
    if ((iofile=fopen (file, "rb"))==NULL)
    {
        fprintf (stderr, "Can not open %s for random access \n",file);
        exit(1);
    }
    /* 仅文件中读取所限项目 */
    printf ("Enter an index in the range 0~%d\n",ARSIZE-1);
    scanf("%d",&i);
    while (i>=0 && i<ARSIZE)
    {
        pos=(long) i * sizeof(double);        //计算偏移量
        fseek (iofile, pos, SEEK_SET);        //在文件中定位
        fread (&value, sizeof(double), 1, iofile);
        printf ("The value there is %f \n", value);
        scanf("%d",&i);
        printf ("Next index (out of range to quit):%d \n",i);
    }
    fclose (iofile);
    puts ("Bye !");
    return 0;
}
```

程序运行结果如图 9.10 所示。

程序说明：程序首先创建了一个数组，然后在其中存放
一些值。它以二进制模式创建了一个名为 number.dat 的文
件，接着使用 fwrite() 函数把数组的内容复制到文件中，每
个 double 值的 64 位模式从内存复制到文件中，不能通过文
本编辑器来读取结果的二进制文件。程序的第二部分为了
读取打开文件，请求用户输入一个值的索引。通过索引和

图 9.10　例 9.8 的程序运行结果

double 值占用的字节数相乘就可以得到文件中的位置，通过 fseek() 函数定位到该位置，利
用 fread() 函数读取该位置的数据值，最后显示 value 的值。当输入不在 0～999 范围内时，
程序结束。

9.4.2　文件位置函数 fgetpos() 和 fsetpos()

fgetpos() 函数获得当前文件指针所指的位置，并把该指针所指的位置信息存放到
position 所指的对象中。position 以内部格式存储，仅由 fgetpos() 函数和 fsetpos() 函数使
用。fgetpos() 函数原型如下：

```
int fgetpos(FILE * pfile, fpos_t * position);
```

第 1 个参数是文件指针；第 2 个参数指向 fpos_t 类型的指针。

fsetpos()函数的功能与fgetpos()函数相反,用来设置当前文件的指针。fsetpos()函数原型如下:

```
int fsetpos(FILE * pfile, fpos_t * position);
```

9.5 读/写操作的错误处理

在进行文件读/写操作时可能会发生错误。如果不能检查读/写错误,当错误发生时,程序将不能正常运行。未检测出的错误可能导致程序的提前终止或不正确输出。幸运的是,C语言有两个状态查询库函数feof()和ferror(),可用来检测文件的读/写错误。

feof()函数用来检测是否达到文件末尾。该函数以FILE指针为唯一参数,如果指定文件的所有数据都已读取,返回非零整数;否则返回零。如果fp为指向已打开并用于读取数据文件的指针,那么到达文件末尾后,则可用下面的语句。

操作的错误处理

```
if(feof(fp))
  printf("End of data.\n");
```

ferror()函数用于报告指定函数的状态。该函数也是以FILE指针为参数,如果检测出错误,就返回一个非零值;否则返回零。如果读取工作不成功,那么下面的语句将显示一条错误信息。

```
if(ferror(fp)!=0)
  printf("An error has occurred.\n");
```

我们知道,当使用fopen()函数打开文件时,将返回一个文件指针。如果因为某些原因不能打开文件,那么函数返回NULL指针。这可以用来测试文件是否已打开。例如:

```
if(fp==NULL)
  printf("File can not be opened.\n");
```

【例9.9】 请编写一个程序,演示文件操作的错误处理。
程序代码:

```
#include <stdio.h>
int main()
{
    char filename[10];
    FILE * fp1, * fp2;
    int i,number;
    fp1=fopen("TEST","w");              //以写方式打开文件
    for(i=10;i<=100;i+=10)
    putw(i,fp1);                        //写入文件
    fclose(fp1);
```

```
        printf("\nInput filename:\n");
    open_file:
        scanf("%s",filename);
        if((fp2=fopen(filename,"r"))==NULL)  //如果文件不存在
        {
            printf("Can not open the file.\n");
            printf("Type filename again.\n\n");
            goto open_file;
        }
        else
        for(i=1;i<=20;i++)
        {
            number=getw(fp2);
            if(feof(fp2))                      //查看是否读取到文件末尾
            {
                printf("\nRun out of data.\n");
                break;
            }
            else
            printf("%d\n",number);
        }
        fclose(fp2);
    }
```

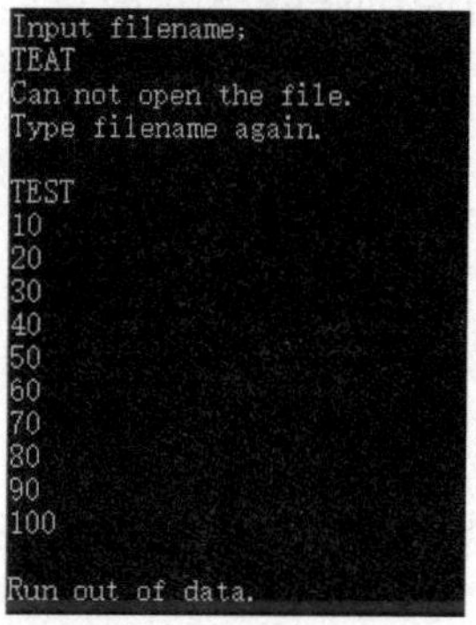

程序运行结果如图 9.11 所示。

程序说明：当输入 TEAT 时，fopen( )函数返回
NULL 指针，因为 TEAT 文件不存在，因此将显示
"Can not open the file."。同样，当所有数据都已读取
时，调用 feof(fp2)函数将返回一个非零整数，因此程序
将显示"Run out of data."的消息，并停止进一步的读
取工作。

图 9.11　例 9.9 的程序运行结果

9.6　课 堂 案 例

本案例处理家庭成员信息。

1. 案例描述

使用学习到的文件处理函数创建家庭成员数据的文件，输入成员数据(本人名字、出生
日期，父母名字)，读取文件，输出家庭成员信息，最后删除文件。使用结构体来表示家庭成
员信息。

2. 案例分析

(1) 功能分析。根据案例描述，就是首先通过创建文件函数创建家庭成员数据，然后通

过文件读取函数读取该文件中的数据并显示,最后将该文件删除。

(2) 数据分析。根据功能要求,需要从键盘输入家庭成员信息(本人名字、出生日期,父母名字),该功能由自定义函数 getname()实现。

3. 设计思想

(1) 定义结构体及其结构体变量。

(2) 编写 3 个自定义函数,get_person(Family * pfamily)函数用于输入家庭成员,getname(char * name)函数用于获取名字,show_person_data(void)函数用于输出家庭成员信息。

(3) 编写主函数:利用 fopen()函数打开文件,调用 get_person()函数获取家庭成员信息,使用 fwrite()函数将其信息写入文件;再用 fclose()函数将文件关闭,并调用 show_person_data()函数显示家庭成员信息;最后利用 remove()函数删除文件。

4. 程序实现

```c
# include <stdio.h>
# include <ctype.h>
# include <stdlib.h>
# include <string.h>
/* 全局变量 */
/* 结构体 */
struct
{
  char * filename;                    //物理文件名
  FILE * pfile;                       //文件指针
} global={"D:\\myfile.bin", NULL};
struct Date                          //日期结构题
{
  int day;
  int month;
  int year;
};

typedef struct family                //家庭成员结构体
{
  struct Date dob;
  char name[20];
  char pa_name[20];
  char ma_name[20];
}Family;

/* 函数原型 */
bool get_person(Family * pfamily);   //输入家庭成员函数,函数定义在 main()函数后
int getname(char * name);            //获取名字函数,函数定义在 main()函数后
int show_person_data(void);          //输出函数,函数定义在 main()函数后
int main(void)
{
  Family member;                     //结构体变量 member
  global.pfile=fopen(global.filename, "wb");
```

266

```
    while(get_person(&member))              //输入家庭成员信息
      fwrite(&member, sizeof member, 1, global.pfile);   //写入文件
      fclose(global.pfile);                 //关闭文件
      show_person_data();                   //输出函数
      if(remove(global.filename))           //删除文件
        printf("\nUnable to delete %s.\n", global.filename);
      else
        printf("\nDeleted %s OK.\n", global.filename);
        return 0;
}


/*输入家庭成员函数*/
bool get_person(Family * temp)
{
    static char more='\0';                  //输入回车符表示结束
    printf("\nDo you want to enter details of a%s person (Y or N)?", more !='\0'?
    "nother " : "");
    scanf("%c", &more);
    if(tolower(more)=='n')
    return false;
    printf("\nEnter the name of the person:");
    getname(temp->name);                    //获取人员名字
    printf("\nEnter %s's date of birth (day month year);", temp->name);
    scanf("%d %d %d", &temp->dob.day, &temp->dob.month, &temp->dob.year);
    printf("\nWho is %s's father?", temp->name);
    getname(temp->pa_name);                 //获得爸爸的名字
    printf("\nWho is %s's mother?", temp->name);
    getname(temp->ma_name);                 //获得妈妈的名字
    return true;
}


/*从键盘获取名字*/
int getname(char * name)
{
    fflush(stdin);                          //忽略空格
    fgets(name, 20, stdin);
    int len=strlen(name);
    if(name[len-1]=='\n')                   //如果是最后,则为空行
    name[len-1]='\0';
}


/*输出数据函数*/
int show_person_data(void)
{
    Family member;                          //结构体变量
    fpos_t current=0;                       //文件位置
    /*以只读方式打开二进制文件 */
    if(!(global.pfile=fopen(global.filename, "rb")))
    {
      printf("\nUnable to open %s for reading.\n", global.filename);
      exit(1);
    }

    /*逐个读取数据 */
```

```
    while(fread(&member, sizeof member, 1, global.pfile))
    {
        fgetpos(global.pfile, &current);    //保存当前位置
        printf("\n\n%s's father is %s, and mother is %s.",
        member.name, member.pa_name, member.ma_name);
        fsetpos(global.pfile, &current);    //设置下一个数据的位置
    }
        fclose(global.pfile);               //关闭文件
}
```

该程序运行结果如图 9.12 所示。

```
Do you want to enter details of a person (Y or N)? Y

Enter the name of the person: cindy

Enter cindy's date of birth (day month year): 1 3 2010

Who is cindy's father? bob

Who is cindy's mother? kate

Do you want to enter details of another  person (Y or N)? N


cindy's father is bob, and mother is kate.
Deleted D:\myfile.bin OK.
```

图 9.12　程序运行结果

9.7　项目实训

9.7.1　实训 9.1：基本能力实训

1. 实训题目

制作通信录。

2. 实训目的

能熟练掌握文件的打开、关闭与读写操作。

3. 实训内容

编写一个程序，从键盘输入姓名和电话号码，将它们写入文件。如果这个文件不存在，就写入一个新文件；如果这个文件已存在，就将它们写入该文件。最后读取并显示所有数据。

程序代码如下：

```
#include <stdio.h>
#include <stdlib.h>
#include <string.h>
#include <ctype.h>
```

项目实训

```
#define FIRST_NAME_LENGTH 31
#define SECOND_NAME_LENGTH 51
#define NUMBER_LENGTH 21
/*定义名字结构体*/
typedef struct NName
{
    char firstname[FIRST_NAME_LENGTH];
    char secondname[SECOND_NAME_LENGTH];
} Name;
/*定义电话结构体*/
typedef struct PPhoneRecord
{
    Name name;
    char number[NUMBER_LENGTH];
} PhoneRecord;
/*声明函数原型 */
PhoneRecord read_phonerecord();  //从键盘读取电话信息的函数,函数定义在 main()函数后
Name read_name();                //从键盘读取名字的函数,函数定义在 main()函数后
int list_records(char * filename);      //显示文件中的内容,函数定义在 main()函数后
int show_record(PhoneRecord record);    //输出函数,函数定义在 main()函数后
int main(void)
{
    FILE * pFile=NULL;                  //输出文件指针
    char * filename="d:\\records.bin";  //文件名
    char answer='n';
    PhoneRecord record;
    bool file_empty=true;
    printf("Do you want to enter some phone records(y or n)?: ");
    scanf(" %c", &answer);
    if(tolower(answer)=='y')
    {
      pFile=fopen(filename, "a+");       //打开/创建文件,并可追加
      do
      {
          record=read_phonerecord();     //获取名字和电话
          fwrite(&record, sizeof record, 1, pFile);
          printf("Do you want to enter another(y or n)?: ");
          scanf(" %c", &answer);
      }while(tolower(answer)=='y');
      fclose(pFile);                      //关闭文件
      printf("\nFile write complete.");
    }
    printf("\nDo you want to list the records in the file(y or n)? ");
    scanf(" %c", &answer);
    if(tolower(answer)=='y')
    list_records(filename);
    return 0;
}
/*从键盘获取名字和电话,并创建结构体 PhoneRecord */
PhoneRecord read_phonerecord()
{
  PhoneRecord record;
  record.name=read_name();
  printf("Enter the number: ");
```

```
  scanf(" %[0123456789]",record.number); //读取数字,包括空格
  return record;
}
/*从键盘获取名字并存入结构体*/
Name read_name()
{
  Name name;
  printf("Enter a first name: ");
  scanf(" %s", &name.firstname);
  printf("Enter a second name: ");
  scanf(" %s", &name.secondname);
  return name;
}
/*列出文件内容*/
int list_records(char * filename)
{
  FILE * pFile;
  PhoneRecord record;
  bool file_empty=true;                  //空文件标记
  pFile=fopen(filename, "r");
  for(;;)
  {
    fread(&record, sizeof record, 1, pFile);
    if(feof(pFile))
    break;
    file_empty=false;                    //能读取记录,所有空文件标记为 false
    show_record(record);                 //输出记录
  }
  fclose(pFile);                         //关闭文件
  /*检查是否有记录*/
  if(file_empty)
    printf("The file contains no records.\n");
  else
    printf("\n");
}
/*输出结构体,包括名字和电话*/
int show_record(PhoneRecord record)
{
      printf ("\n%s %s %s", record. name. firstname, record. name. secondname,
      record.number);
}
```

9.7.2　实训 9.2：拓展能力实训

1. 实训题目

　　(1) 有 5 个学生,每个学生有 3 门课的成绩,输入学生数据(学号、姓名、3 门课程成绩),计算平均成绩,将原有数据和平均分数放入磁盘文件 stud 中。

　　程序代码如下:

```
#include "stdio.h"
```

```
#include"stdlib.h"
#include "string.h"
#include"ctype.h"
#define SIZE 5
struct Student
{
    char num[10];
    char name[8];
    int score[3];
    float avg;
}stu[SIZE];
int main()
{
    FILE * fp;
    int i;
    printf("请输入 5 个学生的学号,姓名,3 门成绩: \n");
    for(i=0;i<SIZE;i++)
    {
        scanf("%s%s%d%d%d",stu[i].num,stu[i].name,&stu[i].score[0],&stu[i].
        score[1],&stu[i].score[2]);
        stu[i].avg=(stu[i].score[0]+stu[i].score[1]+stu[i].score[2])/3.0;
    }
    fp=fopen("E:\\stud.txt","w+");
    for(i=0;i<SIZE;i++)
    {
        fwrite(&stu[i],sizeof(struct Student),1,fp);
        printf("学号: %8s 姓名: %8s 成绩 1:%4d 成绩 2:%4d 成绩 3:%4d 平均分: %4.2f\n",
        stu[i].num,stu[i].name,stu[i].score[0],stu[i].score[1],stu[i].score[2],
        stu[i].avg);
    }
}
```

(2) 将第(1)题的 stud 文件中的学生数据,按平均分排序,将已排序的学生数据存入一个新文件 stu-sort 中。

程序代码如下:

```
#include "stdio.h"
#include"stdlib.h"
#include "string.h"
#include"ctype.h"
#define SIZE 5
struct Student
{
    char num[10];
    char name[8];
    int score[3];
    float avg;
}stu[SIZE];
int main()
{
    FILE * fp;
```

```
    int i,j;
    if((fp=fopen("E:\\stud.txt","r"))==NULL)
    {
        printf("file stud.txt cannot open!\n");
        exit(0);
    }
    for(i=0;fread(&stu[i],sizeof(struct Student),1,fp)!=0;i++)
    {
        printf("\n%8s%8s",stu[i].num,stu[i].name);
        for(j=0;j<3;j++)
        {
            printf("%4d ",stu[i].score[j]);
            printf("%4.2f",stu[i].avg);
        }
    }
    putchar(10);
    fclose(fp);
    for(i=0;i<SIZE;i++)
    {
        for(j=0;j<SIZE-i-1;j++)
        {
            if(stu[j].avg>stu[j+1].avg)
            {
                struct Student temp=stu[j];
                stu[j]=stu[j+1];
                stu[j+1]=temp;
            }
        }
    }
    if((fp=fopen("E:\\stu-sort.txt","w"))==NULL)
    {
        printf("file stu-sort.txt cannot open!\n");
        exit(0);
    }
    for(i=0;i<SIZE;i++)
    {
        fwrite(&stu[i],sizeof(struct Student),1,fp);
        printf("\n%8s%8s",stu[i].num,stu[i].name);
        for(j=0;j<3;j++)
            printf("%4d ",stu[i].score[j]);
        printf("%4.2f",stu[i].avg);
    }
    putchar(10);
    fclose(fp);
    return 0;
}
```

2. 实训目的

将第(2)题已排序的学生成绩文件进行插入排序。插一个学生的3门课程成绩,程序先计算新插入学生的平均成绩,然后将它按成绩的高低顺序插入,插入后建一个新文件。

程序代码如下:

```c
#include "stdio.h"
#include "stdlib.h"
#include "string.h"
#include "ctype.h"
struct Student
{
    char num[10];
    char name[8];
    int score[3];
    float avg;
}stu[10];
int main()
{
    FILE * fp;
    int i,j,k;
    struct Student student;
    scanf("%s%s%d%d%d",student.num,student.name,&student.score[0],&student.
score[1],&student.score[2]);
    student.avg=(student.score[0]+student.score[1]+student.score[2])/3.0;
    printf("orginal data:\n");
    if((fp=fopen("E:\\stu-sort.txt","r"))==NULL)
    {
        printf("file stu-sort.txt cannot open!\n");
        exit(0);
    }
    for(i=0;fread(&stu[i],sizeof(struct Student),1,fp)!=0;i++)
    {
        printf("\n%8s%8s",stu[i].num,stu[i].name);
        for(j=0;j<3;j++)
        printf("%4d ",stu[i].score[j]);
        printf("%4.2f ",stu[i].avg);
    }
    fclose(fp);
    for(k=0;stu[k].avg<student.avg&&k<5;k++)
        printf("\nnow:\n");
    fp=fopen("E:\\stu-sort_1.txt","w");
    for(i=0;i<k;i++)
    {
        fwrite(&stu[i],sizeof(struct Student),1,fp);
        printf("\n%8s%8s",stu[i].num,stu[i].name);
        for(j=0;j<3;j++)
            printf("%4d ",stu[i].score[j]);
        printf("%4.2f ",stu[i].avg);
    }
    printf("\n");
    fwrite(&student,sizeof(struct Student),1,fp);
    printf("%8s%8s%4d%4d%4d%4.2f",student.num,student.name,student.score[0],
student.score[1],student.score[2],student.avg);
    for(i=k;i<5;i++)
    {
        printf("\n%8s%8s",stu[i].num,stu[i].name);
```

```
    for(j=0;j<3;j++)
        for(j=0;j<3;j++)
            printf("%4d ",stu[i].score[j]);
        printf("%4.2f ",stu[i].avg);
    }
    printf("\n");
    fclose(fp);
    return 0;
}
```

3. 实训内容

编写程序，实现对文本的加密及解密，要求在加密及解密时原文件名和密文名从键盘输入，并在解密时验证用户信息（即操作权限）。

拓展阅读　超算，让世界见证中国速度

2022 年 10 月 9 日，国家超级计算长沙中心"天河"新一代超级计算机系统运行启动仪式举行。据介绍，新一代"天河"的综合运算力是前一代的 150 倍，相当于百万台计算机的计算能力。正式启动运行的新一代"天河"系统正是党的二十大报告中提到的超级计算机重大成果的最新例证。超级计算机被誉为科技创新的"发动机"，是国家科技发展水平和综合国力的重要标志。

2022 年上半年，世界超级计算机 500 强榜单显示中国共有 173 台超算上榜，上榜总数蝉联世界第一。业内人士经常用 6 个字来概括超级计算机的"超能力"："算天""算地""算人"。作为新时代的国之重器——超级计算机已广泛应用于大气海洋环境、数值风洞、医学信息、基因组学、药学、电磁学、天文学等领域；从工业仿真、智能制造到社会治理、疫情防控算力，超级计算机的应用渗透到生活的方方面面，成为解决诸多难题的"超强大脑"。

目前，我国已在各地建立起大大小小的国家级和地方级超算中心，构成我国的算力矩阵。截至 2022 年 6 月，我国算力总规模超过 150EFLOPS（每秒 1.5 万亿亿次浮点运算，FLOPS 是衡量计算机计算能力的单位），位居全球第二。从 2010 年"天河一号"在世界超级计算机 500 强榜首第一次留下中国超算的名字，到如今新一代"天河"实现每秒 20 亿亿次高精度浮点数运算，中国的算力水平不断跃升，科研人员一棒接着一棒，实现了高性能计算从"跟跑"到"领跑"的历史跨越，创新没有休止符，中国"超算人"正在向着新的"中国速度"冲锋。

本 章 小 结

本章主要讲解 C 语言中文件的相关概念，包括文件的定义、文件的指针、文件的位置指针等，同时也讲解了文件的相关操作，如文件的打开与关闭、文件的读/写、文件中信息的删除等。通过本章的学习,读者应掌握 C 语言中文件的基本知识与初级操作方式,并能够使用 C 语言操作文件。

习　题

（1）下面的程序有什么问题？

```
int main (void)
{
    int * fp;
    int k;
    fp=fopen ("gelatin");
    for (k=0; k<30; k++)
    fputs (fp, "Nanette eats gelatin");
    fclose ("gelatin");
    return 0;
}
```

（2）编写一个程序,将任意数目的字符串写入文件。字符串由键盘输入。

（3）编写一个程序,获取用户输入文件名,如存在,则写入从键盘输入的字符串;如不存在,先创建,再将键盘输入的内容写入文件中。

（4）编写一个文件查看器,它可以将文件显示为十六进制和字符方式。

参 考 文 献

[1] 谭浩强. C 程序设计[M]. 4 版. 北京：清华大学出版社,2010.

[2] 谭浩强. C 程序设计题解与上机指导[M]. 3 版. 北京：清华大学出版社,2005.

[3] 教育部考试中心. 全国计算机等级考试二级教程——C 语言程序设计[M]. 北京：高等教育出版社,2016.

[4] Brian W. Kernighan. C 程序设计语言(影印版)[M]. 北京：机械工业出版社,2010.

[5] LinDen,P. V. D. C 专家编程[M]. 徐波,译. 北京：人民邮电出版社,2008.

[6] 唐懿芳. C 语言程序设计基础项目教程[M]. 2 版. 北京：清华大学出版社,2019.

[7] 创客诚品. C 语言从入门到精通[M]. 北京：清华大学出版社,2019.

[8] 周彩英. C 语言程序设计教程[M]. 2 版. 北京：清华大学出版社,2019.